▲ 巧用橡皮擦工具合成画面

▲ 图层混合模式的应用

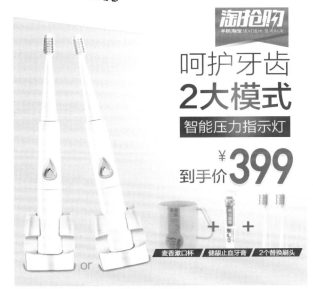

▲ 网店主图设计

▲ 为奔跑的人物添加动感粒子效果

▲ 工笔画风格汉服海报的制作

▲ 制作狗粮促销海报

▲ 制作商品海报

▲ 图层混合模式的应用

▲ 制作商品海报

▲ 网店首屏海报设计

▲ 通过色彩平衡解决海报偏色问题

▲ 招聘广告海报

▲ 波普风格的促销海报

▲ 使用高反差保留计算磨皮

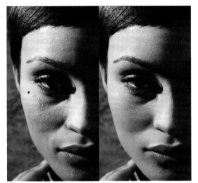

▲ 高清人像磨皮技法

▲ 图层混合模式的应用

▲ 使用修补工具去除污点

▲ 制作水晶质感 Logo

▲ 旅行社春季旅行海报

▲ 创意汽车海报设计

▲ 音乐 App 首页界面设计

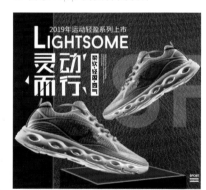

▲ 使用智能对象设计运动鞋促销海报

▲ 将海报中的部分图像处理为黑白效果

Photoshop 2021

实战精华

神龙影像 ◎ 编著

从入门到精通

人民邮电出版社

北 京

图书在版编目（CIP）数据

Photoshop 2021实战精华从入门到精通 / 神龙影像
编著. -- 北京：人民邮电出版社，2021.7（2021.12重印）
ISBN 978-7-115-56265-4

Ⅰ. ①P… Ⅱ. ①神… Ⅲ. ①图像处理软件 Ⅳ.
①TP391.413

中国版本图书馆CIP数据核字(2021)第057284号

内 容 提 要

本书从 Photoshop 的工作界面讲起，循序渐进解读 Photoshop 的核心功能及用法，包括文件的基本操作，图像的编辑方法，图层、选区的创建与编辑，绘画工具的应用，路径与矢量绘图工具的使用，文字的创建与编辑，图层的高级应用，图像的色彩调整，图像的变形与修饰，蒙版与通道，以及综合实例等内容。

本书内容按照"功能应用+实战案例+设计经验"的结构进行编写，对所有功能的讲解均通过精心挑选的不同难度级别的商业案例展开，以帮助读者在轻松掌握 Photoshop 各种功能的同时，亦能体会商业设计的理念和精髓，案例内容涉及海报设计、杂志设计、包装设计、网店美工设计、摄影后期处理、网页设计等。

本书适用于 Photoshop 零基础的读者，也可作为相关教育培训机构的教学用书。通过对本书内容的学习，读者可以从零基础快速成长为 Photoshop 的应用高手。

◆ 编　著　神龙影像
　　责任编辑　马雪伶
　　责任印制　彭志环

◆ 人民邮电出版社出版发行　　北京市丰台区成寿寺路 11 号
　　邮编　100164　电子邮件　315@ptpress.com.cn
　　网址　https://www.ptpress.com.cn
　　北京宝隆世纪印刷有限公司印刷

◆ 开本：880×1092　1/16　　　彩插：2
　　印张：26　　　　　　　　　2021 年 7 月第 1 版
　　字数：786 千字　　　　　　2021 年 12 月北京第 5 次印刷

定价：119.90 元

读者服务热线：(010)81055410　印装质量热线：(010)81055316
反盗版热线：(010)81055315
广告经营许可证：京东市监广登字 20170147 号

前言

PREFACE

Photoshop 是一款应用非常广泛的图像处理软件，深受从事平面设计、网页设计、UI设计、摄影后期处理、手绘插画、服装设计、网店美工及创意设计等工作的广大设计人员和业余设计爱好者的喜爱。"会用 Photoshop"已成为各种设计工作和办公人员的必备技能。

因此，拥有一本学完就能上手工作的 Photoshop 教程成为很多人的期望，而本书恰好能满足这样的学习需求。

本书特点

一、本书定位学完就能上手工作

教人学会使用 Photoshop 软件不是编写本书的唯一目的，网络上教人学习 Photoshop 软件的教程比比皆是，很多人跟着学了很久，也掌握了基本功能，感觉学会了，但是在实际工作中仍然无从下手。

为了解决这个问题，本书对 Photoshop 功能的讲解模式进行了创新：站在设计师的角度介绍 Photoshop 的功能，将 Photoshop 功能和工作案例紧密结合，让读者完成功能与设计需求的完美对接。

二、内容全面，注重学习规律，强化动手能力

本书采用"功能应用+实战案例+设计经验"的模式编写，轻松易学。"功能应用"涵盖了 Photoshop 2021所提供的常用功能在实际工作中的使用方法；"实战案例"的内容安排便于读者在模仿中学习，以便快速提高实际应用能力；"设计经验"讲解设计工作的基础原则，帮助读者在设计灵感的获取、商业价值的提升以及设计思维的强化等方面取得突破。

三、实例丰富，注重商业性和艺术性

书中实例都经过精心筛选，保证其丰富多样性，同时还具有很强的实用性和参考性；案例效果则在保证其商业性的基础上追求艺术性，以期读者能从中获得审美能力的提升。

四、9 小时本书内容同步教学视频 +8 小时设计能力提升教学视频

为了读者能更好地学习本书内容，我们专门录制了9小时同步教学视频，如同有一名专业的老师在身边手把手地教您；同时为了读者在实际工作中能设计出高水平的作品，我们特意赠送了8小时提升设计能力的教学视频。

五、扫描二维码，随时随地看视频

本书在功能应用和实战案例讲解等多处放置了二维码，用手机微信扫一扫，就可以随时随地观看对应的视频。

六、配套资源完善，便于深度拓展

本书提供了全书案例的素材文件和最终效果文件，可用来在跟着书本或视频课同步学习时，边看边练，使学习更轻松、更高效。

除此之外，本书还针对设计工作者必学的内容赠送了大量教学与练习资源。

怎样才能学好Photoshop

要真正学好Photoshop，绝不要满足于从各个地方学来的小技巧，而忽略系统的学习。真正的Photoshop高手，绝不是因为知道的招数比别人多，而是对Photoshop有深刻的、系统的认识。

我们都知道，在武侠小说的世界里，要成为一名真正的武林高手，仅学会各种招式与套路是远远不够的，因为内功才是武学的基础，深厚的内功是将各种招式与套路的功力发挥到极致的保证。同样，练好 Photoshop的"内功"，就会对各种技巧有更加深刻的理解；有了这样的"内外兼修"，纵使Photoshop 的操作千变万化，但仍可信手拈来。

希望本书能成为学习Photoshop的"内功心法"，带读者通向Photoshop的神奇世界。而且，本书在讲授"内功心法"的同时，还细说了很多设计经验，列举了大量商业案例。阅读本书不仅是一个学习的过程，也是一个视觉享受的过程。

千里之行，始于足下。要想在Photoshop的世界里"行千里"，阅读本书就是很好的开始。

本书配套资源下载方法

读者可以使用微信扫描下方二维码，关注"职场研究社"，回复"56265"，获取本书资源下载链接和提取码。将下载链接复制到任何浏览器中并访问下载页面，即可下载配套资源。读者也可以加入QQ群：376440599交流学习。

在本书的创作过程中得到了多位设计师及Photoshop高手的大力支持，他们为本书的案例选择和内容写作提出了很多宝贵的意见与建议，在此表示诚挚的感谢！

本书由神龙影像策划、编写，参与资料收集和整理工作的有于丽君、宫欣欣、孙连三、孙屹廷等。由于时间仓促，加之作者水平有限，书中难免存在错误和不妥之处，敬请广大读者批评和指正，联系邮箱为maxueling@ptpress.com.cn。

神龙影像

目录

第4章

选区的创建与编辑

第5章

绘画工具的应用

第 6 章

路径与矢量工具

第 7 章

文字的创建与编辑

第 8 章

图层的高级应用

第 9 章

图像的色彩调整

第 **10** 章

图像的变形与修饰

第 **11** 章

蒙版与通道

第 **12** 章

综合实例

第 13 章

本章具体内容请参见教学资源中的 PDF 文件

使用 Camera Raw 处理照片

第 14 章

本章具体内容请参见教学资源中的 PDF 文件

滤镜的应用

第15章

本章具体内容请参见教学资源中的 PDF 文件

使用 Web 图形

第16章

本章具体内容请参见教学资源中的 PDF 文件

动画制作与编辑

第17章

本章具体内容请参见教学资源中的 PDF 文件

3D 技术与设计实践

第18章

文档的自动处理

本章具体内容请参见教学资源中的 PDF 文件

第 1 章

Photoshop
快速入门

本章主要讲解Photoshop的基础知识，让读者从熟悉Photoshop的工作界面开始，逐渐掌握Photoshop的一些基本操作，为进一步学习使用Photoshop做准备。

通过学习本章内容，读者能学会新建文件、打开文件、置入文件、保存文件，通过不断练习可以熟练掌握室内写真、喷绘、印刷单页、网店海报等各种文件的创建与存储。此外，参考线、智能参考线、网格等辅助工具的使用也是本章将要学习的内容，通过学习可以轻松地制作出排列整齐的版面以及快速精准地定位画面元素。

1.1 初识 Photoshop

Photoshop，全称是 Adobe Photoshop，是由 Adobe 公司开发和发行的图像处理软件，也就是大家常说的"PS"。本书后文所提及的 Photoshop，若无特别说明均指 Photoshop 2021。

1.1.1 专业设计人员的必备软件

Photoshop 是一款功能强大的图像处理软件，同时也是各类设计人员的必备软件。在平面设计、插画设计、动画设计、游戏设计、UI 设计、产品设计、摄影后期等诸多领域，Photoshop 都有着无法取代的地位。下面我们将分别介绍 Photoshop 的主要应用领域。

1. 平面设计

平面设计是 Photoshop 应用最为广泛的领域之一，例如海报设计、书籍装帧设计、包装设计、标志设计等，从草图到完整效果，全程都在 Photoshop 中进行。使用其他软件做平面设计，用到的无背景图片也需使用 Photoshop 抠图。使用 Photoshop 设计的红酒海报如图 1-1 所示。

图 1-1

2. 插画设计

Photoshop 是插画师常用的绘图软件。它为插画师提供了专业的绘图工具，如铅笔工具、钢笔工具和画笔工具等。插画师可以自由地在水彩画、素描画、版画、像素画等多种绘画模式之间切换，利用其平滑丰富的笔触，轻松地将头脑中的灵感绘制成图案。此外，在 Photoshop 中还可以轻松地擦除绘画过程中的"失误"笔触。图 1-2 所示为优秀的插画作品。

图 1-2

3. 动画设计（游戏设计）

动画设计（或游戏设计）工程繁杂，涉及较多的设计类型，需要大量原画设计人员。Photoshop 在动画设计中主要进行角色设定、场景设定等平面绘图方面的工作。图 1-3 所示为 CG 角色插画。

图 1-3

4. 摄影后期

Photoshop具有强大的图像处理功能，如裁剪照片、移除照片中的对象、润饰或合成照片等。利用这些功能不仅可以对照片进行编辑和整体改造，还可以玩转各种颜色效果、光影效果，为摄影师及修图师提供了极大的创意空间和工作便利。摄影作品前后期对比效果如图1-4和图1-5所示。

图1-4

图1-5

5. 创意合成

创意合成指的是将多张图片进行艺术加工后，合成一张图片。通过想象与构思，把看似不相关的对象组合在一起，产生令人震撼的视觉效果。图1-6~图1-8所示为创意合成海报。

图1-6

图1-7

图1-8

6. UI界面设计

在用户体验越来越重要的今天，UI界面设计越来越受重视。界面设计的作用在于给用户带来优质的体验。图1-9所示为手机UI界面。

图1-9

7. 效果图后期制作

Photoshop 在效果图后期制作中的应用也极为广泛，如纹理制作、光影效果处理和颜色处理等。室内设计师通常会使用 Photoshop 进行室内效果图的后期美化处理。景观设计师、建筑设计师、产品设计师等在制作效果图时有很大一部分工作也是在 Photoshop 中进行的。图1-10 和图1-11 所示为效果图。

图1-10

图1-11

1.1.2　为什么不是设计师也要学 Photoshop

为什么越来越多的人开始学习 Photoshop？

因为即使不是设计师、绘图师、摄影师，Photoshop 仍然对我们有很大帮助。科学技术的快速发展和智能设备的普及，将原本只是专业人员使用的制图工具拉下"神坛"，图像处理需求逐渐大众化。Photoshop 的存在不仅满足了设计师们的工作需求，也为普通人的日常生活和工作学习提供了别样的趣味和更多的选择。

Photoshop 的世界欢迎任何一位热爱生活的朋友，你天马行空的想象将不再是一闪而过的"叮"一下，你完全可以具象化那些不可言表的想法，或是那些不着痕迹的新奇点子。掌握了 Photoshop，你可以挽救毫无特色的风景照，成为朋友圈摄影师；你也可以制作一张独一无二的明信片，送给亲人好友。如果你厌倦了千篇一律的表情包，那么你更应该打开 Photoshop，设计一组与众不同的表情包。

Photoshop 既是画笔又是纸张，我们可以随意地描、写、插入图片、隐藏图层等，这些无不有利于我们的学习和工作。

如果你有一个设计梦，那么 Photoshop 无疑是一款很好的工具，它可以在一定程度上弥补你艺术造诣不高和美术功底薄弱的短板。Photoshop 在手，只要灵感不"滑坡"，办法总比困难多。

1.1.3 学习 Photoshop 技术不再有障碍

如果你担心自己是"小白"，很难上手学习，请放心，Photoshop经过不断优化升级，如今在性能和功能上都已经有了较大的改进和提升，操作方式也愈发简单，其中，图像的云数据处理能力和AI智能处理能力尤其得到了提升，不论是抠图、调色，还是颇为复杂的人像调整，都可以快速完成。

要在实践中学习Photoshop，分析优秀的设计作品，体会设计师们的操作思路，以及构图和配色技巧。本书配备了全套的案例素材文件，读者可以边读边做地进行系统学习，此外，本书的实战案例有配套的视频课，学习Photoshop技术不再有障碍。Photoshop是应用型的工具软件，不能死记硬背，尤其是记参数，学习Photoshop要勇于尝试，试着试着就上手了，这样以后处理不同的图像才能做到得心应手。下面启动Photoshop，迈出学习Photoshop的第一步吧！

1.2 熟悉 Photoshop 工作界面

1.2.1 认识工作界面

图1-12所示为Photoshop 2021的工作界面，包括菜单栏、标题栏、文件窗口、工具箱、工具选项栏、面板和状态栏等区域。熟悉这些区域的结构和基本功能，可以让操作更加快捷。

图1-12

菜单栏 Photoshop的菜单栏包含12个菜单，基本整合了Photoshop中的所有命令，通过这些菜单中的命令，可以轻松完成文件的创建和保存、图像大小的修改、图像颜色的调整等操作。

标题栏 显示文件名称、文件格式、缩放比例和颜色模式等信息。如果文件中包含多个图层，则标题栏还会显示当前工作的图层名称。

文件窗口 文件窗口是显示和编辑图像的区域。

工具箱 Photoshop的工具箱包含了用于创建和编辑图像的多种工具。默认状态下，工具箱位于Photoshop工作界面的左侧。将鼠标指针移动到一个工具上并停留片刻，就会显示该工具的名称和快捷键信息，同时会出现动态演示来告诉用户这个工具的用法，如图1-13所示。单击工具箱中的工具按钮即可选择该工具，如图1-14所示；在工具箱中，部分工具的右下角带有黑色小三角标记，它表示这是一个工具组，其中隐藏多个子工具，在这样的工具按钮上单击鼠标右键即可查看子工具，将鼠标指针移动到某子工具上并单击，即可选择该工具，如图1-15所示。

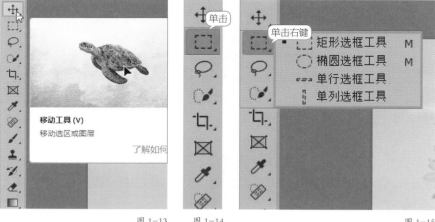

图 1-13　　　图 1-14　　　　　　　　图 1-15

如果在工具箱中找不到需要的工具，可以单击工具箱中的 ... 按钮进行查找，找到需要的工具后，拖动到"工具栏"列表中即可在工具箱中显示该工具。

为了方便快速找到需要的工具，可以对工具箱进行重新定义，将常用的工具放在工具箱中，将不常用的工具隐藏起来。在工具箱中的 ... 按钮上单击鼠标右键，在打开的快捷菜单中单击"编辑工具栏"命令，打开"自定义工具栏"对话框，如图1-16所示。该对话框中有两个列表，左侧"工具栏"列表中的工具为目前工具箱中包含的工具，右侧"附加工具"列表中的工具为未添加到工具箱中的工具。

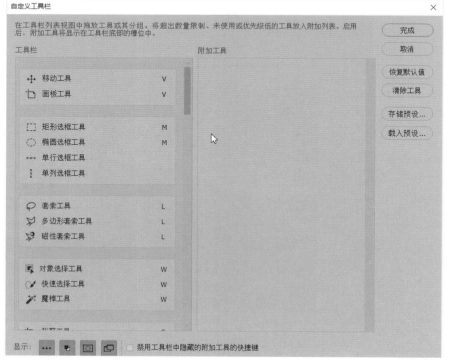

图 1-16

对于不常用到的工具，可以将它拖动到"附加工具"列表中。这里要注意，在"工具栏""附加工具"列表中，每一个格代表一个工具组，可以将相同类别的工具放在同一组中。选中一个工具并拖动到格内，它就会编入该格内的工具组中，如图1-17和图1-18所示；如果拖动到格外，该工具会单独创建一个工具组，如图1-19和图1-20所示。将"工具栏"中的工具拖动到"附加工具"列表中，单击"完成"按钮，此时工具箱中就不会显示该工具。

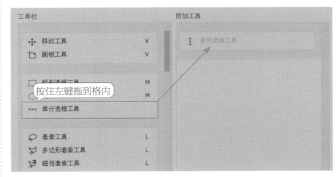

图 1-17

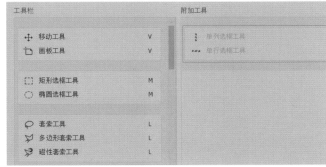

图 1-18

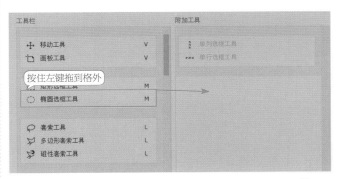

图 1-19

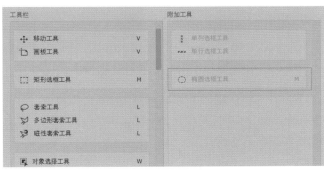

图 1-20

工具选项栏　使用工具进行图像处理时，工具选项栏会出现当前所用工具的相应选项，它的内容会随着所选工具的不同而不同，用户可以根据自己的需要在其中设置相应的参数。以套索工具为例，选中该工具后，在工具选项栏中显示的选项如图1-21所示。

图 1-21

面板　面板主要用来配合图像的编辑、对操作进行控制以及设置参数等。Photoshop中共有30多个面板，在菜单栏的"窗口"菜单中可以选择需要的面板并将其打开，常用面板有"图层""通道""路径"等。默认情况下，面板以选项卡的形式出现，位于Photoshop工作界面的右侧，用户可以根据需要打开、关闭或自由组合面板。

在面板选项卡中单击某面板的标签，即可显示该面板的选项，"图层"面板如图1-22所示，"通道"面板如图1-23所示。

图 1-22　　　　　　　　　图 1-23

将鼠标指针移至当前面板的标签上，单击并将其拖曳至目标面板的标签上，当出现蓝色边框时释放鼠标，可以将其与目标面板组合，如图1-24所示，组合后的效果如图1-25所示。

图 1-24　　　　　　　　　图 1-25

使鼠标指针停留在面板组内某个面板的标签上，单击并拖动至面板组外，可以将其从面板组中分离出来，如图1-26和图1-27所示。

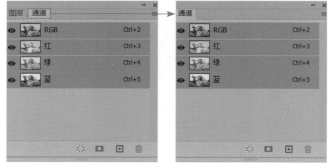

图 1-26　　　　　　　　　图 1-27

状态栏　位于Photoshop工作界面的底部，可显示文件大小和缩放比例等信息。其左部显示的参数为图像在窗口中的缩放比例。

1.2.2　选用合适的工作区

Photoshop根据用户不同的制图需求，提供了多种工作区，如基本功能、摄影、绘画等工作区。单击工作界面右上角的回按钮，单击子菜单可以切换工作区，如图1-28所示。

图 1-28

不同工作区的差异主要在于工具箱和面板的显示。为使操作方便快捷，Photoshop把工具箱和面板中大量的工具和命令按工作类型进行了分类，每个类别只显示与本类别工作相关的工具和命令。例如，如果用户从事的是摄影后期处理方面的工作，则可选用"摄影"工作区，此时工具箱和面板中便只显示与摄影后期处理相关的工具和命令；如果用户从事的是网页设计或UI设计方面的工作，则可选用"图形和Web"工作区，此时工具箱和面板中便只显示与网页设计或UI设计相关的工具和命令。工作区对比如图1-29所示。

工具箱不同　　　　选用"摄影"工作区　　　　面板不同

选用"图形和Web"工作区

图1-29

如果用户在操作过程中移动或关闭了工具箱，移动了面板的位置，可以复位当前工作区。以"基本功能"工作区为例，若面板摆放杂乱且部分面板被关闭，可执行"复位基本功能"命令即可复位工作区，如图1-30所示。

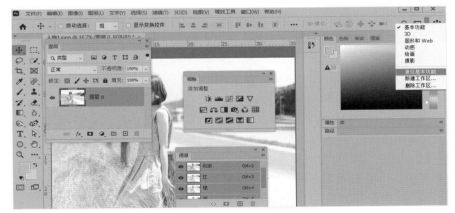

图1-30

1.3 文件的基本操作

读者在熟悉Photoshop的工作界面后，就可以开始学习Photoshop的功能了。本节将学习文件的基本操作：如何新建一个文件，如何打开已有文件，如何置入文件，如何存储与关闭文件。

1.3.1 新建文件

启动Photoshop进入开始界面后，此时界面一片空白。要进行作品的设计制作，首先要创建一个文件。

1. 从预设中创建文件

单击开始界面中的"新建"按钮（新建），打开"新建文档"对话框，如图1-31所示，在该对话框中可以选择3种创建方式：从预设创建（❶）或自定义创建（❷）或根据最近使用的项目创建（❸）。

图 1-31

Photoshop根据不同的应用领域，将常用尺寸进行了分类，包括"照片""打印""图稿和插图""Web""移动设备""胶片和视频"，用户可以根据需要在预设项中选择合适的尺寸。选中合适的尺寸后，在自定义创建区会显示该预设尺寸的详细信息，单击"创建"按钮即可创建文件。

如果文件用于排版、印刷，可单击"打印"标签，即会在左下方列表中显示排版、印刷常用的预设选项，拖动右侧滑块可查看该标签中的全部预设选项，例如平日常用的A4打印文件就可以在该列表中创建，如图1-32所示。

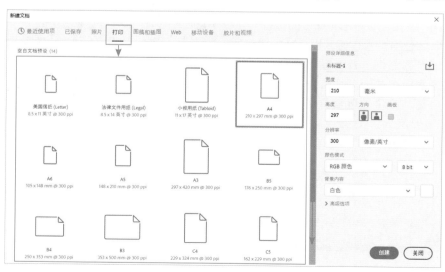

图1-32

如果文件用于网页、网店设计，可单击"Web"标签，即会在左下方列表中显示网页设计常用的预设选项，如图1-33所示。

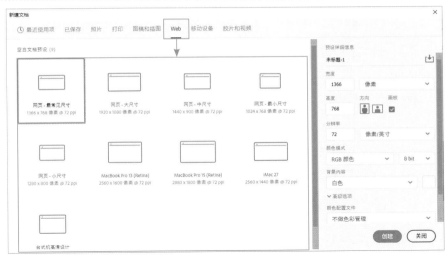

图1-33

如果文件用于UI设计，可单击"移动设备"标签，即会在左下方列表中显示当下移动设备常用的预设选项，如图1-34所示。

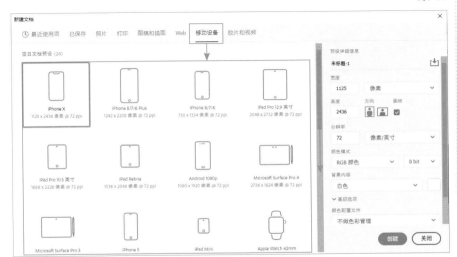

图1-34

2. 自定义创建文件

如果在预设中没有找到合适的尺寸，就需要自己设置，新建文件时要根据文件用途确定尺寸、分辨率和颜色模式（关于图像颜色模式的具体应用见9.1.4小节）。在"新建文档"对话框的右侧，可以进行"宽度""高度""分辨率"等参数的设置，如图1-35所示。

名称　在该选项中可以输入文件的名称，默认文件名为"未标题-1"。创建文件后，文件名显示在文件窗口的标题栏中。

宽度/高度　在该选项中可以设置文件的宽度/高度，在宽度数值的右侧下拉列表框中可以设置单位，如图1-36所示。一般若文件用于印刷选用"毫米"，用于写真、喷绘选用"厘米"，用于网页设计选用"像素"。

图 1-35

图 1-36

方向 单击▢按钮，文件方向为竖版；单击▢按钮，文件方向为横版。

画板 选中该选项后，可创建画板。

分辨率 用于设置文件的分辨率，在其右侧选项中可以选择分辨率的单位为"像素/英寸"或"像素/厘米"，通常情况下选择"像素/英寸"。

颜色模式 在该选项中可以选择文件的颜色模式，包含5种颜色模式，通常情况下使用RGB颜色模式或CMYK颜色模式。一般用于网页显示、屏幕显示、冲印照片等使用RGB颜色模式，用于室内写真机、室外写真机、喷绘机输出或印刷时则使用CMYK颜色模式。

背景内容 在该选项中可以设置文件背景颜色，包括"白色""黑色""背景色""透明""自定义"。"白色"为默认颜色；"背景色"是指将工具箱中的背景色用作背景图层的颜色；"透明"是指创建一个透明背景图层；如果要选用其他颜色可以单击"自定义"，则会弹出"拾色器"对话框，然后设置相应的颜色即可。

3. 根据最近使用的项目创建

如果要使用最近创建过的项目，可以直接在"新建"对话框左侧的"最近使用项"中找到并选中该项目，然后单击"创建"按钮即可创建文件。

 除了可以在开始界面完成文件的创建，还可以通过单击菜单栏"文件">"新建"命令或按"Ctrl+N"组合键，打开"新建文档"对话框，进行文件的创建操作。

1.3.2 打开文件

单击菜单栏"文件">"打开"命令（按"Ctrl+O"组合键），或单击开始界面左侧的"打开"按钮（如图1-37所示），在弹出的"打开"对话框中找到文件所在位置，选中所需文件并单击"打开"按钮，打开所选文件，如图1-38所示。

图 1-37

图 1-38

 在"打开"对话框中可以一次性选中多个文件，同时将其打开。按住"Ctrl"键并单击文件，可以选中不连续的多个文件；按住"Shift"键并单击文件，可以选中连续的多个文件。也可以按住鼠标左键拖动，框选多个文件。

1.3.3　置入文件

使用Photoshop制作海报、杂志、包装等各类设计的时候，经常需要使用一些图像素材来丰富画面效果，若使用"打开"命令，素材会以一个独立的文件形式打开，如果此时想要再打开其他的素材，并将其置入同一个画布里面，再使用"打开"命令打开一个素材，你会发现它成立了一个新的画布，并未满足你的需求，这时就可以使用置入命令，将多个素材置入同一画布中。使用"置入嵌入对象"命令，可以将不同格式的位图或矢量图添加到当前文件中，具体操作步骤如下。

STEP 1　打开一个促销海报，如图1-39所示，下面将产品图置入到该文件中。

图1-39

STEP 2　单击菜单栏"文件">"置入嵌入对象"命令，然后在弹出的"置入嵌入的对象"对话框中选择要置入的文件，这里选择"冰洗产品"文件，单击"置入"按钮，如图1-40所示。

图1-40

STEP 3　此时该素材已经置入文件中，置入的素材边缘带有定界框和控制点，如图1-41所示。拖动定界框上的控制点可以放大或缩小图像，将鼠标指针放在定界框内按住左键并拖动图像可以移动图像，将鼠标指针放到定界框外当鼠标指针呈 ↵ 状时移动鼠标，可以旋转图像，调整完成后按"Enter"键即可完成置入操作，此时定界框消失，如图1-42所示。置入的素材作为"智能对象"存在，如图1-43所示（关于"智能对象"的概念请参见8.6节）。

图1-41

图1-42

图1-43

1.3.4 保存文件

对文件进行了编辑后，可以将文件保存，以便于下次继续编辑。

1. 用"存储"命令保存文件

单击菜单栏"文件">"存储"命令或按"Ctrl+S"组合键，即可弹出一个选择面板，在这个面板中可以选择将文件保存到云文档还是保存在计算机上，如图1-44所示。

图1-44

单击"保存到云文档"，作品直接保存到Adobe的云中，以便在iPad上打开和编辑文件，同时在iPad上的Photoshop中创建的任何文件都是云文件，也可以在台式机上进行编辑。

单击"保存在您的计算机上"，则会保存在计算机中，这是最为常用的文件存储方式。单击 保存在您的计算机上 按钮，即可弹出"另存为"对话框。在对话框中设置文件的保存位置、输入文件名、选择文件格式后，单击"保存"按钮，即可将文件保存，如图1-45所示。

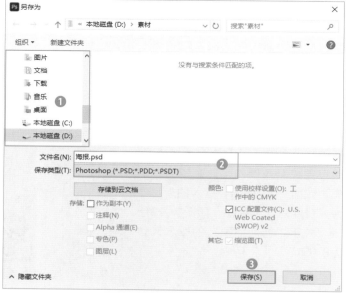

图1-45

　　文件名　可以输入文件名。

　　保存类型　选择文件的保存格式。

作为副本　选中该选项，可以另外保存一个副本文件。

ICC配置文件　选中该选项，可以保存嵌入文件中的ICC配置文件。

2. 用"存储为"命令保存文件

　　当对已保存过的文件进行编辑后，使用"存储"命令进行存储，将不弹出"另存为"对话框，而是直接保存文件，并覆盖原始文件；如果要将编辑后的文件存储在一个新位置，此时单击菜单栏"文件" > "存储为"命令或按"Shift+Ctrl+S"组合键，打开"另存为"对话框进行存储。

 　　在编辑文件的过程中，特别是大型的文件，需要及时将文件保存，完成一部分保存一部分，避免发生突然断电、死机等意外而使编辑的文件数据丢失。

1.3.5　存储格式的选择

　　保存文件时，在"另存为"对话框中的"保存类型"下拉列表中有多种格式可供选择。但并不是所有的格式都常用，选择哪种才合适呢？下面就来认识几种常用的图像格式。

1. 以PSD格式进行存储

　　在存储新文件时，PSD为默认格式。它可以保留图像中的图层、蒙版、通道、路径、未删格式的文字、图层样式等信息，以便于后期修改。在"另存为"对话框中的"保存类型"下拉列表中选择该格式可直接保存文件，如图1-46所示。

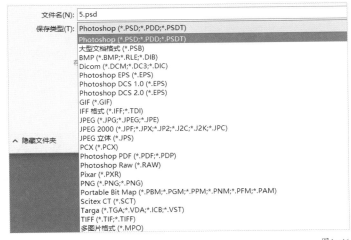

图1-46

2. 以JPEG格式进行存储

　　JPEG格式是一种常见的图像存储格式。如果图像用于网页、屏幕显示、冲印照片等对图像品质要求不高的情况，则可以存储为JPEG格式。

JPEG格式是一种压缩率较高的图像存储格式，当创建的文件存储为这种格式的时候，其图像品质会有一定的损失。

单击菜单栏"文件">"存储为"命令，在打开的"另存为"对话框中的"保存类型"下拉列表中选择JPEG，单击"保存"按钮后将打开"JPEG选项"对话框，如图1-47所示，在其中可以对文件的品质进行设置。

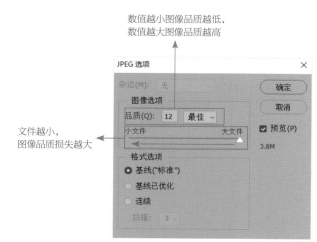

图 1-47

3. 以TIFF格式进行存储

TIFF格式也是一种比较常见的文件格式，对同一个PSD文件来说，存储为TIFF格式要比JPEG格式所占用的空间大，它能够较大程度地保持图像品质不受损失。这种格式常用于对图像文件品质要求较高的情况：如制作了一个平面广告文件，需要发送到印刷厂印刷，就需要将之存储为这种格式。选择用该格式存储后，在弹出的"TIFF 选项"对话框的"图像压缩"选项中选中"无"选项，如图1-48所示，然后单击"确定"按钮即可进行无损存储。

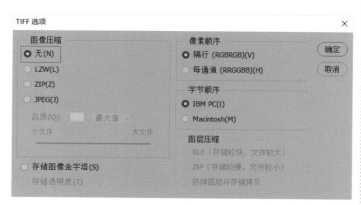

图1-48

4. 以PNG格式进行存储

PNG格式也是一种比较常见的图像存储格式，这种格式的文件通常被作为一种背景透明的素材文件来使用，而不会单独使用。例如，在Word、PPT文件中，当需要图片的背景透明的时候，可将该图片在Photoshop中去背景后保存为PNG格式。

将Logo去背景后分别存储为PNG格式和JPEG格式，然后置入PPT的效果分别如图1-49和图1-50所示。

图 1-49

图 1-50

为方便读者准确使用图像的存储格式，现将常用格式的使用场景及优缺点整理如表1-1所示。

表1-1

存储格式	扩展名	使用场景	优点	缺点
PSD	*.psd	保留尚未制作完成的图像	保留设计方案和图片所有的原始信息	文件占用空间大
JPEG	*.jpeg 或 *.jpg	用于网络传输	文件占用空间小，支持多种电子设备读取	有损压缩，图像品质最差
TIFF	*.tif	用于排版和印刷	灵活的位图格式，支持多种压缩形式，图片品质较高	文件占用空间较大
PNG	*.png	存储为透明通道形式	高级别无损压缩	低版本浏览器和程序不支持 PNG 文件

1.3.6　关闭文件

单击标题栏中当前文件标签右侧的 ✕ 按钮或单击菜单栏"文件">"关闭"（按"Ctrl+W"组合键）命令，可以关闭当前文件。单击菜单栏"文件">"全部关闭"命令，可以关闭在Photoshop中打开的所有文件。

1.4　常用辅助工具

Photoshop 提供了多种辅助工具，如标尺、参考线、智能参考线、网格等。使用这些工具，可以在绘制和移动图像时进行精确地定位和对齐。参考线、智能参考线、网格都是显示在图像上方的虚拟对象，输出和打印图像时不会显示。

1.4.1　参考线的设置

参考线起到对齐和划分版面的作用。制作对齐元素时，通过目测移动元素很难整齐排列，如果有了参考线，则可以参照有形的线进行排列。设计一个完整的版面时，可以先使用参考线对版面进行划分，然后添加画面元素完成版面设计。创建参考线的方法，有以下两种。

一种是手动从标尺中拖出，这种方法可以快速灵活地在画布任意位置创建参考线，缺点是定位不够精准，该方法常用于版面中的元素对齐。

STEP 1 打开素材文件，我们需要借助参考线将右侧的文字与"立即抢购"的底图左对齐。手动创建参考线前，先将标尺显示出来，单击菜单栏"视图">"标尺"命令（或按"Ctrl+R"组合键），在文件窗口的顶部和左侧出现标尺，如图1-51所示。

STEP 2 将鼠标指针放在左侧标尺上，按住鼠标左键向右拖动，拖出一条参考线，如图1-52所示，拖动至"立即抢购"底图的左端后放开鼠标，选中右侧的文字，使用移动工具 ✛，将它们分别拖动到参考线上，完成对齐操作。

图1-51　　　　　　　　　　　　图1-52

另一种方法是使用"新建参考线"命令创建参考线，该方法常用于版面的划分。例如在设计包装平面展开图时，通常要将包装的正面和侧面连在一起进行排版设计，这时就需要对礼盒的正面和侧面进行精确划分，以防止在设计的过程中文字或图片出界，如图1-53所示。

包装平面展开图

包装效果图

图1-53

单击菜单栏"视图">"新建参考线"命令或按"Alt+V+E"组合键，打开"新建参考线"对话框，在该对话框中可以通过数值精确定位，选中"水平"选项，如图1-54所示，输入数值后，可以创建横向的参考线，选中"垂直"选项，输入数值后，可以创建竖向的参考线。

新建参考线　　×

取向

● 水平(H)

○ 垂直(V)

确定

取消

位置(P): [0 厘米]

图1-54

隐藏参考线　创建参考线以后，如果需要隐藏参考线查看图像，可以单击菜单栏"视图">"显示">"参考线"命令或按"Ctrl+H"组合键，再次执行该命令则可显示参考线。

移动参考线　使用移动工具，将鼠标指针放置在参考线上，当其变成 ↔ 形状时，按住鼠标左键拖动即可移动参考线，如图1-55所示。

锁定参考线　单击菜单栏"视图">"锁定参考线"命令，可以锁定参考线，防止参考线被意外移动，再次单击可以解除参考线锁定。

清除参考线　使用移动工具，将鼠标指针放置在参考线上，当其变成 ↔ 形状时，按住鼠标左键将其拖到画布之外可以清除该参考线。

清除所有参考线　如果要删除画布中的所有参考线，可以单击菜单栏"视图">"清除参考线"命令。

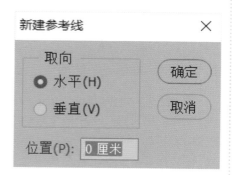

图1-55

1.4.2 实战：借助参考线创建三折页版面

三折页是企业在进行广告宣传时使用较多的一种印刷品。要进行三折页的设计制作，首先要新建一个文件。新建文件之前，我们要考虑几个问题：新建一个多大的文件？分辨率设置多少？颜色模式使用哪一种？常规的三折页尺寸为285毫米×210毫米，因为是要折起来的，所以正面和背面稍微宽一点，三个面的具体尺寸如图1-56所示。

扫码看视频

三折页效果

外页宽度尺寸为：9.4厘米，9.5厘米，9.6厘米

背面　　　　正面

内页宽度尺寸为：9.6厘米，9.5厘米，9.4厘米

图1-56

三折页为三个面，在设计过程中如何保证文字和图片不出界呢？下面以三折页内页版面设置为例进行讲解，具体操作步骤如下。

STEP 1　创建文件。单击菜单栏"文件">"新建"命令或按"Ctrl+N"组合键，打开"新建文档"对话框，单击"打印"标签，此时在对话框的右侧可以进行文件的创建操作。三折页需要印刷，创建文件时画面四周要加3毫米出血（出血为印刷用语），三折页展开尺寸为210毫米×285毫米，加出血后尺寸为216毫米×291毫米，因此设置"宽度"为291毫米、"高度"为216毫米，三折页的"分辨率""颜色模式"应按照印刷要求设置，将"分辨率"设置为300像素/英寸、"颜色模式"设置为CMYK颜色模式，文件名称设为"三折页设计"，设置完成后单击"创建"按钮，即可创建文件，如图1-57所示。

图1-57

设计经验　出血是一个常用的印刷用语，指印刷时为保留画面有效内容而预留出的方便裁切的部分，以避免裁切后的成品露白边或裁到内容。出血统一为3毫米，例如一张宣传单的成品尺寸为210毫米×285毫米，那么在设计时，画面四周要各加3毫米的出血，设计文件的尺寸为216毫米×291毫米。

STEP 2　创建文件后要设置出血线。单击菜单栏"视图">"新建参考线版面"命令，在弹出的对话框中选中"边距"选项，然后将"上""下""左""右"均设置为0.3厘米，设置完成后单击"确定"按钮，如图1-58所示。此时完成出血线设置，如图1-59所示。

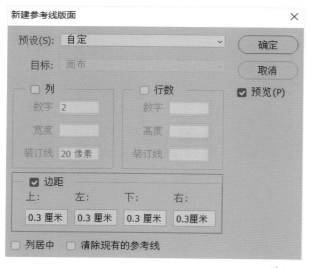

图 1-58

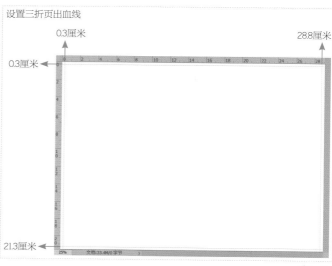

图 1-59

STEP 3　设置折页分界线。设置完出血线后，需要在垂直方向使用参考线标注出折叠处的位置。单击菜单栏"视图">"新建参考线"命令，弹出"新建参考线"对话框，选中"垂直"选项，输入"位置"为0.3+9.6厘米，单击"确定"按钮，标注第1条折痕位置；输入0.3+9.6+9.5厘米（如图1-60所示），单击"确定"按钮，标注第2条折痕位置。到这里三折页内页版面制作完成，效果如图1-61所示。学习完本实例后，读者可以试着制作三折页的外页版面，以巩固前面所学知识。

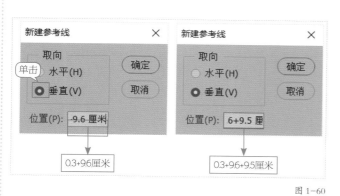

图 1-60

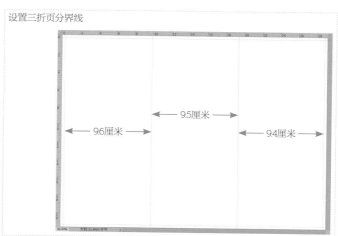

图 1-61

1.4.3　使用智能参考线对齐文字

智能参考线是在对图层内容移动、变换等情况下自动出现的参考线，可以帮助用户对齐特定图像、形状、文字等。

例如，使用移动工具将文字"爆款返场"向右移动时，当接近文字"新潮数码"的右端时，这两行文字右端自动出现洋红色的智能参考线，表示这两行文字右端已经对齐，如图1-62所示。

智能参考线只有在开启状态时，才会在移动图像内容或变换图像内容的时候自动出现。

如果未开启智能参考线，可以单击菜单栏"视图">"显示">"智能参考线"命令进行开启。

图1-62

1.4.4　使用网格

网格也起到对齐作用，尤其对于对称排列的对象，借助网格可以精确地定位图像或元素，它是制作Logo、图标、插画时的常用辅助工具。

与参考线不同的是，网格是固定的格子，不能手动生成。

单击菜单栏"视图">"显示">"网格"命令，可以在画布中显示网格，如图1-63所示。

图1-63

第 **2** 章

图像的
基本编辑

　　本章将学习一些基本的操作，如查看图像、修改图像大小、修改画布大小、旋转画面。在编辑图像前先要掌握一些最基本的概念，如位图与矢量图，以及编辑图像时常用的术语，如像素、分辨率、尺寸等。

　　通过学习本章内容，读者能够根据需要调整图像的尺寸，扩展或缩小画布，还可以将图像编辑过程中出现的失误或没有达到预期效果的步骤进行撤销，方便继续操作。

2.1 图像的基础知识

计算机中的图像主要分为两类，一类是位图图像，另一类是矢量图形。Photoshop 主要用于位图图像的编辑，但也包含矢量工具。

2.1.1 位图图像

位图图像又称作点阵图（在技术上称作栅格图像），整个图像由一个一个的"点"组成，当位图放大到一定程度时，就会发现图片是由一个个小方块组成的，这些小方块就是像素（也称为像素点），每一个像素都有特定的位置和颜色值，它是组成位图图像最基本的元素。单位长度内，容纳的像素越多，图像质量越高；反之，容纳的像素越少，图像质量越低。单位长度内像素的数量，就是一幅位图图像的分辨率。分辨率的单位通常为像素/英寸（ppi），如72像素/英寸表示每英寸（无论水平还是垂直）包含72个像素点，如图2-1所示。

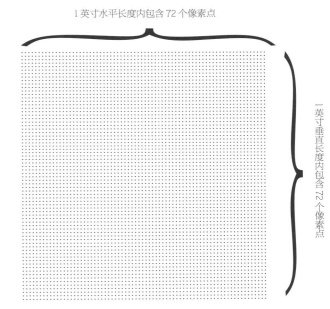

1英寸水平长度内包含 72 个像素点

一英寸垂直长度内包含 72 个像素点

图2-1

图2-2至图2-4所示为打印尺寸相同但分辨率不同的3个图像，从图中可以看到：低分辨率的图像有些模糊，高分辨率的图像十分清晰。

分辨率为25像素/英寸（模糊）

分辨率为50像素/英寸（稍微模糊）

分辨率为300像素/英寸（清晰）

图2-2

图2-3

图2-4

理解了位图的概念，像素、分辨率、打印尺寸之间的关系，将有助于我们理解2.3节修改图像尺寸的内容。

位图图像包含了固定数量的像素。当不断放大位图图像，画面会变模糊或出现马赛克，如图2-5所示。

图2-5

2.1.2 矢量图形

矢量图形又称作矢量形状或矢量对象，它是由直线和曲线连接构成的。每个矢量图形都自成一体，具有颜色、形状、轮廓和大小等属性。矢量图形的主要特点：图形边缘清晰锐利，并且矢量图无论放大多少倍，图形都不会变模糊，但颜色的使用相对单一，如图2-6所示。

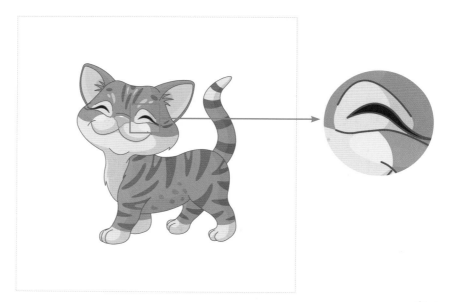

图2-6

2.1.3 位图与矢量图对比

由于Photoshop主要用于位图图像的编辑，因此本书大部分章节的操作是针对位图的内容，第6章为矢量图的编辑，第12章也会涉及部分矢量图的内容。

理解位图与矢量图对后继学习非常重要，比如在什么场景下使用它们、缩放时是否影响图像的品质、是否占用很大存储空间等。很多初学者分不清矢量图与位图，下面就以表格的形式对比分析一下矢量图与位图，让读者理解并识别位图与矢量图，明白它们之间到底有什么区别，如表2-1所示。

表2-1

类别	色彩表现	应用场景	缩放效果	占用存储空间	格式转化	软件及格式
位图	色彩丰富细腻	相机拍摄的照片、扫描仪扫描的图片，以及手机屏幕上抓的图像，画册、网页图片制作等	位图包含固定数量的像素，强行增大位图的尺寸，只能将原有的像素变大以填充多出的空间，而无法生成新的像素，放大后画面变模糊	位图在存储时需要记录每一个像素的位置和色彩信息，颜色信息量越多占用空间越大，图像越清晰	位图想要转换为矢量图需要经过复杂的处理过程，而且生成的矢量图的质量也会有一定的损失	位图的格式很多，如JPG、TIF、BMP、GIF、PSD等
矢量图	色彩单一	标志、UI、插画以及大型喷绘制作等	矢量图与分辨率无关，可以将它缩放到任意大小都不会影响清晰度	矢量图是软件通过数学的向量方式进行计算得到的图形，它与分辨率没有直接关系，占用的存储空间要比位图小很多	矢量图可以轻松转化为位图	矢量图的格式也很多，如 Adobe Illustrator 的 AI、EPS 和 SVG、Corel DRAW 的 CDR、AutoCAD 的 DWG 和 DXF 等

2.2 查看图像

编辑图像时，经常需要放大、缩小图像或移动画面的显示区域，以便于更好地观察和处理图像。Photoshop提供了用于辅助查看图像的功能和工具，如切换屏幕模式功能、缩放工具、抓手工具等。

2.2.1 切换屏幕模式

在Photoshop中查看图像或进行编辑操作时，如果需要获得更大的操作空间，可以更换屏幕模式，隐藏一些暂时不用的面板或菜单。

在工具栏底部的"更改屏幕模式"按钮上单击鼠标右键，会显示3种屏幕模式，如图2-7所示。

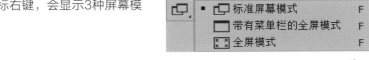

图2-7

标准屏幕模式 默认的屏幕模式，在这种模式下，Photoshop的工作界面中显示菜单栏、标题栏、状态栏及当前打开的工具选项栏和面板，如图2-8所示。

标准屏幕模式

图2-8

带有菜单栏的全屏模式 扩大图像显示范围，在工作界面中隐藏标题栏和状态栏，如图2-9所示。

带有菜单栏的全屏模式

图2-9

全屏模式 工作界面中只显示图像，视觉更加清晰，如图2-10所示。

全屏模式

图2-10

按"F"键可快速循环切换屏幕模式；按"Tab"键可以隐藏/显示工具箱、面板和工具选项栏；按"Shift+Tab"组合键可以隐藏/显示面板。

2.2.2 缩放工具

在编辑图像的过程中，有时需要观看画面整体，有时需要放大显示画面的局部区域，这时就需要使用缩放工具来完成。

　　缩放工具既可以放大，也可以缩小图像的显示比例。单击工具箱中的缩放工具 🔍，在其工具选项栏中显示该工具的设置选项，如图2-11所示。

| 🔍 ∨ | ⊕ ⊖ | ☐ 调整窗口大小以满屏显示 | ☐ 缩放所有窗口 | ☑ 细微缩放 | 100% | 适合屏幕 | 填充屏幕 |

图2-11

　　放大图像　单击 🔍 按钮，在画面中单击鼠标左键可以放大图像，如图2-12所示。

　　缩小图像　单击 🔍 按钮，在画面中单击鼠标左键可以缩小图像，如图2-13所示。

放大图像

缩小图像

图2-12

图2-13

　　最大化显示图像完整效果　单击 适合屏幕 按钮，可以在窗口中最大化显示画面的完整效果，如图2-14所示。

图2-14

　　细微缩放　选中 ☑ 细微缩放 选项后，在画面中单击并向左侧或右侧拖动鼠标，能够以平滑的方式快速缩小或放大图像。

　　1：1 比例显示图像　在对图像的细节进行查看或编辑时，想要清晰地看到图像的每一个细节，通常需要将图像显示为1：1比例，此时单击 100% 按钮即可。

缩放图像的同时自动调整窗口的大小　选中 `☑ 调整窗口大小以满屏显示` 选项，可以在缩放图像的同时自动调整窗口大小。

缩放所有窗口　如果当前打开了多个文件，选中 `☑ 缩放所有窗口` 选项，可以同时缩放所有打开的文件。

2.2.3　抓手工具

当画面放大到整个屏幕内不能完整的显示图像时，如何查看其余部分的图像呢？单击工具箱中的抓手工具 🖐，在画面中按住鼠标左键并拖动，如图2-15所示，即可查看其他区域的图像，如图2-16所示。

按住鼠标左键并拖动

图2-15

图2-16

　放大、缩小、平移图像可以直接通过快捷键进行操作。在使用其他工具时，要放大图像显示比例，可以按"Ctrl++"组合键；要缩小图像显示比例，可以按"Ctrl+-"组合键；当图像放大后，如果想要查看画面的其他区域，可以按住"空格"键即可快速切换到抓手工具状态，此时在画面中拖动鼠标即可，松开"空格"键，会自动切换回之前使用的工具。

2.2.4　在多窗口中查看图像

在Photoshop中编辑图像，通常需要打开多个文件，有时会有同时查看和编辑多个文档的需要，为了满足这种需求，Photoshop提供了多种更改图像窗口排列方式的功能。

1. 切换文档窗口

当打开多个文件时，文件默认均合并到选项卡中，只显示一个文件窗口，如图2-17所示。单击标题栏上的文档名称，可以切换到相应的文件窗口（也可以通过按"Ctrl+Tab"组合键，按照文件标题的前后顺序快速切换窗口），如图2-18所示。

图2-17

图2-18

2. 将文件窗口设置为浮动窗口

将文件窗口设置为浮动窗口，便于查看和编辑图像。在文件的标题栏上单击文件名称并向下拖动，拖出选项卡，放开鼠标后，文件窗口即可呈现浮动状态，如图2-19和图2-20所示。

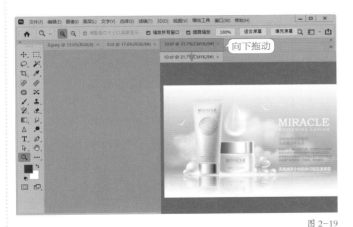

图 2-19

图 2-20

拖动浮动窗口的一个角，可以调整窗口大小，如图2-21所示。将浮动窗口拖向选项卡，当出现蓝色边框时放开鼠标，可以将文件窗口重新停放到选项卡中，如图2-22所示。

图 2-21

图 2-22

3. 多窗口排列文件

选择菜单栏"窗口">"排列"下拉菜单中的命令，可以控制各个文件窗口的排列方式，如图2-23所示。下面以查看一组照片为例介绍几种常用的窗口排列方式。

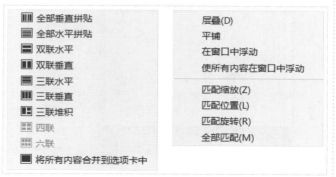

图2-23

  在需要将多个文件进行对比时，可以使用"双联水平""双联垂直""三联水平""三联垂直"三联堆积""四联""六联"等选项进行查看。

层叠 从屏幕的左上角到右下角以堆叠和层叠方式显示未停放的窗口（文件默认合并到选项卡中时该选项为灰色不可用，而当出现浮动窗口时可用），如图2-24所示。

平铺 以边靠边的方式显示所有打开的文件窗口，当关闭其中一个文件时，其他文件会自动调整窗口大小，以填满软件的工作界面，如图2-25所示。

图 2-24

图 2-25

匹配缩放 将所有文件窗口都匹配到与当前窗口相同的缩放比例。以图2-26所示为例，如果要将所有文件窗口的图像完整显示，可以先将其中一个图像缩小使它能在该文件窗口中完整显示，如图2-27所示，然后单击菜单栏"窗口">"排列">"匹配缩放"命令，此时其他文件窗口中图像的显示比例自动调整到与当前窗口一致的缩放比例。

图 2-26　　　　　　　　　　　　　　　　　　　　　　　　　　　　　　图 2-27

　　将所有内容合并到选项卡中　可以恢复为默认的视图状态，即全屏只显示一个文件窗口，其他文档合并到选项卡中，如图2-28所示。

图 2-28

　当多窗口显示图像时，使用缩放工具 Ⓠ，按住"Shift"键在其中一个图像上放大或缩小，其他图像将按相同的倍率放大或缩小；使用抓手工具 ◉，按住"Shift"键在其中一个图像拖动，其他图像将按相同的距离移动图像位置。

2.3　修改图像的尺寸和方向

　　当文件的大小不足或超出了我们的使用范围，这时就要想办法把这个文件放大或者是缩小，调整到我们需要的尺寸。这里的尺寸不是指在屏幕上查看图像大小时的显示尺寸而是指图像的实际打印尺寸，该尺寸可以在创建文件时进行设置，当文件创建后还可以使用"图像大小"和"画布大小"命令进行修改。

2.3.1 修改图像大小

使用"图像大小"命令可以调整图像的像素总数、打印尺寸和分辨率。打开素材文件，单击菜单栏"图像">"图像大小"命令，打开"图像大小"对话框，如图2-29所示。

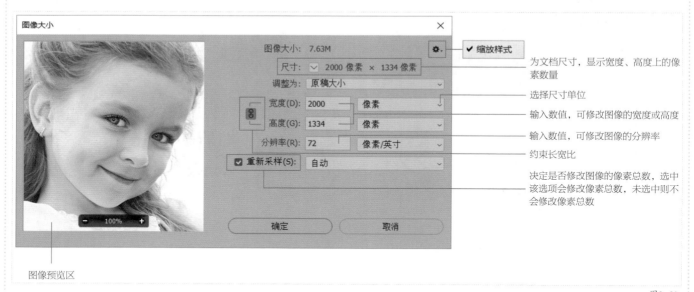

图2-29

图像预览区 单击预览区中的"-"或"+"，可以缩小或增大图像的显示比例，想要清晰地看到图像的每一个细节，将图像显示为100%；要查看图像的其他区域，在预览区内拖动图像即可。

图像大小 表示文档中所有像素点所占用的存储空间大小。例如，该图像的原始像素总数为2 000×1 334=2 668 000（个），"图像大小"为7.63MB，表示该图像2 668 000个像素点所占用的存储空间为7.63MB。

调整为 单击该选项右侧的 ∨ 按钮，弹出的下拉列表中包含多种常用文档尺寸。例如选中"A4 210×297毫米 300 dpi"，即可将图像修改为适合A4纸张大小的尺寸。

宽度/高度 在修改宽度或高度数值之前，先要选择合适的单位，然后再输入数值，一般网络用图选择"像素"，印刷用图选择"厘米"或"毫米"，如果我们要将印刷用图调整为网络用图的尺寸，先要将单位改为像素，如果同为印刷用图的尺寸调整则不需要修改单位。单击"宽度""高度"右侧的 ∨ 按钮，在弹出的下拉列表中可以选择合适的单位，其中包括"像素""英寸""厘米""毫米"等，如图2-30所示。

图2-30

约束比例 启用"约束长宽比"按钮 ⑧，该按钮的上下会出现连接线，此时修改宽度或高度其中一项的数值时，另一项将自动按之前的长宽比进行缩放；未启用时 ⑧，可以分别修改宽度和高度的数值，但修改数值后会改变原来的图像比例。

分辨率 用来修改文件分辨率的大小。虽然分辨率数值越高，画面越清晰，但分辨率也不是越高越好，太高的分辨率所占用的内存也会比较大。这里介绍一些常用分辨率的设置，例如，图像用于屏幕显示，将分辨率设置为72像素/英寸（ppi）即可，这样可以减小图像文件的大小，提高上传和下载的速度；喷绘广告若面积在一平方米以内，图像分辨率一般为70~100像素/英寸，巨幅喷绘可为25像素/英寸；用于印刷分辨率为300像素/英寸，若印高档画册则分辨率为350像素/英寸。

读者对于分辨率的常用设置会有这样的疑问，为什么低于一平方米的喷绘分辨率设置高，大型喷绘广告反而分辨率设置得低？可以从两个方面理解。一方面大型喷绘广告一般用于户外，它的画面很大，适合远距离观看，因此对画质要求不高；另一方面输出喷绘广告的机器对分辨率有一定的要求，以达到最高效率的工作，若图像的尺寸很大，同时分辨率也很高，这必然使图像占用的存储空间大，喷绘广告的过程缓慢。

重新采样　在"图像大小"对话框中可以采用两种方法修改图像大小。一种方法会更改图像的像素总数（重新采样），另一种图像的像素总数不变（不重新采样）。

默认"重新采样"为选中状态，修改"宽度""高度""分辨率"中的任何一项，都会改变该图像的像素总数和图像文件的大小。实际工作中，当我们要缩放文件大小或调整图片到不同长宽比的时候需要选中该项，例如网站上传图片一般都有大小限制，如果图片过大，会出现上传不成功的情况，此时就需要选中该项进行处理。

当取消选中"重新采样"时，修改"宽度""高度""分辨率"中的值，不会改变该图像的像素点总数和图像文件的大小，只是改变了"宽度""高度""分辨率"中的值之间的对应关系。例如，减少图像的宽度或高度，必然增加图像的分辨率；反之，增加图像的宽度或高度，必然减少图像的分辨率。实际工作中，将同一幅设计图稿，应对不同输出需求的时候，可以取消选中"重新采样"以适当的分辨率获得所需的输出。

缩放样式　单击对话框右上角的 ⚙ 按钮，弹出"缩放样式"选项，选中它（选中状态 ✔缩放样式 ），此后对图像大小进行调整时，如果文件中带有应用了样式的图层（关于图层样式的详细内容见第8章）会按照比例进行缩放。

◇ 提示　在修改图像尺寸的过程中，当修改后的文件大小高于原始大小时，应用程序会按照采样方法模拟补充的一些新的像素点（在"重新采样"下拉列表中可以选择的采样方法，不同的采样方法其计算精度是不同的，通常情况下使用"自动"即可），这些像素点为虚拟像素，总像素点会增加，图像文件变大，但图像质量会下降。

⚡ **2.3.2**　**实战：将文件调整为所需尺寸**

在工作中经常会遇到将同一幅图像修改为不同尺寸，以满足不同的输出需求的情况。下面以将一张室内写真海报的尺寸修改为户外喷绘海报尺寸为例，介绍如何在保证画面清晰的情况下，户外喷绘海报的尺寸尽量最大。

扫码看视频

STEP 1　单击菜单栏"文件">"打开"命令或按"Ctrl+O"组合键打开素材文件，如图2-31所示。

图2-31

STEP 2 单击菜单栏"图像">"图像大小"命令，弹出"图像大小"对话框，可以看到图像的原始尺寸，如图2-32所示。

图2-32

STEP 3 图像用于喷绘可以通过降低分辨率，来增加画面的尺寸。通常分辨率为25像素/英寸就可以保证喷绘输出的图片基本清晰；但如果喷绘输出的图片不需要很大，那么可以适当调高分辨率，以保证图像输出的清晰度。取消选中"重新采样"选项（❶），将"分辨率"设置为25像素/英寸（❷），此时"宽度"和"高度"的数值自动发生变化（❸），这个数值就是当分辨率为25像素/英寸时，该图像最大可输出的喷绘尺寸，如图2-33所示。

图2-33

2.3.3 修改画布大小

修改画布大小会更改文件的实际尺寸和像素总数。画布是指绘制和编辑图像的工作区域，而画布之外的灰底区域为用于临时存放图像的暂存区域（此处的图像不可见也不能被打印出来），如图2-34所示。单击菜单栏"图像">"画布大小"命令，可以在打开的"画布大小"对话框中修改画布尺寸，如图2-35所示。

图2-34

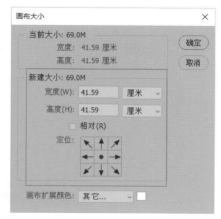

图2-35

当前大小　显示图像宽度和高度的实际尺寸，以及文件的实际大小。

　　新建大小　可以在"宽度"和"高度"框中输入要修改画布的尺寸。当输入的数值大于原尺寸时会增大画布，如图2-36所示；当输入的数值小于原尺寸时会减小画布（减小画布会裁剪图像），如图2-37所示。输入尺寸后，该选项右则会显示修改画布后的文件大小。

图2-36　　　　　　　　　　　　　　　　　　　图2-37

　　相对　如果选中该选项，输入"宽度"和"高度"的数值将代表实际增加或减少画布的大小，而不是整个画布的尺寸。例如，设置"宽度"为10厘米，单击"确定"按钮后，此时画布就会在宽度方向上增加10厘米。

　　定位　该选项用来设置当前图像在新画布上的位置，箭头代表的是从图像的哪一边增大或减小画布。箭头向外，表示增大画布；箭头向内，表示减小画布，如图2-38所示。"定位"的使用规律，在一个箭头上单击，它会在对角线方向增大或减小画布。单击右边中间的箭头，增大画布左边的大小，如图2-39所示；单击右上角的箭头，增大画布左下角的大小，如图2-40所示；单击中心点，增大画布四周的大小，如图2-41所示。

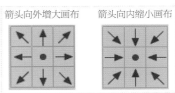

图2-38

增大画布左边的大小

图2-39

增大画布左下角的大小

图2-40

增大画布四周的大小

图2-41

　　画布扩展颜色　用来设置超出原始画布区域的颜色，在该选项的下拉列表中可以选择使用"前景色""背景色""白色""黑色""灰色"作为扩展后画布的颜色。如果要选用其他颜色可以单击选项后面的"其他"，则会弹出"拾色器"对话框，然后设置相应的颜色即可，如图2-42所示。

图2-42

2.3.4　旋转画布

　　单击菜单栏"图像" > "图像旋转"命令，在它的子菜单中包含多个命令可以旋转或翻转整个图像，如图2-43所示。

图2-43

　　180度　将图像旋转半圈。

　　顺时针90度或逆时针90度　将图像顺时针或逆时针旋转四分之一圈。

　　任意角度　单击该命令后可以弹出"旋转画布"对话框，在其中输入特定的旋转角度，然后设置以顺时针或逆时针方向进行旋转，如图2-44所示，旋转后画面多余的部分被填充为当前的背景色。

图2-44

　　水平或垂直翻转画布　可以在水平或垂直方向上翻转画布。

2.3.5　实战：将人像照片旋转到正确角度

　　拍摄照片时，由于相机朝向会使照片产生横向或竖向颠倒的问题，此时可以通过"图像旋转"子菜单中的命令调整到合适角度。

扫码看视频

STEP 1 打开素材文件，可以看到原本应该横向显示的照片，呈垂直方向显示，如图2-45所示。

图2-46

STEP 3 如果想将照片水平方向镜像显示，可以单击"图像">"图像旋转">"水平翻转画布"命令，效果如图2-47所示。

图2-45

STEP 2 单击菜单栏"图像">"图像旋转">"顺时针90度"命令，此时照片的显示方向正确，如图2-46所示。

图2-47

2.4 撤销错误操作

在Photoshop中编辑图像，如果出现失误或没有达到预期效果，不必担心，因为在对图像进行编辑处理时Photoshop软件会记录下所有的操作步骤，简单一个命令，就可以轻轻松松地撤销操作，"回到从前"。

2.4.1 还原与重做

还原　单击菜单栏"编辑>还原"命令或按"Ctrl+Z"组合键可以撤销最近的一次操作，将其还原到上一步的编辑状态中；连续按"Ctrl+Z"组合键，可以连续还原操作。

重做　如果要取消还原操作，可以单击菜单栏"编辑>重做"命令或按"Shift+Ctrl+Z"组合键；连续按"Shift+Ctrl+Z"组合键，可以连续取消还原操作。

2.4.2 恢复文件

打开一个文件，对它进行一些操作后，单击菜单栏"文件">"恢复"命令，可以将文件恢复到刚打开时的状态。如果该文件在操作过程进行过存储，则可以将文件恢复到最后一次保存时的状态。"恢复"命令是针对已保存的文件而设定的，对于新建的未进行保存的文件该命令不能使用。

2.4.3 实战：使用历史记录面板还原操作步骤

在对文件进行编辑操作的过程，每一步操作，都会被记录在"历史记录"面板中，单击其中某一个记录，就可以撤销之前的操作，将文件恢复到记录所记载的编辑状态。

在"历史记录"面板中，可以对图像进行撤销步骤操作，还原步骤操作，以及将文件恢复为打开（新建）时的状态，具体操作方法如下。

扫码看视频

STEP 1 打开素材文件，如图2-48所示，单击菜单栏"窗口">"历史记录"，打开"历史记录"面板，显示当前"历史记录"面板状态，如图2-49所示。

图2-48

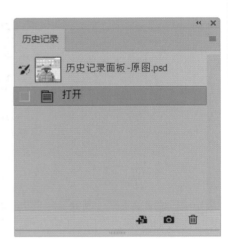

图2-49

STEP 2 对图像进行"自由变换""移动""曲线"编辑操作后，效果如图2-50所示，在"历史记录"面板中可以看到刚刚进行的操作条目，如图2-51所示。

图2-50

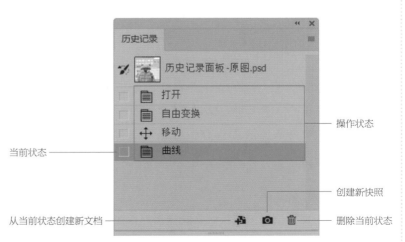

图2-51

STEP 3　撤销与还原操作。单击历史记录状态里的某一项操作，就会返回之前的编辑状态，例如单击"自由变换"状态，此时该文件撤销"移动"与"曲线"操作，还原到"自由变换"调整后的效果，如图2-52和图2-53所示。如果要还原所有被撤销的操作，可以单击最后一步操作，如果要将文件恢复为打开时的状态，单击"打开"状态。

图2-52

图2-53

STEP 4　默认情况下，"历史记录"面板将记录20个状态，超过这个数值后，较早的状态会被自动删除。可以单击菜单栏"编辑">"首选项">"性能"，设置记录的状态数，一般来说记录50个状态基本够用了，但如果是使用画笔工具，这个数量的记录就不够用了。记录的状态越多，会占用更多的内存。此时可以在操作过程中将某些特定状态制作成"快照"，存放在记录面板中，这样就解决了占内存多的问题。例如选中"曲线"状态（❶），然后单击 📷 按钮（❷），即可在历史记录状态的上方生成一个"快照 1"（❸），显示曲线调整后效果，如图2-54所示。

图2-54

　"历史记录"面板中所记录的状态和快照都为临时文件，不会与图像一起存储，关闭文档时将会自动删除记录。

第 **3** 章

图层的
创建与编辑

图层是Photoshop操作的基础与核心，图层的重要性在于Photoshop中的几乎所有操作都是在图层上进行的，它承载了图像修改、图案绘制、文字输入、照片美化、特效施加、蒙版调整的基本操作对象。可以说，不理解图层，就无法完成Photoshop中的编辑操作，所以在学习其他操作之前，必须要充分理解图层，并能熟练掌握图层的基本操作方法。

本章我们将学习图层的新建、选择、移动、复制、合并、删除、对齐与分布、变换等基本操作。此外，画板的使用也是本章将要学习的内容，通过学习可以有效提高日常工作效率。

3.1 图层的基础知识

图层是在Photoshop 3.0版本中出现的，在此之前，文件中的所有图像、文字都在一个平面上，要做任何改动，都要通过选区限定操作范围，这对于图像编辑工作的难度是比较大的。有了图层之后，文件中可以包含多个图层，每一个图层都是一个独立的平面，如果要修改哪个图像，直接在该图像所在的图层上进行修改即可，这样对于图像编辑工作来说更快捷。

3.1.1 图层原理

图层是图像的分层，一个个图层按顺序上下层叠在一起，组合起来形成最终图像。可以将每一个图层想象成一张透明玻璃纸，每张透明玻璃纸上都有不同的画面，透过上面的玻璃纸可以看见下面玻璃纸上的内容，在一张玻璃纸上面如何涂画都不会影响其他的玻璃纸，上面一层玻璃纸上的图像会遮挡住下面的图像，移动各层玻璃纸的相对位置，添加或删除玻璃纸都可改变最终的图像效果，如图3-1所示。

图层原理　　　　　　　　　　　　　　　"图层"面板状态　　　　　　图像合成效果

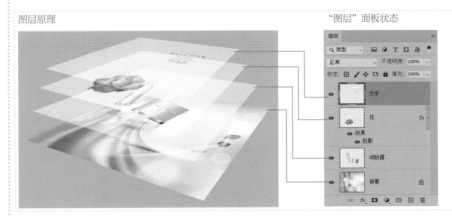

图3-1

在设计的过程中，很少有一次成型的作品，常常是经历若干次修改后才得到比较满意的效果。分层绘制图像具有很强的可编辑性，以移动画面中的花朵为例，如果图像和花朵都在一个平面上，想要移动花朵，首先要选取花朵才能进行移动，并且移动后，原花朵处就像被抠掉，这部分的背景需要进行修补，如图3-2所示。而在分层状态下可以直接选中花朵所在的图层进行移动，其他图层中的图像不会改变，如图3-3所示。这种方式，极大地提高了图像编辑的效率。

图3-2

图3-3

3.1.2 图层面板

"图层"面板用于创建、编辑和管理图层。"图层"面板中包含了文件中所有的图层、图层组和效果。默认状态下，"图层"面板处于开启状态，如果工作界面中没有显示该面板，单击菜单栏"窗口">"图层"命令，即可打开"图层"面板，如图3-4所示。

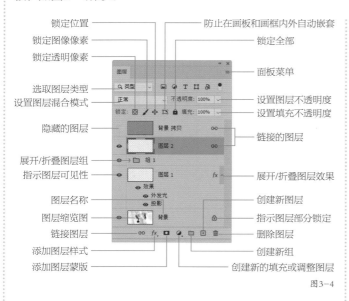

图3-4

图层锁定按钮 锁定: ⊠ ✓ ✚ ⊡ 🔒 用来锁定当前图层的属性，使其不可编辑，包括"锁定透明像素"⊠、"锁定图像像素"✓、"锁定位置"✚、"防止在画板和画框内外自动嵌套"⊡、"锁定全部"🔒，详细介绍见3.2.10小节。

选取图层类型 当图层数量较多时，可以通过该选项查找或隔离图层，详细介绍见3.2.20小节。

设置图层混合模式 用来设置当前图层与其下方图层的混合方式，使之产生不同的图像效果，详细介绍见第8章。

隐藏的图层 表示该图层已经被隐藏，隐藏的图层不能进行编辑。

展开/折叠图层组按钮 单击该按钮，可以展开或折叠图层组。

"指示图层可见性"按钮 👁 若图层缩览图前有"眼睛"图标，则该图层为可见图层；反之则表示该图层已隐藏。

图层名称 更改默认图层名称，便于查找。

图层缩览图 缩略显示图层中包含的图像内容。其中棋盘格区域表示图像的透明区域，而非棋盘格区域表示具有图像的区域。

"链接图层"按钮 ⊖ 当选中两个或多个图层后，单击该按钮，所选的图层会被链接在一起（图层链接后图层名称后面出现 ⊖ 图标），在对其中一个链接图层进行旋转、移动等操作时，其他被链接的图层也会随之发生变化；选中已链接的图层后，再单击 ⊖ 按钮，可以将所选中的图层取消链接。当图层被链接后，图层名称后面会出现 ⊖ 图标。

"添加图层样式"按钮 fx. 可以为当前图层添加特效，如投影、发光、斜面、浮雕效果等，详细介绍见第8章。

"添加图层蒙版"按钮 ▣ 可以为当前图层添加蒙版。蒙版用于遮盖图像内容，从而控制图层中的显示内容，但不会破坏原始图像，详细介绍见第11章。

面板菜单 单击该按钮，可以打开"图层"面板的面板菜单，用户也可以通过菜单中的命令对图层进行编辑，如图3-5所示。

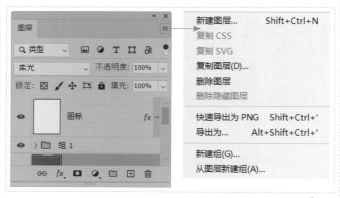

图3-5

设置图层不透明度 可以设置当前图层的不透明度。输入参数或者拖动滑块，使之呈现不同程度的透明状态，从而显示下面图层中的图像内容，详细介绍见第8章。

设置填充不透明度 通过输入参数或者拖动滑块，可以设置当前图层的填充不透明度。它与图层不透明度类似，但不会影响图层效果，详细介绍见第8章。

链接的图层 当图层名称后面出现 ⊖ 图标时，表示该图层与部分图层相链接。

展开/折叠图层效果按钮　单击该按钮，可以展开图层效果列表，显示当前图层添加的所有效果的名称，再次单击可以折叠图层效果列表。

"创建新图层"按钮　单击该按钮，可以创建一个新图层。

指示图层部分锁定　当图层名称后面出现 🔒 图标时，表示该图层的部分属性被锁定。

"删除图层"按钮 🗑　选中图层或图层组后，单击该按钮可以将其删除。

"创建新组"按钮 📁　单击该按钮，可以创建一个图层组。一个图层组可以容纳多个图层，可使用户方便地管理"图层"面板。

"创建新的填充或调整图层"按钮 ◉.　单击该按钮，在弹出的下拉列表中可以选择创建填充图层或调整图层，详细介绍见第9章。

3.1.3　图层类型

在Photoshop中可以创建多种不同类型的图层，而这些不同类型的图层有不同的功能和用途，在"图层"面板中的显示状态也各不相同，如图3-6所示。

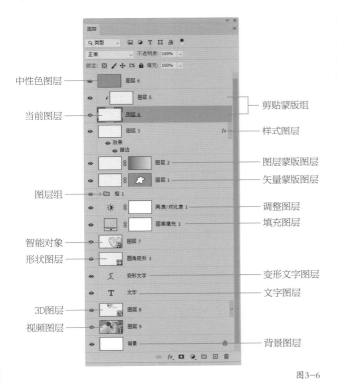

图3-6

中性色图层　指填充了中性色并预设了混合模式的特殊图层，可用于承载滤镜功能，也可用于绘画。该图层经常用于摄影后期处理。

当前图层　指当前正在编辑的图层。

图层组　用来组织和管理图层，使用户便于查找和编辑图层。

智能对象　指含有智能对象的图层。

形状图层　指包含矢量形状的图层，如矩形工具、圆角矩形工具、椭圆工具、三角形工具等创建的形状，详细介绍见第6章。

3D图层　包含3D文件或置入3D文件的图层。

视频图层　包含视频文件的图层。

剪贴蒙版组　是蒙版的一种，可以通过一个图的形状控制其他多个图层中图像的显示范围，详细介绍见第11章。

样式图层　包含图层样式的图层，图层样式可以创建特效，如投影、发光、斜面和浮雕效果等，详细介绍见第8章。

图层蒙版图层　可以通过遮盖图像内容来控制图层中图像的显示范围。蒙版的使用方法，详细介绍见第11章。

矢量蒙版图层　是指蒙版中包含矢量路径的图层，它不会因放大或缩小操作而影响清晰度的蒙版图层，详细介绍见第12章。

调整图层　这是用户自主创建的图层，可用于调整图像的亮度、色彩等，不会改变原始像素值，并且可以重复编辑，详细介绍见第9章。

填充图层　用于填充纯色、渐变和图案的特殊图层，详细介绍见第9章。

变形文字图层　进行变形处理后的文字图层，详细介绍见第7章。

文字图层　用文字工具输入文字时自动创建的图层，详细介绍见第7章。

背景图层　在新建文件或打开图像文件时自动创建的图层。它位于图层列表的最下方，且不能被编辑。双击背景图层，在弹出的对话框中单击"确定"按钮，即可将背景图层改成普通图层。

3.2 图层的基本操作

图层的基本操作主要包括创建图层、选择图层、重命名图层、删除图层、复制图层、锁定图层、移动图层、对齐与分布图层等。

3.2.1 创建图层

单击"图层"面板中的"创建新图层"按钮 □，即可在当前图层的上方创建一个新图层，如图3-7所示；如果要在当前图层的下方创建一个新图层，可以按住"Ctrl"键并单击"创建新图层"按钮 □，如图3-8所示。当在图层中添加内容后，图层创建的顺序不同，呈现效果也会不同。

图3-7

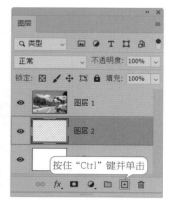
图3-8

3.2.2 实战：通过调整图层顺序改变画面效果

图层创建后可以更改图层的顺序。在"图层"面板中，图层是按照创建的先后顺序堆叠排列的，位于上方的图层通常会挡住它下方的图层，改变图层的堆叠顺序可以调整图像的显示效果。在设计过程中经常需要调整图层的堆叠顺序。

扫码看视频

STEP 1 打开一个香水广告文件，从画面中可以看到"香水瓶"挡住了"水花"，在"图层"面板中选中"香水"图层，按住鼠标左键将其拖动到"水花"图层组的下方，如图3-9所示。

图3-9

STEP 2 放开鼠标后即可完成图层顺序的调整。此时画面呈现出了香水瓶掷入水中溅起水花的效果，如图3-10所示。

图3-10

 调整图层顺序的快捷操作方法：选中一个图层后，按"Ctrl+]"组合键，可以将当前图层向上移一层；按"Ctrl+["组合键，可以将当前图层向下移一层。

3.2.3 选择图层

选择一个图层 单击"图层"面板中的某个图层，即可选中该图层，该图层即为当前图层（当前图层有且只有一个），如图3-11所示。

选择多个图层 选择多个相邻的图层，单击第一个图层（❶），然后按住"Shift"键并单击最后一个图层（❷），如图3-12所示；要选择多个不相邻的图层，只需按住"Ctrl"键并逐一单击这些图层，如图3-13所示。

图3-11　　　　　　　　　　　图3-12　　　　　　　　　　　图3-13

选择所有图层　单击菜单栏"选择">"所有图层"命令，如图3-14所示，即可选中"图层"面板中除背景层之外的所有图层，如图3-15所示。

图3-14

图3-15

取消选择图层　若不想选择任何图层，可以单击菜单栏"选择">"取消选择图层"命令，如图3-16所示；或者在"图层"面板底部的空白处单击，如图3-17所示。

图3-16

图3-17

3.2.4　实战：使用移动工具选择图层

当图层比较多时，在"图层"面板中选择图层费时、费力。此时我们可以使用移动工具快速选择画面中图像所在的图层。

STEP 1　打开素材文件，如图3-18所示。选择工具箱中的移动工具 ⊕，在工具选项栏中选中"自动选择"选项，如图3-19所示。

STEP 2　选择一个图层，直接在图像上方单击即可选择图层，如图3-20所示。

图3-18　　　　图3-19

图3-20

STEP 3 当鼠标指针下方堆叠多个图层时，单击图像，则选择的将是最上面的图像。如果要选择位于下方的图像，可以在图像上单击鼠标右键，打开一个快捷菜单，显示鼠标指针所在位置的所有图层名称，从中选择一个图层即可，如图3-21所示。

图3-21

选择多个图层，可以使用两种方法操作。一种方法是按住"Shift"键分别单击各个图像，如图3-22所示。

另一种方法是单击并拖动出一个虚线框，选框范围内的图像都会被选中，如图3-23所示。

图3-22

图3-23

3.2.5　重命名图层

选中一个图层，单击菜单栏"图层"＞"重命名图层"，或双击该图层的名称，在显示的文本框中输入名称，如图3-24所示。

图3-24

3.2.6 删除或隐藏图层

在使用Photoshop编辑或合成图像时，若有不需要的图层，就需要删除。选中图层后单击"删除图层"按钮🗑，即可删除该图层，如图3-25和图3-26所示。此外，将图层拖动到"图层"面板中的"删除图层"按钮🗑上，也可以快速删除图层。

图3-25   图3-26

当处理含有多个图层的文件时，为了查看特定的效果，常常需要显示或者隐藏图层。图层缩览图前面的"指示图层可见性"按钮👁，可以用来控制图层是否可见。有该图标的图层为可见图层，如图3-27所示；无该图标的图层为隐藏图层，如图3-28所示。单击👁或方块区域▢可以使图层在显示和隐藏状态之间切换。

图3-27

图3-28

在设计过程中，经常会修改一些设计方案，这时可能需要将一些暂时不用的图层隐藏。当设计方案确定后，如果还存在一些用不到的隐藏图层，应该将这些隐藏图层删除，因为它们会增加文件大小。删除隐藏图层的方法：单击菜单栏"图层">"删除">"隐藏图层"命令，即可将隐藏图层全部删除。

3.2.7 移动图层

移动图层是指移动图层中的对象。在编辑图像时，通常需要调整图像中某个或者多个对象的位置，这时可以使用工具箱中的移动工具➕。

首先在"图层"面板中选中需要移动的对象所在的图层（"背景"图层无法移动），然后使用移动工具 在图像上按住左键拖动（如图3-29所示），该图像的位置就会发生变化，如图3-30所示。

图3-29

图3-30

> **提示** 在使用移动工具移动图像的过程中，按住"Shift"键可以使其沿水平或垂直方向移动。

3.2.8 对齐与分布图层

在排版设计过程中，需要将海报中的图片或文字，网页、手机界面中的按钮或图标等对象有序排列。如果手动排列很难做到位置准确，这时就可以使用Photoshop的对齐与分布功能快速、精准排列。

使用对齐功能可以对齐不同图层上的多个对象。在对图层操作前，先要选择图层（❶），然后选择工具箱中的移动工具（❷），在其选项栏中单击某个对齐按钮 （从左到右依次是"左对齐""水平居中对齐""右对齐""顶对齐""垂直居中对齐""底对齐"），即可进行相应的对齐，这里单击"垂直居中对齐"按钮（❸），如图3-31所示，对齐后的效果如图3-32所示。

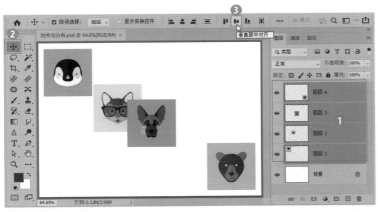

图3-31

图3-32

对齐对象后，怎样让每个对象之间的距离相等？使用分布功能可以让不同图层上的对象进行均匀分布，即得到对象与对象间距相等的效果（分布图层至少需要3个图层才有意义）。在移动工具的工具选项栏中单击 按钮，在弹出的下拉面板中显示全部分布按钮 （从左到右依次是"按顶分布""垂直居中分布""按底分布""按左分布""水平居中分布""按右分布"）和分布间距按钮 （"垂直分布""水平分布"）。

分布按钮主要用来操作同一大小的对象，而分布间距按钮则不要求对象大小一致。例图中的图片大小相等，单击"水平居中分布"按钮 ╫ 或"水平分布"按钮 ╫，都可以使图像之间的间距均相等，如图3-33和图3-34所示。

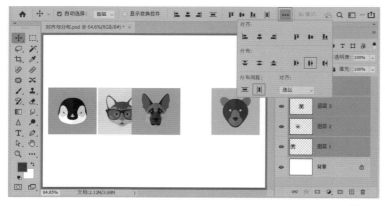

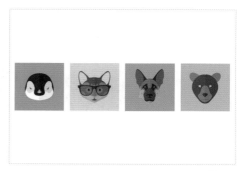

图3-33　　　　　　　　　　　　　　　　　　　　　　　图3-34

3.2.9　实战：排列相册内的照片

相册设计排版是影楼后期工作中非常重要的一环节，相册中通常需要在一个页面内排列多张照片，如何快速对照片进行整齐、有序的排列呢？下面使用对齐功能与分布功能，将照片排列整齐，具体操作步骤如下。

扫码看视频

STEP 1 打开一个相册的设计文件，可以看到其中有1大5小共6张照片，左侧的大照片放置的位置比较合理，可以不调整，下面我们要做的就是将右侧的5张小照片排列整齐，如图3-35所示。

图3-35

STEP 2 对齐最右侧的3张照片。单击工具箱中的移动工具（❶），在其工具选项栏中选中"自动选择"选项并选中"图层"选项（❷）。将鼠标指针移至画面合适位置，按住鼠标左键拖出虚线框，选中最右侧的3张照片（❸）。松开鼠标，在"图层"面板中可以看到3张照片对应的图层被选中（❹），如图3-36所示。

图3-36

STEP 3 单击移动工具选项栏中的"右对齐"按钮，将选中的图层右对齐，如图3-37所示。然后单击"垂直分布"按钮，此时这3张照片在垂直方向上均匀分布，如图3-38所示。

图3-37

图3-38

STEP 4 对齐底端。使用移动工具选中画面底端的两张照片和左侧的大照片，在工具选项栏中单击"底对齐"按钮，效果如图3-39所示。

图3-39

STEP 5 将第2行的两张照片顶对齐。使用移动工具选中第2行的两张照片，在工具选项栏中单击"顶对齐"按钮，效果如图3-40所示。

图3-40

STEP 6 将中间的两张照片右对齐。使用移动工具选中画面中间的两张照片，在工具选项栏中单击"右对齐"按钮，此时完成相册中多个照片的对齐与分布操作，效果如图3-41所示。

图3-41

3.2.10 锁定图层

编辑图像时，想要保护图层的某些属性或区域不受影响，可以使用锁定图层功能。例如，对于设置了精确位置的图像，要防止图像被意外移动，就需要预先做出设置；填充颜色时，只想在有图像的区域填色，而透明区域不受影响，也需要进行设置。Photoshop提供了5种锁定方式来解决问题，操作方法是首先选择要进行保护的图层，然后单击"图层"面板顶部的锁定按钮 锁定：⊠ ◢ ✦ ⊐ 🔒。

"锁定透明像素"按钮⊠ 单击该按钮后图层中的透明区域不可编辑。

"锁定图像像素"按钮◢ 单击该按钮后，可以对图层进行移动和变换操作，但不能在图层上绘画、擦除或应用滤镜等。锁定图像像素时如果使用画笔工具在画面上涂抹，鼠标指针则显示为◎形状，表示该区域不能使用此工具。

"锁定位置"按钮✦ 单击该按钮后，图层中的内容不能被移动。

"防止在画板和画框内外自动嵌套"按钮⊐ 可以防止在移动画板中的图层时，该图层移动到其他画板中。

"锁定全部"按钮🔒 单击该按钮后，该图层将不能进行任何操作。

3.2.11 实战：锁定透明像素以便更改图稿颜色

在为图像填充颜色时，考虑到画面色彩的协调性，往往需要进行多次填充才能确定合适的颜色。填色时为了不填充到图层中的透明区域，就需要使用"锁定透明像素"按钮。

扫码看视频

STEP 1 打开素材文件"栗子包装袋设计"，可以看到图形填充的橘红色过于鲜艳，下面将该图形填充成与Logo底图一样的颜色，以使版面色彩更统一，选中该图形所在的图层，如图3-42所示。

图3-42

STEP 2 单击工具箱中的吸管工具，将鼠标指针移至Logo底图上并单击，此时所选取的颜色（也就是Logo底图的颜色）将被作为前景色，如图3-43所示。按"Alt+Delete"组合键用前景色填充，可以看到整个图层被填充了前景色，如图3-44所示，这明显不是我们想要的效果。

图3-43

图3-44

STEP 3 要在图层的图像区域填充颜色，而透明区域不受影响，就需要将图层中的透明像素锁定。按"Ctrl+Z"组合键撤销第2步的操作，然后在"图层"面板中单击"锁定透明像素"按钮 ⊠，如图3-45所示，再用前景色填充，此时即可完成形状图形颜色的更换，如图3-46所示。

图3-45

图3-46

3.2.12 复制图层

使用 Photoshop 处理图像时，经常会用到复制图层功能，比如在摄影后期处理中，为了保证原始图层中的图像不受破坏，通常需要复制一个图层，然后在这个副本图层上进行调整。复制图层常用的方法有如下两种。

1. 在"图层"面板中复制图层

单击"图层"面板中的▤按钮，在弹出的菜单中选中"复制图层"命令，在弹出的"复制图层"对话框中为图层命名，然后单击"确定"按钮即可完成复制，如图3-47和图3-48所示。此外，选中图层后按"Ctrl+J"组合键可以快速复制图层。

图3-47   图3-48

2. 使用移动工具复制图层

使用移动工具移动图像时，按住"Alt"键并拖动图像，此时鼠标指针呈 ▶ 形状，也可以复制图层，如图3-49所示。

图3-49

3.2.13 在不同文件之间移动图层

使用移动工具可以将一个文件中的一个或多个图层复制到另一个文件中。在一个文件中选中需要复制的图层，按住鼠标左键并向右侧拖动，将其拖动到另一个文件中，如图3-50所示，放开鼠标左键即可将图层复制到该文件中，如图3-51所示。

图3-50   图3-51

如何将文件中的一个图层移动到另一个文件的相同位置上？方法很简单：使用移动工具选中需要移动的图层，按"Shift"键直接将其拖动到另一个文件中即可，前提是两个文件的高度、宽度和分辨率必须一样。

3.2.14　变换图层内容

在排版设计中经常需要调整图层中图像的大小、角度，有时也需要对图像进行扭曲、变形等操作，这些都可以通过变换命令来实现。在"编辑"＞"变换"下拉菜单中包含各种变换命令，如缩放、旋转、斜切、扭曲、透视、变形、旋转和翻转，如图3-52所示。在实际工作中，变换命令使用得非常广泛，下面一起来看一下，实际工作中如何使用它们。

图3-52

3.2.15　实战：使用"缩放"命令调整图像大小

在文件中添加素材后，通常需要将添加的素材放大或缩小，让它的大小适用于版面。下面通过为一个童装店铺海报添加素材图片为例，介绍"缩放"命令的使用方法。

扫码看视频

STEP 1 打开海报的设计文件，添加素材文件"童装"，从画面中可以看到童装大到已经超出画面，如图3-53所示。下面使用"缩放"命令将童装等比例缩小。

图3-53

STEP 2 选中童装所在的图层，单击菜单栏"编辑">"变换">"缩放"命令（或按"Ctrl+T"组合键），图像四周出现了定界框，定界框的4个顶点处以及4条边的中间都有控制点，如图3-54所示。按住鼠标左键并拖动定界框或顶点，可以等比例缩放图像；将鼠标指针放到定界框内并拖动，可以移动图像。

图3-54

STEP 3 完成缩放后按"Enter"键确认。如果要取消正在进行的变换操作，可以按"Esc"键。童装缩小后的效果如图3-55所示。

图3-55

 使用"缩放"命令时，直接拖动定界框的控制点可以等比例缩放图像；按住"Alt"键并拖动定界框的控制点，能以中心点为基准进行等比例缩放；按住"Shift"键并拖动上、下、左、右边框上的控制点，能纵向或横向地放大或缩小图像（即可以将图像拉高或拉宽），但是修改后会造成图像变形，需谨慎使用。

3.2.16 实战：使用"旋转"命令制作倾斜的版式

在一些杂志或海报上，经常会看到这样一种设计：版面中的文字或者图片是倾斜着的，充满了强烈的动感，能吸引观者的注意。下面以对一个化妆品海报中的美肤产品进行旋转操作为例，介绍"旋转"命令的使用方法。

扫码看视频

STEP 1 打开素材文件，如图3-56所示，画面中的文字部分是倾斜的，为了使版面更活跃，下面使用"旋转"命令对"美肤产品"进行旋转操作。

图3-56

STEP 2 选中美肤产品所在的图层，单击菜单栏"编辑"＞"变换"＞"旋转"命令，美肤产品四周出现变换框，将鼠标指针移至任意一个控制点处，当鼠标指针变为弧形的双箭头形状↻后，按住鼠标左键拖动即可进行旋转，如图3-57所示。

图3-57

STEP 3 旋转至适当角度后按"Enter"键确认旋转，如图3-58所示。

图3-58

3.2.17 实战：使用"斜切"命令制作礼盒的立体效果

使用"斜切"命令可以在水平或垂直方向单独控制定界框上的任意控制点，利用"近大远小"的透视原理将图像处理成具有立体效果的图片，该命令常用于制作包装盒、立体书籍等。下面以制作一个蜜桃礼盒的立体效果为例，介绍"斜切"命令的使用方法。

扫码看视频

在制作立体效果前，首先要了解透视的基本原理。以立方体为例，只要离画面最近的是立方体的一个角，那么立方体左右两个竖立面必然与画面呈一定角度，两个角互为余角，它有两个消失点，因此称为"两点透视"或"余角透视"。它实际上反映的是物体"近大远小""近高远低""近宽远窄"的透视关系，如图3-59所示。

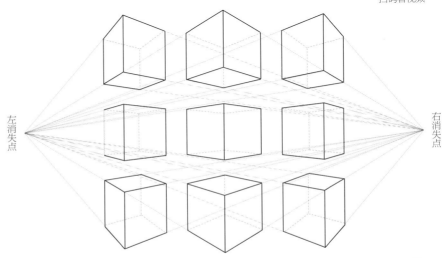

左消失点

右消失点

图3-59

STEP 1 本例中礼盒的内容主要体现在正面和侧面上，如图3-60所示。下面就对礼盒的正面和侧面进行操作，制作展现这两个面的立体包装效果。

图3-60

STEP 2 在"新建文档"对话框中的"打印"预设选项中，创建一个A4纸大小、名为"蜜桃礼盒立体效果"的文件，将背景填充为渐变灰色，用于凸显包装效果（关于渐变颜色填充的详细操作见第5章）。打开"礼盒正面"文件并将其添加到"蜜桃礼盒立体效果"中。单击"编辑">"变换">"缩放"命令，将礼盒正面等比例缩小到适当大小，如图3-61所示。

图3-61

STEP 3 调整盒面透视关系。当从侧面看礼盒的正面时，视觉就会产生透视效果：一是宽度变窄了；二是上下两个水平边会变成斜边，两个垂直边会变成一高一矮。先压缩礼盒正面的宽度，按住"Shift"键向左拖动定界框右边中间的控制点，就可以压缩宽度，如图3-62所示，压缩的幅度可根据透视的强弱适当掌握。

图3-62

STEP 4 调整礼盒正面的四边。在变换的状态下单击鼠标右键，弹出变换快捷菜单，选中"斜切"命令（可以从垂直或水平方向进行变形），如图3-63所示。向下拖动定界框左边顶端的控制点，向上拖动定界框左边底端的控制点，使礼盒正面呈现近大远小的透视效果，如图3-64所示。

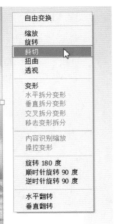

图3-63

图3-64

STEP 5 打开"礼盒侧面"并将其添加到"蜜桃礼盒立体效果"文件中，移动到紧贴礼盒正面右侧边缘处。单击菜单栏"编辑">"变换">"缩放"命令，将礼盒侧面等比例缩放使礼盒侧面的高度与礼盒正面右侧边缘的高度一致，如图3-65所示。

图3-65

STEP 6 调整礼盒侧面的透视关系。压缩礼盒侧面宽度，如图3-66所示；调整礼盒侧面的四边，单击鼠标右键，在弹出的快捷菜单中选中"斜切"命令，向下拖动定界框右边顶端的控制点，向上拖动定界框右边底端的控制点，使礼盒侧面呈现近高远低的透视效果，如图3-67所示。

图3-66

图3-67

STEP **7** 调整礼盒正面和侧面在画面中的位置，并为礼盒添加提手与投影，使礼盒立体效果更真实，效果如图3-68所示。

图3-68

 使用"旋转180度""顺时针旋转90度""逆时针旋转90度""水平翻转""垂直翻转"命令时，软件会直接对图像进行以上变换，而不会显示定界框。

3.2.18 栅格化图层

栅格化，是Photoshop中的一个专业术语，栅格即像素，通过栅格化可以将矢量图形转化为位图。对于文字图层、形状图层或智能对象等包含矢量数据的图层，不能直接使用某些命令和工具（如滤镜效果、绘画工具）进行编辑，需要先将其栅格化。

选择需要栅格化的图层，执行"图层">"栅格化"子菜单中的命令即可栅格化图层中的内容，如图3-69所示。

栅格化后，原有设置不能进行修改，例如文字图层栅格化后，它就不是文字图层了，里面的文字已经被像素化了，不能使用文字工具再次编辑它。

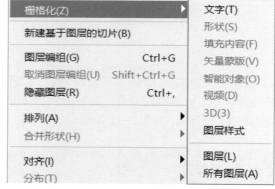

图3-69

3.2.19 导出图层

在"图层"面板中选中需要导出的图层，单击鼠标右键，在弹出的快捷菜单中选中"导出为"命令，如图3-70所示。在弹出的"导出为"对话框中可以选择将选中的图层导出为PNG、JPEG或GIF格式文件。

图3-70

3.2.20　查找与隔离图层

当图层数量较多时，可以通过"查找图层"和"隔离图层"这两种方式，快速找到需要的图层。

单击菜单栏"选择">"查找图层"命令，"图层"面板顶部出现一个文本框，如图3-71所示，输入要查找的图层名称，则"图层"面板中就会只显示该图层，如图3-72所示。

图3-71

图3-72

单击菜单栏"选择">"隔离图层"命令，单击"图层"面板顶部的 类型 按钮，可以在弹出的下拉列表中指定面板中显示某种类型的图层（包括类型、效果、模式、智能对象、画板等），隔离其他类型的图层，如图3-73所示。例如选中"类型"选项，然后单击右侧的 T 按钮，此时面板中只显示文字类图层，如图3-74所示。

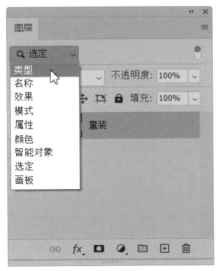

图3-73

图3-74

如果想停止隔离图层，让面板中显示所有图层，可单击"图层"面板右上角的"打开关闭图层过滤"按钮，让它处于关闭状态 ，如图3-75所示。

图3-75

3.3 图层组的应用及编辑

在 Photoshop 中设计或编辑图像时，有时候用的图层数量会很多，尤其在设计网页时，超过100个图层也是常见的。这就会导致"图层"面板被拉得很长，查找图层很不方便。

使用图层组管理图层，可以将图层按照不同的类别放在不同的组中，折叠图层组后，"图层组"标签只占用一个图层标签的位置；另外，对图层组可以像对普通图层一样进行移动、复制、链接、重命名等操作。

3.3.1 创建图层组

单击"图层"面板中的"创建新组"按钮 ▢，可以创建一个空白组，如图3-76所示。创建新组后，可以在组中创建图层。选中图层组后单击"图层"面板中的"创建新图层"按钮 ▢，新建的图层即位于该组中，如图3-77所示。

图3-76

图3-77

提示 默认情况下，图层组的混合模式是"穿透"，表示图层组不产生混合效果。如果选择其他混合模式，则组中的图层将以该选中的混合模式与下面的图层混合。关于图层混合模式的内容见第8章。

3.3.2 将现有图层编组

如果要将现有的多个图层进行编组，可以选中这些图层，如图3-78所示，然后单击菜单栏"图层">"图层编组"命令或按"Ctrl+G"组合键即可对其进行编组，如图3-79所示。单击图层组的"展开/折叠图层组"按钮 ›，可以展开或折叠图层组，如图3-80所示。

图3-78

图3-79

图3-80

3.3.3 将图层移入或移出图层组

将"图层"标签拖入"图层组"内，即可将图层添加到该图层组中，如图3-81所示；将图层组中的图层拖到组外，即可将其从该图层组中移出，如图3-82所示。

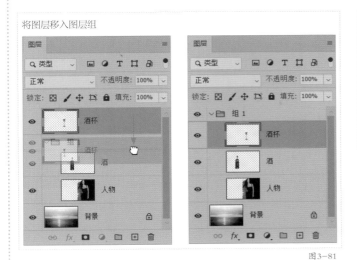

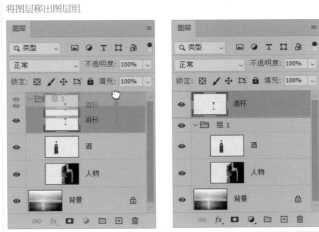

图3-81

图3-82

3.3.4 删除图层组

选中要删除的图层组，单击"删除图层"按钮 🗑，此时会弹出一个警告提示对话框，如图3-83所示。单击"仅组"按钮，可以取消图层编组，但会保留图层；单击"组和内容"按钮，可以删除图层组和组中的图层。

图3-83

3.4 合并与盖印图层

图层多就会增加文件的大小，导致电脑运行速度变慢，合并图层可以减少图层数量，便于图层管理和查找，同时也能减小文件大小。当需要使用某些图层的合并效果，但又不想改变原有图层时，较为合适的解决办法就是使用盖印图层。

3.4.1 合并图层

图层、图层组和图层样式等都会占用电脑的内存和临时存储空间，数量越多，占用的资源也就越大，导致电脑运行速度降低，这时可以将相同属性的图层合并。

合并图层 在"图层"面板中选中需要合并的图层,如图3-84所示,单击菜单栏"图层">"合并图层"命令或按"Ctrl+E"组合键即可合并图层,合并后的图层使用的是最上面图层的名称,如图3-85所示。

拼合图像 如果要将所有图层都合并到"背景"图层,则单击菜单栏"图层">"拼合图像"命令。如果有隐藏的图层,则会弹出一个提示对话框,询问是否去除隐藏的图层,如图3-86所示,单击"确定"按钮,即可拼合可见图层。如果没有隐藏图层则将所有图层直接合并到"背景"图层中,如图3-87所示。

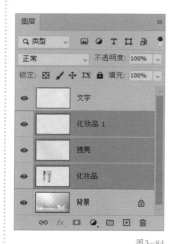

图3-84

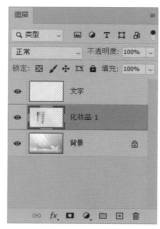

图3-85

图3-86

图3-87

3.4.2 盖印图层

盖印图层可以将多个图层中的图像内容合并到一个新图层中,而原有图层内容保持不变。这样做的好处是,如果用户觉得处理的效果不太满意,可以删除盖印的图层,之前完成处理的图层依然还在,这在一定程度上可节省图像处理的时间。盖印图层常用在绘画或摄影后期处理中。

盖印多个图层 选中多个图层,如图3-88所示。按"Ctrl+Alt+E"组合键,可以将所选图层盖印到一个新的图层中,原有图层的内容保持不变,如图3-89所示。

盖印可见图层 可见图层如图3-90所示,按"Shift+Ctrl+Alt+E"组合键,可将所有可见图层中的图像盖印到一个新图层中,原有图层保持不变,如图3-91所示。

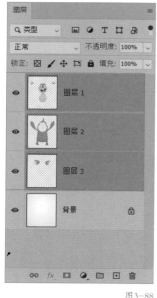

图3-88

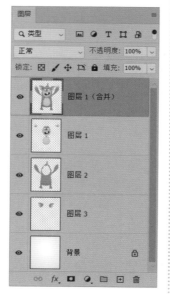

图3-89

图3-90

图3-91

3.5 画板的运用

　　Photoshop的文件窗口中只有画布这个区域用于显示和编辑图像，而画布之外的图像不显示并且不能被打印出来，也就是说在一个画布上只能显示和制作一个图稿。而使用画板就可以在原有画布之外创建画板，每一个画板都有一个单独的画布，这样在一个文件中就可以显示和制作多个图稿。

3.5.1 实战：创建相同尺寸的画板

　　设计名片、工作证、画册等需要将多个内容进行相同尺寸的排版时，可以直接在同一文件中创建多个画板进行排版。下面以创建一个名片文件为例进行介绍。名片通常为正反两面，可以创建两个画板进行版面设计，先创建一个带有画板的文件，然后再复制一个相同的画板，具体操作方法如下。

扫码看视频

STEP 1 在"新建文档"对话框中创建画板。单击菜单栏"文件">"新建"命令，打开"新建文档"对话框，创建一个名片，尺寸为90毫米×50毫米，分辨率为300像素/英寸，设置完成后，选中"画板"选项，然后单击"创建"按钮，此时创建出的文件自动带有一个画板，如图3-92至图3-94所示。

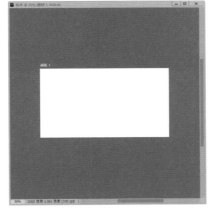

图3-92　　　　　　　　　　　　图3-93　　　　　　　　　　　　图3-94

STEP 2 使用画板工具复制画板。在工具箱中单击画板工具 ▷（❶），单击画板名称将"画板1"选中（❷），此时"画板1"的四周出现➕图标，表示该方向可以添加画板。单击下方的➕图标（❸），如图3-95所示，此时"画板1"的下方自

动创建一个相同尺寸的画板名为"画板2"，如图3-96所示。可以在"画板1"中制作名片的正面，在"画板2"中制作名片的背面，如图3-97所示。

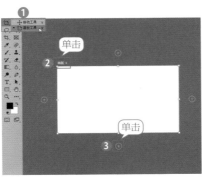

图3-95　　　　　　　　　　　　图3-96　　　　　　　　　　　　图3-97

在"新建文档"对话框中勾选"画板"选项后，不能选择CMYK颜色模式，如果创建的是用于打印或印刷的文件，在创建文件后，可以通过"图像">"模式">"CMYK颜色"进行转换。如名片在排版前，就需要先将它转换为CMYK颜色模式以便于印刷输出。

3.5.2 实战：创建不同尺寸的画板

当制作网页设计、UI设计或为移动设备设计用户界面时，往往需要提供多种方案或不同尺寸的设计图稿，那么如何在打开的文件中创建画板，如何修改画板的尺寸呢，具体操作方法如下。

扫码看视频

STEP 1 创建或打开文件以后，可以基于图层或图层组创建画板。打开素材文件，如图3-98所示，本例我们需要将背景图层创建画板。在"图层"面板中选中"背景"图层，如图3-99所示。

图3-98   图3-99

STEP 2 从图层新建画板。单击菜单栏"图层">"新建">"来自图层的画板"命令，弹出"从图层新建画板"对话框，输入画板的名称，自定画板的高度和宽度，也可以在"将画板设置为预设"选项的下拉列表中选择预设的尺寸（本例未对尺寸进行设置），如图3-100所示，单击"确定"按钮创建画板，如图3-101所示。

图3-100

图3-101

STEP 3 另外，创建或打开文件以后，还可以使用画板工具创建画板。单击工具箱中的画板工具 ┗□，在画布以外的区域单击并拖动鼠标，即可拖出一个画板，如图3-102所示。

图3-102

STEP 4 修改画板尺寸。创建画板后，可以拖曳画板的定界框自由调整大小，也可以在画板工具的工具选项栏中输入"宽度"和"高度"值，或者在"大小"下拉列表中选择一个预设的尺寸，修改画布大小，如图3-103所示。

图3-103

 使用画板工具 ⬚.单击画板名称即可选中画板，选中画板后，画板的四边显示⊕图标（但如果画板的一边有其他画板，则该边不会显示⊕图标），单击其中的一个⊕图标，即可在该图标的方向处自动创建一个具有相同尺寸的画板；按住"Alt"键单击⊕图标，可以复制该画板以及画板上的内容。如果要移动画板，可以在画板选中的状态下，按键盘上的方向键调整画板的位置。如果要删除画板，可以在"图层"面板中选中它，然后按"Delete"键。如果只想删除画板而不删除画板上的内容，可以单击菜单栏"图层">"取消画板编组"命令，就可以取消画板编组。

3.5.3 导出画板

当一个文件中包含多个画板时，可以使用"导出"命令，将画板中的内容同时导出为独立的文件。

在画板中绘制完图稿后，选中需要导出的画板，单击菜单栏"文件">"导出">"画板至文件"命令，打开"画板至文件"对话框，在该对话框中单击 浏览(B)... 可以设置导出位置（❶），"文件名前缀"可以设置导出后的画板名称（❷），"文件类型"可以选择导出的文件格式包含PSD、JPEG、TIFF、PNG等（❸），设置完成后单击 运行 按钮（❹），即可将画板导出单独的文件，如图3-104所示。

图3-104

导出选定的画板 选中该选项只导出文件中选中的画板，取消选中则会导出文件中的所有画板。

在导出中包括背景 可以指定导出的文件是否包含背景。

导出选项 选中该选项可以对所选文件格式进行更多的设置，如设置文件品质，是否包含画板名称等。

第 **4** 章

选区的
创建与编辑

　　创建选区是图像编辑过程中常用的操作，通过创建选区，可以方便地对图像的局部区域进行编辑，如局部调色、抠图、描边或填充等。本章主要讲解创建选区的方法、编辑选区的技巧以及常用的抠图方法。

　　通过学习本章内容，读者可以完成做海报、包装、宣传单页和网店主图等设计时所需进行的各种选区、抠图和更换背景等操作。

4.1 认识选区

在Photoshop中，选区就是使用选区工具或命令创建的用于限定操作范围的区域，它所呈现的状态为闪烁的黑白相间的虚线框。选区主要有以下三种用途。

1. 绘制图像

在使用Photoshop绘制图像时，经常可以通过创建选区，并为选区填充颜色或图案来实现。如图4-1所示图像中的矩形框就是通过此种方法绘制的。

创建选区　　　　　　　　　在选区内填充颜色

图4-1

2. 图像的局部处理

在使用Photoshop处理图像时，为了达到最佳的处理效果，经常需要把图像分成多个不同的区域，以便对这些区域分别进行编辑处理。选区的功能就是把这些需要处理的区域选出来。创建选区以后，可以只编辑选区内的图像内容，选区外的图像内容则不受编辑操作的影响。如果想要修改图4-2的背景颜色，可先通过创建选区将画面中的背景区域选中，再调整色彩，这样操作就可以达到只更改背景颜色，而不改变人物颜色的目的，效果如图4-3所示；如果没有创建选区，在进行色彩调整时，整张照片的颜色都会被调整，效果如图4-4所示。

原图

图4-2

使用选区，修改背景颜色

图4-3

未创建选区，修改背景颜色

图4-4

3. 分离图像（抠图）

将图片的某一部分从原始图片中分离出来成为单独的图层，这个操作过程被称为抠图。抠图的主要目的是为图片的后期合成做准备。打开一张图片，如图4-5所示，抠取食物，如图4-6所示，最后将其合成到广告页面中，如图4-7所示。

图4-5

图4-6

图4-7

4.2 基本选区工具

Photoshop 提供了多种用于创建选区的工具和命令，它们都有各自的特点，读者可以根据图像内容和处理要求，选择不同的工具或命令来创建选区。下面讲解用于创建选区的工具和命令有哪些，以及在什么情况下使用它们。

4.2.1 实战：使用矩形选框工具修饰海报，突出促销信息

使用矩形选框工具 ▣ 可以绘制长方形、正方形选区。矩形选框工具在平面设计中的应用非常广泛，例如设计海报时，通常会在文字的下方绘制一个色块，这样既可以突出文字，又能丰富画面。那么如何绘制色块呢？下面就以某化妆品广告设计为例，介绍矩形选框工具的使用方法。

STEP 1 打开素材文件，单击工具箱中的矩形选框工具 ▣，在图像上单击并向右下方拖动鼠标，放开鼠标左键后就创建了一个矩形选区，如图4-8所示。

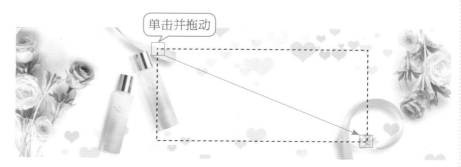

单击并拖动

图4-8

STEP 2　新建一个图层，将选区填充
为粉色（粉色可体现女性的柔美，该
颜色取自"润肤霜"包装瓶上的颜
色，可使版面显得更加协调。关于颜
色填充的详细操作见第5章），如图
4-9所示。

图4-9

STEP 3　填充颜色后，按"Ctrl+D"
组合键取消选区。然后为色块添加
投影效果，并在色块的上方输入文
字，绘制装饰边框，效果如图4-10
所示。

图4-10

4.2.2　椭圆选框工具

　　椭圆选框工具 ⬭ 主要用于创建椭圆形或圆形选区。要绘
制圆形或圆框，需要先使用椭圆选框工具创建选区。

　　椭圆选框工具的使用方法与矩形选框工具一样，只是绘
制的形状不同而已，这里不赘述。如图4-11所示，该广告中
的圆形元素就是使用椭圆选框工具创建的。

设计
经验
　　圆形给人以随和、温暖的感觉，它轮廓圆润且具
有很强的形式感，几乎能和任何元素融合。同时
圆形又具有很多寓意，如团圆、融合、圆满等，
因此它被广泛应用于平面设计中。

图4-11

使用矩形选框工具或椭圆选框工具时，按住"Shift"键并拖动鼠标可以创建正方形或圆形选区；按住"Alt"键并拖动鼠标，会以单击点为中心向外创建选区；按住"Alt+Shift"组合键并拖动鼠标，会以单击点为中心向外创建正方形或圆形选区。

4.2.3 套索工具

套索工具 ρ. 可以用于绘制不规则选区，如果对选区的形状和准确度要求不高，可以使用套索工具来创建选区，该工具经常被用于调整图像的局部颜色。打开一张照片，从画面中可以看到人物的面部太暗，使用套索工具 ρ. 将面部区域创建为选区，然后对选区中的图像进行调整。对人物肤色进行调整时，通常需要对选区进行羽化处理（关于羽化的具体操作方法见4.4.6小节），以便使调整区域与周边图像的颜色能自然融合。为人物的面部创建选区的过程如下：选择套索工具 ρ.，在人物面部的边缘处单击，沿面部轮廓拖动鼠标从而绘制选区，绘至起点处放开鼠标左键，即可创建封闭选区，如图4-12和图4-13所示。

图4-12

图4-13

4.2.4 实战：使用多边形套索工具绘制海报底图

多边形套索工具 ⊠. 用于绘制或选取边缘为直线且棱角分明的对象。它可以创建一段一段的，由直线相互连接的选区。下面使用该工具在一个运动饮料海报的背景上绘制多边形，将版面分块，达到突出重点的效果。

扫码看视频

STEP 1 打开运动饮料宣传海报的设计文件，如图4-14所示，可以看到画面背景比较单调。

图4-14

STEP 2 单击工具箱中的多边形套索工具 ，在画面的左上角处单击，移动鼠标指针到需要绘制的拐角处单击从而形成直线段，然后移动到下一个需要绘制的拐角处单击，依次单击创建首尾相连的多条直线段，如图4-15和图4-16所示。在创建选区的过程中，按住"Shift"键可以在水平、垂直或45°方向上绘制直线；如果在操作时绘制的直线不够准确，可以按"Delete"键删除，连续按"Delete"键可依次向前删除。

图4-15

图4-16

STEP 3 要封闭选区，可以将鼠标指针移到起点处，此时鼠标指针呈 形状，按住鼠标左键单击即可封闭选区，如图4-17和图4-18所示。

图4-17

图4-18

STEP 4 创建选区后，在选区内填充一个渐变蓝色，如图4-19所示。关于渐变颜色填充的具体操作方法见第5章。

图4-19

4.2.5 实战：用单行选框工具与单列选框工具绘制网格

单行选框工具 与单列选框工具 能创建高度为1像素的行或宽度为1像素的列，常用来绘制网格底纹效果。

扫码看视频

STEP 1 打开素材文件，鼠标右键单击工具箱中的选框工具组，选中单行选框工具 ，在画面中单击，即可绘制高度为1像素的横向选区（放开鼠标左键前，拖动选区到合适的位置），如图4-20所示。如果看不见绘制的选区，可以放大图像观看。

图4-20

STEP 2 鼠标右键单击工具箱中的选框工具组，选中单列选框工具 ，在画面中单击，即可绘制宽度为1像素的纵向选区，如图4-21所示。

图4-21

STEP 3 图4-22所示为使用单行选框工具与单列选框工具绘制选区，并使用"编辑">"描边"命令对选区进行描边（宽度为3像素的白边），绘制的网格底纹效果。

图4-22

4.2.6 选区的运算

选区运算，是指在已有选区的情况下，添加新选区或从选区中减去选区等。在使用选框类工具、套索类工具、魔棒工具、对象选择工具时，在其工具选项栏中均有4个按钮，用于帮助用户完成选区的运算，如图4-23所示。

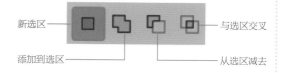

新选区 ——
添加到选区 ——
—— 与选区交叉
—— 从选区减去

图4-23

为了更直观地看到选区的运算效果，下面以椭圆选框工具 绘制的选区为例，讲解选区的运算方法，具体操作如下。

"新选区"按钮 回 单击该按钮后，如果图像中没有选区，单击图像可以创建一个新选区；如果图像中已有选区存在，再单击图像创建选区，则新选区会替代原有选区。图4-24所示为创建的圆形选区。

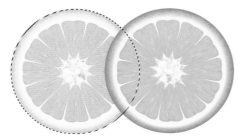

图4-24

"添加到选区"按钮 回 单击该按钮后，再单击图像可在原有选区的基础上添加新的选区。在图4-24所示选区的基础上，单击"添加到选区"按钮，再将右边的橙子选中，则新选区添加到原有选区中，如图4-25所示。

图4-25

"从选区减去"按钮 回 单击该按钮后，单击图像可从原有选区中减去新建的选区。在图4-25所示选区的基础上，单击"从选区减去"按钮，再将右边的橙子选中，则原有选区减去新创建的选区，如图4-26所示。

图4-26

"与选区交叉"按钮 回 单击该按钮后，单击图像，画面中只保留原有选区与新创建的选区相交的部分。在图4-24所示选区的基础上，单击"与选区交叉"按钮，再将右边的橙子选中，则图像中只保留原选区和新选区相交的部分，如图4-27所示。

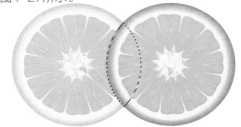

图4-27

选区的运算也可以使用快捷键进行操作。按住"Shift"键的同时，单击或拖动鼠标可以在已有选区中添加选区；按住"Alt"键的同时，单击或拖动鼠标可从已有选区中减去选区；按住"Shift+Alt"组合键的同时，单击或拖动鼠标可以得到与原有选区相交的选区。

4.3 常用抠图工具

Photoshop 提供了多种用于抠图的工具和命令，如魔棒工具、快速选择工具、对象选择工具、选择并遮住命令等。

4.3.1 实战：使用魔棒工具抠图

魔棒工具 是根据图像的颜色差异来创建选区的工具。对于一些分界线比较明显的图像，通常可使用魔棒工具进行快速抠图。例如商家在网上销售"手提包"，在制作相关图片时，往往需要将原图的背景抠掉，重新搭配背景与文字，如图4-28所示。下面就以"手提包"图片为例，讲解使用魔棒工具抠图的方法。

扫码看视频

图4-28

STEP 1 打开"手提包"图片，单击工具箱中的魔棒工具 ，在它的工具选项栏中将"容差"设置为20，如图4-29所示，在背景上单击即可选中背景，如图4-30所示。

图4-29

图4-30

STEP 2 按住"Shift"键在未选中的背景处单击，可将其他背景内容添加到选区中，如图4-31所示。将背景选区创建好后删除选区内容，再将删除背景后的"手提包"添加到新的网店宣传海报中，即可实现背景的更换。

图4-31

下面分别介绍魔棒工具的工具选项栏中的各个按钮的功能和使用方法。

容差 该选项用于控制选区的颜色范围，数值越小，选区内与单击点相似的颜色越少，选区的范围就越小；数值越大，选区内与单击点相似的颜色越多，选区的范围就越大。在图像的同一位置单击，设置不同的"容差"值，所选的区域也不一样，将"容差"值分别设置为10和32时的选区范围如图4-32所示。本例中"容差"值设置为20。

"容差"值为10

"容差"值为32

图4-32

连续　选中该选项，则只选择与鼠标指针单击点颜色相接的区域，如图4-33所示；取消选中该选项，则选择与鼠标指针单击点颜色相近的所有区域，如图4-34所示。

图4-33　　　　　　　　　　　　　　　　　　　图4-34

消除锯齿　选中该选项，可以让选区边缘更加光滑。

"选择主体"按钮 选择主体 　单击该按钮，软件会根据所使用的选区工具自动识别要选择的主体并将它创建为选区，如图4-35所示。另外，在快速选择工具、对象选择工具、选择并遮住命令中也包含该按钮。使用这些工具或命令前，可以先单击 选择主体 按钮，自动识别出主体，然后在此基础上再对选区范围进行精细调整，从而节省抠图时间。

图4-35

 创建选区后，如果要删除选区中的内容，单击菜单栏"编辑">"清除"命令或按"Delete"键，即可将其删除（具体操作方法见4.4.9小节）；如果要复制选区中的图像，按"Ctrl+J"组合键，即可将选区中的内容复制到一个新图层中。

4.3.2　实战：使用快速选择工具抠图

快速选择工具和魔棒工具一样，也是根据图像的颜色差异来创建选区的工具。它们的区别：魔棒工具通过调节容差值来调节选择区域，而快速选择工具通过调节画笔大小来控制选择区域的大小，形象一点说就是使用快速选择工具可以"画"出选区。

扫码看视频

快速选择工具适合在边界较清晰或主体和背景反差较大、但主体又较为复杂时使用。下面我们以为照片的汉堡和薯条创建选区为例，介绍快速选择工具的具体使用方法。

STEP 1 打开素材图片，单击工具箱中的快速选择工具
，将鼠标指针放在汉堡内，按住鼠标左键沿汉堡边缘
处拖动涂抹，涂抹的地方就会被选中，并且会自动识别
与涂抹区域的颜色相近的区域再不断向外扩张，效果如
图4-36所示。

图4-36

STEP 2 使用快速选择工具选中汉堡和薯条后，效果如图
4-37所示。

图4-37

下面分别介绍图4-38所示的快速
选择工具的工具选项栏中的各个按钮
的功能。

图4-38

选区运算按钮 单击"新选区"按钮，可以创建新的选区；单击"添加到选区"按钮，可在原选区的基础上添加新
选区；单击"从选区减去"按钮，可在原选区的基础上减去选区。

增强边缘 选中该选项，可以使选区边缘更加平滑。

画笔选项按钮 单击该按钮，可以在打开的面板中设置笔尖的"大小""硬度""间距"等。

 使用快速选择工具时，按"["和"]"键可以快速控制笔尖大小。切换到英文输入状态，按"["键可以将笔尖调小，按
"]"键可以将笔尖调大。

4.3.3 实战：使用对象选择工具创建选区

对象选择工具是一种智能的抠图工具。它与"选择主体"功能极为相似，会根据所选择的区域自动识别要选择的主体并将它创建为选区。不同的是"选择主体"功能会将画面中所有的主体创建为选区，而对象选择工具可以绘制选区，将它所绘制区域内的主体创建为选区。

STEP 1 打开一张人像照片，单击工具箱中的对象选择工具 ⬛，在图像上单击并拖动以便框选人物，如图4-39所示。

图4-39

STEP 2 放开鼠标左键后，即可在人物边缘创建选区，如图4-40所示。使用对象选择工具创建的选区并不精确，仅限于简单的抠图操作，该工具常用于图像局部处理，例如创建选区后可以将人物单独提亮，效果如图4-41所示。

图4-40

图4-41

对象选择工具的工具选项栏如图4-42所示。

图4-42

模式 在对象选择工具的工具选项栏中包含"矩形"和"套索"两种创建模式，如图4-43所示。

图4-43

使用"矩形"模式，拖动鼠标指针可定义对象周围的矩形区域，上一例图就是使用该模式创建的；使用"套索"模式，可以在对象的边界外绘制选区，当画面中有多个主体且图像与图像之间距离较近，可以使用套索模式进行绘制，如图4-44所示。

图4-44

减去对象 选中该选项后，可以在已创建的选区内查找并自动减去选区。

4.3.4 实战：使用"选择并遮住"命令抠图

"选择并遮住"命令常用于编辑选区和抠图，该功能能够快速完成需要抠毛发之类的抠图工作。例如在设计图4-45所示的文化海报时，画面中的狼群就是通过将多张单只狼的照片抠图合成的。下面以其中一张狼图片的抠图操作为例，介绍选择并遮住命令的使用方法。

扫码看视频

图4-45

STEP 1 打开素材文件夹中的"狼"图片，如图4-46所示。

STEP 2 单击菜单栏"选择">"选择并遮住"命令，即可打开"选择并遮住"工作界面，如图4-47所示。在该工作界面中，左侧是工具栏，上方是工具选项栏，右侧是属性设置区域，中间是预览和操作区。工具栏中的工具由上到下依次是：快速选择工具、调整边缘画笔工具、画笔工具、对象选择工具、套索工具、抓手工具、缩放工具。

图4-46

图4-47

STEP 3　单击该工作界面中的快速选择工具 ，在其工具选项栏中单击 选择主体 按钮，此时软件会自动识别出"狼"，如图4-48所示。但是自动识别的边缘并不完全准确，"狼"脚部分被识别成了背景，为了使抠图更准确，下面使用快速选择工具 手动调整"狼"脚部的边缘。

图4-48

STEP 4 单击工具选项栏中的"添加到选区"按钮 ⊕，可在原选区的基础上添加绘制的选区；单击"从选区减去"按钮 ⊖，可在原选区的基础上减去绘制的选区。对"狼"脚部边缘进行处理，处理时可以随时调整"透明度"，以便清晰地看到所选边缘是否合适，处理后的效果如图4-49所示。

STEP 5 在"全局调整"组中进行微调。设置"羽化"值为3像素，使选区边缘过渡柔和；设置"移动边缘"值为+20%，适当扩大选取的区域，如图4-50所示。

图4-49

图4-50

STEP 6 调整完成后，在右侧的属性设置区域中将"透明度"调整为100%，可以清楚地看到抠图效果，然后将抠图效果进行输出。在"输出到"下拉列表中包含多种输出方式，可以根据需要进行设置，通常情况下建议用户选用"新建带有图层蒙版的图层"（这样可以不破坏原图层，而且输出后可以双击蒙版缩览图再次进入"选择并遮盖"对话框中进行调整），选中该选项后单击"确定"按钮，如图4-51所示，即可将选中的图像创建到新建图层中。将背景图层隐藏也可以查看抠图效果，如图4-52所示。

图4-51

图4-52

下面分别介绍"选择并遮住"对话框中的各个选项的功能和使用方法。

选择主体 单击即可选中照片中的主体。　　　　**调整细线** 单击该选项可以精细选取人物发丝或动物毛发。

视图模式 用于设置抠图时预览区的不同表现形式，本例预览方式为使用"洋葱皮"。用户可以单击"视图"右侧下拉按钮根据需要选择适合的预览方式。

透明度　在透明度数值增加时，抠图区域显示半透明状，图像保留区域显示不透明状态，这样，通过虚实对比更有利于用户查看抠图效果。设置不同的"透明度"值，抠图效果不同。"透明度"分别为50%和100%的抠图效果，如图4-53所示。

图4-53

调整模式　该选项包含"颜色识别"和"对象识别"两种模式，如图4-54所示。为简单背景抠图选用"颜色识别"，为复杂背景上的毛发抠图选用"对象识别"。

图4-54

边缘检测　选中"智能半径"后，拖动"半径"选项可以扩大边缘范围，如图4-55所示。可以对清晰边缘使用较小的半径，对较柔和的边缘使用较大的半径。本例未对该项进行设置。

图4-55

全局调整　该选项组可以对图像边缘进行精细调整。

平滑：通过设置该选项可以减少选区边界中的不规则区域，使选区轮廓更加平滑。

羽化：能够让选区边缘产生逐渐透明的效果，数值越大选区的羽化边缘越大。本例"羽化"值设置为3像素。

对比度：该选项与"羽化"作用相反，对于添加了羽化效果的选区，增加对比度可以减少或消除羽化。

移动边缘：拖动滑块可以改变选区范围。当数值为正数时，可以扩展选区范围，当数值为负数时，可以收缩选区范围。本例"移动边缘"设置为+20%。

输出设置　该选项组用于消除杂色和设定选区的输出方式，如图4-56所示。

净化颜色：选中该选项后，拖动"数量"滑块可以去除图像的彩色杂边，数值越高，清除范围越广。

输出到：在该选项的下拉列表框中，可以选择选区的输出方式。例如，选中"选区"，抠图完成后单击"确定"按钮，即在该图层所抠取的图像上创建选区；选中"新建图层"，抠图完成后单击"确定"按钮，即直接以创建新图层的形式显示抠取的图像；选中"新建带有图层蒙版的图层"，抠图完成后，单击"确定"按钮，即把抠取的图像新建一个图层并且带有图层蒙版。图层蒙版的好处是，输出后，用户仍可以通过单击蒙版缩览图再次进入"选择并遮盖"对话框中进行编辑。

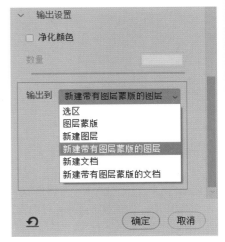

图4-56

4.4 编辑选区

在图像中创建选区后，可以对选区进行反选、移动、变换、扩展、收缩、羽化等操作，使选区更符合要求。

4.4.1 全选与反选

1. "全选"命令

想要选中一个图层中的全部对象时，可以使用"全选"命令。该命令常用于对图像的边缘进行描边。打印白底图像时，打印前需要对图像四周进行描边，以便显示出图像的边界。例如设计完一批工作证想要打印并裁剪出来时，就需要对图像四周进行描边，具体操作如下。

STEP 1 打开一个工作证的设计文件，如图4-57所示。

STEP 2 单击菜单栏"选择" > "全部"命令或按"Ctrl+A"组合键，可以选中文件内的全部图像，如图4-58所示。

图4-57

图4-58

STEP 3 单击菜单栏"编辑" > "描边"命令，弹出"描边"对话框。在该对话框中设置"宽度"为1像素、"颜色"为"C0 M0 Y0 K30"（颜色不宜太深，打印后能看清分界即可）、"位置"为居中，设置完成后单击"确定"按钮完成描边操作，如图4-59和图4-60所示。

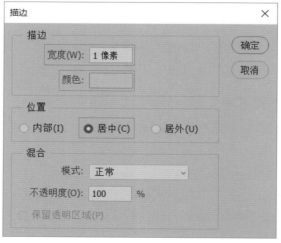

图4-59

图4-60

2. "反选"命令

如果想要创建出与当前选择内容相反的选区，就要使用"反选"命令。下面以榨汁机广告图的有关操作为例介绍"反选"命令的使用方法。

STEP 1 打开"榨汁机"产品图，在拍摄商品图片时，背景往往比较简单，图片显得单调，如图4-61所示。做平面广告时为了表现榨汁机的特色，常需要为其添加新鲜水果、果汁和令人感到清新的背景，从而点缀画面，增加画面的活力。这时就需要将"榨汁机"抠取出来。

图4-61

STEP 2 从画面中可以看到该产品图背景简单、主体突出，比较容易抠取，使用魔棒工具在画面背景处单击，选中画面背景，如图4-62所示。

图4-62

STEP 3 单击菜单栏"选择">"反选"命令或按"Ctrl+Shift+I"组合键，反选选区从而选中"榨汁机"，如图4-63所示。从前面的学习中我们知道可以通过删除背景抠出主体，将主体添加到广告设计文件中。学习"反选"命令后，我们可以反向选择主体，然后使用移动工具将鼠标指针放到选区内，当鼠标指针变为形状后，按住鼠标左键拖动"榨汁机"，将它移动到广告设计文件中。效果如图4-64所示。

图4-63

图4-64

4.4.2 取消选区与重新选择

选区通常针对图像局部进行操作，如果不需要对局部进行操作了，就可以取消选区。单击菜单栏"选择">"取消选择"命令或按"Ctrl+D"组合键，可以取消选区。

如果不小心取消了选区，可以将选区恢复回来。要恢复被取消的选区，可以单击菜单栏"选择">"重新选择"命令。

4.4.3 实战：移动选区

在图像中创建选区后，可以对选区进行移动。移动选区不能使用移动工具，而要使用选区工具，否则移动的是图像，而不是选区。

STEP 1 打开素材文件"女鞋促销海报"，使用矩形选框工具将左边的"女鞋"创建选区，如图4-65所示。如果要使用该选区选择右边的"男鞋"，就需要对选区进行移动。

图4-65

STEP 2 将鼠标指针移到选区内，当鼠标指针变为 形状后，按住鼠标左键拖动，如图4-66所示。拖动到合适位置后松开鼠标左键，完成选区移动操作，如图4-67所示。

图4-66

图4-67

4.4.4　实战：用变换选区命令制作童鞋海报

选区和图层内容一样可以进行变换操作，但选区的变换不能使用"变换"命令，而要使用"选区变换"命令。下面以在一个童鞋海报上使用选区绘制图像为例，介绍该命令的使用方法。

扫码看视频

 在文字的下方绘制一个白色椭圆用于凸显文字、整合散乱的页面，让版面阅读起来更有趣，如图4-68所示。

图4-68

STEP 1 打开素材文件，我们需要创建一个选区，直接创建的选区大小或角度不一定合适，本例创建选区后，可以旋转一下让选区与文字的倾斜角度一致。执行"选择">"变换选区"命令，此时在选区上显示定界框，如图4-69所示。

图4-69

STEP 2 拖动控制点可对选区进行旋转、缩放等变换操作，可以看到选区内的图像不会受到影响，如图4-70所示。而如果使用"编辑"菜单中的"变换"命令操作，则会对选区及选区内的图像同时应用变换，如图4-71所示，背景中的点状底纹也被旋转。

图4-70

图4-71

STEP 3 在变换选区状态下，在画面上单击鼠标右键，可以在弹出的快捷菜单中选择其他变换方式，如图4-72所示。

图4-72

STEP 4 将选区旋转到合适角度后，在"文字"图层的下方新建一个图层，然后在选区内填充白色并为该图层添加投影，效果如图4-73所示。

图4-73

4.4.5 扩展与收缩选区

使用"扩展"命令，可以由选区中心向外放大选区；使用"收缩"命令，可以由选区中心向内缩小选区。

1."扩展"命令

使用"扩展"命令将选区向外延展，从而得到较大的选区，扩展选区常用于制作不规则图形的底色，如图4-74所示。下面就以这个美食节广告文字中的不规则底色的制作为例，介绍"扩展"命令的使用方法。

图4-74

STEP 1 为文字添加不规则底色，用于凸显文字。打开素材文件，选择"美味盛宴吃货来袭"图层，并将该图层载入选区（关于载入选区的具体操作方法见4.4.7小节），如图4-75所示。

图4-75

STEP 2 单击菜单栏"选择">"修改">"扩展"命令，打开"扩展选区"对话框，设置"扩展量"为8像素（数值越大选区范围越大），如图4-76所示，单击"确定"按钮完成设置，扩展选区范围效果如图4-77所示。

图4-76　　　　　　　　　　　　　　　　　　　　　　　　　　　　图4-77

STEP 3　单击工具箱中的套索工具 ，在工具选项栏中单击"添加到选区"按钮 ，将选区轮廓内的选区合为一个选区，如图4-78和图4-79所示。

图4-78　　　　　　　　　　　　　　　　　　　　　　　　　　　图4-79

STEP 4　按住"Ctrl"键单击"创建新图层"按钮 ，在"美味盛宴吃货来袭"图层的下方，新建一个图层，重命名为"扩展黑底"，如图4-80所示。设置"前景色"为黑色（色值为"R0 G0 B0"），按"Alt+Delete"组合键为选区填充黑色，按"Ctrl+D"组合键取消选区。文字扩充黑底后与背景画面分离开，效果如图4-81所示。

图4-80　　　　　　　　　　　　　　　　　　　　　　　　　　　图4-81

2."收缩"命令

使用"收缩"命令可以将选区向内收缩，使选区范围变小，它与"扩展"命令正好相反。将图像创建选区后，单击菜单栏"选择"＞"修改"＞"收缩"命令，在弹出的"收缩选区"对话框中设置"收缩量"值为3像素（数值越大选区范围越小），如图4-82所示，设置完成后单击"确定"按钮。选区收缩的前后效果，如图4-83和图4-84所示。

图4-82

图4-83

图4-84

4.4.6 羽化选区

"羽化"命令可以将边缘较"硬"的选区变为边缘比较"柔和"的选区。在合成图像时，适当羽化选区，能够使选区边缘产生逐渐透明的效果，使选区内外衔接的部分虚化，起到渐变的作用从而达到自然衔接的效果。

在画面中创建椭圆选区，如图4-85所示，单击菜单栏选择"选区">"修改">"羽化"命令或按"Shift+F6"组合键打开"羽化"对话框，在该对话框中通过"羽化半径"可以控制羽化范围的大小，羽化半径越大，选区边缘越柔和，本例将"羽化半径"设置为50像素，如图4-86所示。羽化选区后，反选选区将选区外的图像删除，效果如图4-87所示。

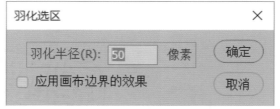

图4-85

图4-86

图4-87

> **提示** 羽化半径的数值越大羽化的范围就越大。当选区较小，而羽化半径设置得较大时，就会弹出一个羽化警告提示，如图4-88所示。发生这种情况，是因为选区的像素值的50%小于羽化值。解决的办法是调低羽化值或者扩大选区的范围。

图4-88

"羽化"命令常用于对图像进行局部色彩处理。打开一张人物照片，从画面中看人物面部色彩有点暗，需要对面部进行单独处理，使用套索工具 先将面部创建选区，如图4-89所示。然后对选区进行羽化，单击菜单栏"选择">"修改">"羽化"命令，打开"羽化"对话框，设置羽化值。本例将"羽化半径"设置为10像素，如图4-90所示。

在人物面部创建选区

图4-89

选区羽化半径为10像素

图4-90

　　羽化后，对选区内的图像进行提亮调整，按"Ctrl+D"组合键去掉选区后，可以看到所调整区域边缘过渡较平滑、自然，效果如图4-91所示。如果没有对选区进行羽化设置，进行提亮调整后，可以看到所调整区域边缘过渡较生硬，如图4-92所示。

羽化选区后调亮图像

图4-91

未羽化选区调亮图像

图4-92

创建选区后，单击菜单栏"选择"＞"变换选区"命令或按"Alt+S+T"组合键，可以对选区进行放大或缩小，在变换的状态下单击鼠标右键，弹出变换快捷菜单，可以对选区进行旋转、斜切、扭曲和变形等操作。变换选区与变换图层在操作方法上基本一致，这里不赘述。

4.4.7　载入选区

　　在做设计的过程中经常需要得到某个图层的选区，当所选择的图像在单一的一个图层上时，就可以载入选区。在"图层"面板中按住"Ctrl"键的同时单击该图层缩略图，即可载入图层选区，如图4-93和图4-94所示。

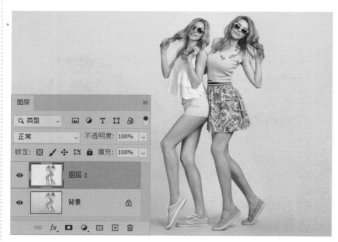

图4-93　　　　　　　　　　　　　　　　　　　　　　　　　　　　　图4-94

4.4.8　实战：删除部分图像

在对图像进行编辑时，如果想要将图像中的部分区域删除，可以使用"清除"命令。例如4.3.1小节中将"手提包"背景创建选区后，如果想要将"手提包"抠出就需要删掉背景，具体操作如下。

STEP 1　要删除图像中的部分区域，先将需要删除的部分创建选区，本例将"手提包"的背景创建选区，如图4-95所示。

STEP 2　由于"清除"命令不能在"背景"图层上操作，如果要清除图像的图层是"背景"图层，首先要将其转换为普通图层，才能进行清除操作。在"图层"面板中双击"背景"图层，弹出"新建图层"对话框，在"名称"选项中可以输入新图层名称，本例图层名称为"手提包"，单击"确定"按钮将背景图层转换为普通图层，如图4-96所示。

图4-95

图4-96

STEP 3 单击菜单栏"编辑">"清除"命令或按"Delete"键，可以将当前所在图层选区中的图像清除，如图4-97所示。

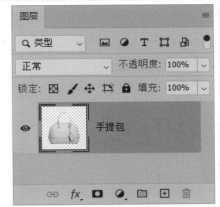

图4-97

4.4.9 实战：制作宠物用品店铺海报

设计一个宠物用品店铺海报，客户提供店铺Logo、宠物素材以及地址、电话、广告宣传语等，要求设计得可爱一些。本例根据设计要求以及Logo主题色，决定使用粉色作为背景颜色。如何让宠物素材与背景图自然融合，是本例要学习的重点，案例效果如图4-98所示。

扫码看视频

原图

效果图

图4-98

STEP 1 单击菜单栏"文件">"新建"命令，在弹出的"新建文档"对话框中设置"宽度"为40厘米，"高度"为60厘米，"分辨率"为72像素/英寸，"颜色模式"为CMYK 颜色，背景为白色，如图4-99所示。设置"前景色"为粉色，色值为"C10 M58 Y22 K0"（用粉色做背景可使宠物显得呆萌、可爱）。选中"背景"图层，按"Alt+Delete"组合键用前景色填充，如图4-100所示。

STEP 2 打开素材文件中的"宠物"图片，如图4-101所示。下面使用"选择并遮住"命令将宠物从背景中抠取出来。

图4-99　　　　　　　　　图4-100　　　　　　　　　图4-101

STEP 3　单击菜单栏"选择">"选择并遮住"命令，打开"选择并遮住"对话框，单击对话框中的快速选择工具 ，在其工具选项栏中单击 选择主体 ，此时软件自动识别宠物。自动识别功能识别的边缘并不完全准确，应使用快速选择工具手动调整主体边缘，使抠图更准确，如图4-102所示。

图4-102

STEP 4　在右侧的属性设置区域，将"透明度"设置为100%，这样可以更清晰地查看抠图的边缘效果。在"全局调整"组中进行微调，设置"平滑"值为10，使选区轮廓平滑；"羽化"值为3像素，使选区边缘过渡柔和；"移动边缘"值为+10%，适当扩大选取区域，如图4-103所示。

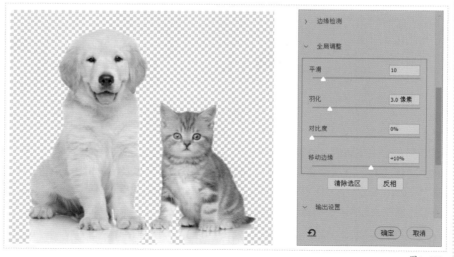

图4-103

STEP 5 在"输出到"下拉列表中选中"选区"选项，如图4-104所示，效果如图4-105所示。

图4-104

图4-105

STEP 6 使用移动工具，将选区中的图像移动到"宠物店海报"文件中，如图4-106所示。按"Ctrl+T"组合键变换图像大小，缩小到合适尺寸，如图4-107所示，按"Enter"键确认操作。

图4-106

图4-107

STEP 7 使用矩形选框工具选中宠物下方的投影，按"Ctrl+T"组合键创建变换框，按住"Shift"键并向下拖动，将投影拉到画面底部，如图4-108和图4-109所示。按"Enter"键确认操作，按"Ctrl+D"组合键取消选区。

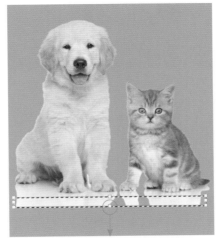

图4-108

图4-109

STEP 8 使用矩形选框工具选中宠物下方的投影（如图4-110所示），按"Shift+F6"组合键，弹出"羽化选区"对话框，设置"羽化半径"为50像素。羽化后按"Delete"键删除选区中的图像，如果一次删除效果不理想可以再按一次"Delete"键删除，使其与背景自然融合，如图4-111所示。

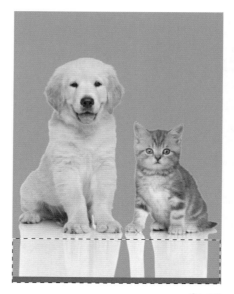

图4-110

图4-111

STEP 9 新建一个图层，重命名为"画笔涂抹"，使用画笔工具在宠物的边缘处涂抹一层淡淡的粉色，使宠物与背景色自然融合，如图4-112所示。

STEP 10 添加海报中的重要信息，如店铺Logo、地址和电话等，再输入具有吸引力的广告语以及装饰边框，使海报的内容更充实。完成的最终效果如图4-113所示。

图4-112

图4-113

第 **5** 章

绘画工具
的应用

　　本章内容主要为3部分：颜色设置、颜色填充和绘画。其中颜色设置部分主要讲解使用拾色器、色板进行颜色设置；颜色填充部分主要介绍使用油漆桶工具、渐变工具对选区或图层进行填充；绘画部分主要使用到画笔工具、橡皮擦工具以及"画笔设置"面板。

　　通过学习本章内容，读者能够完成广告设计中各种图像的颜色填充操作，制作简单的图形、表格，绘制一些对称图案，并可以尝试绘制一些简单的画作。

5.1 设置颜色

学会如何设置颜色是我们使用绘画工具进行创作工作之前的首要任务。Photoshop提供了强大的色彩设置功能，可以在拾色器中任意设置颜色，也可以从内置色板中选择合适的颜色，还可以在画面中拾取需要的颜色。

5.1.1 前景色与背景色

前景色通常被用于绘制图像、填充某个区域以及描边选区等；而背景色常用于填充图像中被删除的区域（例如使用橡皮擦工具擦除背景图层时，被擦除的区域会呈现背景色）和用于生成渐变颜色填充。

前景色和背景色的按钮位于工具箱底部，默认情况下，前景色为黑色，背景色为白色，如图5-1所示。

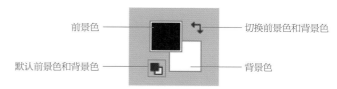

图5-1

修改了前景色和背景色以后，如图5-2所示。单击 按钮，或者按键盘上的"D"键，即可将前景色和背景色恢复为默认设置，如图5-3所示；单击 按钮可以切换前景色和背景色的颜色，如图5-4所示。

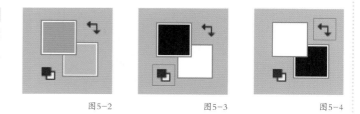

图5-2　　　　　图5-3　　　　　图5-4

5.1.2 使用拾色器设置颜色

拾色器是Photoshop中最常用的颜色设置工具，很多颜色在设置时（如文字颜色、矢量图形颜色等）都需要用到它。例如，设置前景色和背景色，可单击前景色或背景色的小色块，弹出"拾色器"对话框，可以在其中设置颜色，如图5-5所示。

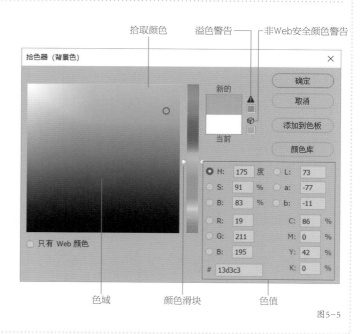

图5-5

色域/拾取颜色　在色域中的任意位置单击即可设置当前拾取的颜色。

颜色滑块　拖动颜色滑块可以调整颜色范围。

色值　显示当前所设置颜色的色值，也可在文本框中输入数值直接定义颜色。在"拾色器"对话框中可以选择基于RGB、CMYK、HSB和Lab等颜色模式来指定颜色。在RGB颜色模式内，可以指定红（R）、绿（G）、蓝（B）在0到255之间的分量值（全为0是黑色，全为255是白色）；在CMYK颜色模式内，可以用青色（C）、洋红色（M）、黄色（Y）、和黑色（K）的百分比来指定每个分量值；在HSB颜色模式内，可以用百分比来指定饱和度（S）和亮度（B），以0度到360度（对应色相轮上的位置）的角度指定色相（H）；在Lab颜色模式内，可以输入0~100的亮度值（L），以及设置−128~+127的a值（绿色到洋红色）和b值（蓝色到黄色）。在"#"后的文本框中可以输入一个十六进制值来指定颜色，该选项一般用于设置网页色彩。

以前景色设置为例，单击工具箱中的前景色小色块，打开"拾色器"对话框，单击渐变条上的颜色滑块可以定义颜色范围，如图5-6所示。在色域中单击需要的颜色即可设置当前颜色，如图5-7所示。如果想要精确设置颜色，可以在色值区域的文本框中输入数值。设置完成后单击"确定"按钮，即可将当前设置的颜色设置为前景色。

图5-6

图5-7

新的/当前　"新的"颜色块中显示的是当前设置的颜色，"当前"颜色块中显示的是上一次使用的颜色。

溢色警告 ⚠　由于RGB、HSB和Lab颜色模式中的一些颜色在CMYK颜色模式中没有与之同等的颜色，因此无法将这些颜色准确打印出来，这些颜色就是常说的"溢色"。出现该警告后，可以单击警告标识下面的小方块即可，将颜色替换为CMYK色域（印刷使用的颜色模式）中与其最为接近的颜色。

非Web安全颜色警告　表示当前设置的颜色不能在网上准确显示，单击警告标识下面的小方块，可以将颜色替换为与其最为接近的Web安全颜色。

只有Web颜色　选中该选项后，色域中只显示Web安全颜色。

添加到色板　单击该按钮，可以将当前设置的颜色添加到"色板"面板中。

5.1.3 使用"色板"面板设置颜色

在设计过程中经常会遇到不知道用什么颜色合适的时候，此时就可以在"色板"面板中找一下灵感。该面板中不仅保存了很多预设的颜色，还可以将常用的颜色保存在该面板中，当我们需要时，能够随时调用。

1. 设置前景色/背景色

`STEP 1` 单击菜单栏"窗口">"色板"命令，打开"色板"面板。面板顶部一行是"搜索色板"功能，在文本框中输入需要的颜色，例如"红色"，即可在预设颜色中显示出所有预设红色系颜色。它的下方显示最近使用过的颜色；下方是预设颜色，根据常用颜色以文件夹的形式进行了分组，用户可以根据需要，在预设项中选择合适的颜色，单击文件夹前面的 > 按钮，可以显示或隐藏颜色，拖动面板右侧滑块，即可查看所有预设颜色，如图5-8和图5-9所示。

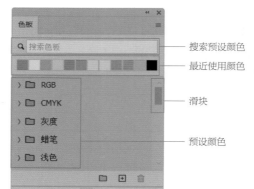

图5-8

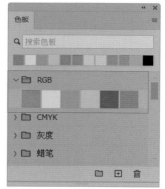

图5-9

`STEP 2` 将鼠标指针移动到某个色块上，此时鼠标指针将会变成吸管形状 🖋，单击一个颜色块，即可将它设置为前景色，如图5-10所示；如果按住"Alt"键并单击一个颜色块，则可以将它设置为背景色。

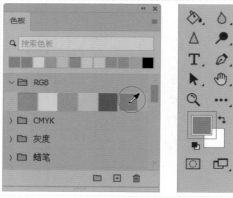

图5-10

2. 创建新色板

配色在一个设计作品中占据非常重要的地位，有时候设置一个合适的颜色需要很长时间，此时就可以通过使用"色板"面板积累一些常用的色彩，也可以从一些优秀设计作品上采样，拾取颜色（使用吸管工具可以在画面中拾取颜色，该工具的具体使用方法见5.1.4小节），保存为不同的文件夹。

首先设置一个前景色（❶），然后单击"色板"面板底部的"创建新色板"按钮 ▣（❷），打开"色板名称"对话框，输入名称后单击"确定"按钮（❸），即可将当前设置的前景色保存到色板中（❹），如图5-11和图5-12所示。

图5-11

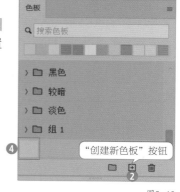

图5-12

　　如果要创建一组颜色，可以先单击"色板"面板底部的"创建新组"按钮 ，创建一个颜色组，然后创建新色板，即可将创建的新色板保存在该颜色组中。

3. 删除色板

　　如果面板中有不需要的颜色，可以单击"色板"面板底部的 🗑 按钮进行删除。也可以单击文件夹，将整个文件夹中的颜色全部删除。

5.1.4 实战：使用吸管工具选取颜色

　　使用吸管工具 ✒ 可以吸取图像中的颜色，作为前景色或背景色。吸管工具常用于排版设计和绘画上，那么具体如何使用该工具呢？

扫码看视频

STEP 1 打开网店春装海报的设计文件，如图5-13所示。

> **设计经验**　为了更好地配合画面所反映的主题，同时增加画面的细节，在画面的右侧添加一段赞美春天的文字，字体颜色选用海报的左侧背景色，用该颜色可以使版面显得更加协调。

图5-13

STEP 2 单击工具箱中的吸管工具 ✒（❶），将鼠标指针移至画面左侧的背景处并单击（❷），此时所选取的颜色将被作为前景色（❸），吸取颜色后在画面右侧输入文字（❹），效果如图5-14所示。

图5-14

使用吸管工具直接在画面上单击，吸取颜色后更换的是前景色，如何使用吸管工具更换背景色？按住"Alt"键，然后在图像中单击，此时选取的颜色将被作为背景色，如图5-15所示。

图5-15

吸管工具的工具选项栏如图5-16所示。

| ⊘ ∨ | 取样大小： | 取样点 ∨ | 样本： | 所有图层 ∨ | □ 显示取样环 |

图5-16

样本　选中"当前图层"表示只在当前图层上取样；选中"所有图层"表示在所有图层上取样。

显示取样环　选中该选项，拾取颜色时会显示取样环；未选中该选项，则不显示。本例操作未选中"显示取样环"。

5.2　填充与描边

填充是指在图像或选区内填充颜色，描边则是指为选区描绘可见边缘。填充与描边是平面设计中常用的功能。如5.2.2小节的"用油漆桶工具为插画填色"实例，使用了填充，如图5-17所示，如5.2.9小节的"绘制文字边框"实例，使用了描边，如图5-18所示。

图5-17

图5-18

5.2.1 实战：为海报填充前景色

使用前景色或背景色填充在Photoshop绘图中极为常见。选中一个图层或绘制一个选区，设置合适的前景色和背景色，按"Alt+Delete"组合键使用前景色进行填充，按"Ctrl+Delete"组合键使用背景色填充。

扫码看视频

STEP 1 打开"美味茶点"广告设计文件，可以看到画面背景比较单调，如图5-19所示。下面在画面中绘制色块，使背景更丰富。

图5-19

STEP 2 使用多边形套索工 在画面中绘制选区。使用该工具在画面中的一个边角上单击，然后沿着它边缘的转折处继续单击鼠标，定义选区范围，将鼠标指针移至起点处（鼠标指针变成 形状）单击即可封闭选区，如图5-20所示，选区封闭后如图5-21所示。

图5-20

图5-21

STEP 3 创建选区后，在背景图层的上方，新建一个图层并重命名为"蓝色块"（见3.2.1小节），设置前景色的色值为"R116 G229 B216"，按"Alt+Delete"组合键使用前景色进行填充，去掉选区后效果如图5-22所示。

图5-22

STEP 4 使用多边形套索工具，在画面的右下角绘制选区，如图5-23所示。在"蓝色块"图层的上方新建一个图层并重命名为"黄色块"，设置背景色的色值为"R252 G232 B152"，按"Ctrl+Delete"组合键使用背景色进行填充，去掉选区后效果如图5-24所示。

图5-23

图5-24

5.2.2 实战：用油漆桶工具为插画填色

使用油漆桶工具 ◇. 可以为图像或选区填充前景色和图案。填充选区时，填充区域为选区所选区域；填充图像时，则只填充与油漆桶工具所单击点颜色相近的区域。

下面使用油漆桶工具为一幅插画填色为例进行讲解，具体操作步骤如下。

扫码看视频

STEP 1 打开素材文件，可以看到画面的部分树木为灰色。先选中需要填色的图层，如图5-25所示。

树木为灰色——

图5-25

STEP 2 单击工具箱中的油漆桶工具，在其工具选项栏的第一个选项中设置填充方式为"前景"，"容差"设置为5，选中"消除锯齿"选项，选中"连续的"选项。设置前景色为嫩绿色，色值为"R153 G207 B119"，使用油漆桶工具在左面第一棵树的树冠上单击，填充前景色，如图5-26所示。

图5-26

STEP 3 由于选中了"连续的"选项，只有与鼠标单击点处颜色相近的连续区域被填充；继续单击未被填充的区域，完成左面第一棵树的树冠的颜色填充，如图5-27所示。

图5-27

STEP 4 调整前景色，为其他树木的树冠和枝干填色。填色前注意颜色应选择适合于表现春天生机盎然的嫩绿、翠绿和碧绿。其中一棵用粉色来填充，点缀画面同时也包含春暖花开的寓意，填色后效果如图5-28所示。插画填色完成后，可用于旅行社春季旅行海报中，效果如图5-29所示。

色值为 "R209 G67 B139"

色值为 "R124 G201 B159"

图5-28

图5-29

油漆桶工具的工具选项栏如图5-30所示。

图5-30

填充方式　单击油漆桶右侧的第一个按钮，可以在下拉列表中选择填充方式，包括"前景"和"图案"。选择"前景"，可以使用前景色进行填充；选择"图案"，可以在图案下拉列表框中选择其中的一种图案进行填充。

模式/不透明度　用来设置填充内容的混合模式或不透明度。

容差　在文本框中输入数值，可以设置填充颜色近似的范围。数值越大，填充的范围越大；数值越小，填充的范围越小。本例"容差"值为5。

消除锯齿　选中该选项，可以消除填充颜色或图案的边缘锯齿，本例设置为选中该选项。

连续的　选中该选项，油漆桶工具只填充相邻的区域，取消选中时将填充与单击点相近颜色的所有区域，本例设置为选中该选项。

5.2.3　实战：用"定义图案"命令为衣服填充图案

定义图案是一个特别好用的功能，用户可以把自己喜欢的图像定义为图案。定义图案后，可以将图案填充到整个图层或选区中，从而制作精美的作品。下面通过为插画中女性上衣填充图案为例，介绍如何定义图案以及如何使用定义好的图案。

扫码看视频

1. 定义图案

STEP 1 打开素材文件"衣服纹理",选中"衣服纹理"图层,如图5-31所示。

STEP 2 单击菜单栏"编辑">"定义图案"命令,打开"图案名称"对话框,输入图案名称,如图5-32所示。单击"确定"按钮,将"衣服纹理"图案创建为自定义图案。

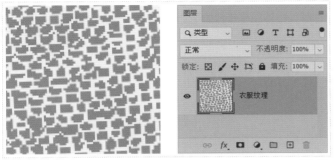

图5-31

图5-32

STEP 3 在油漆桶工具的图案填充方式下拉列表框中即可查看刚刚定义的图案,如图5-33所示。

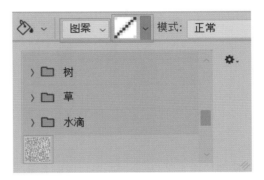

图5-33

2. 填充图案

STEP 1 打开素材文件"填充图案原图",单击工具箱中的油漆桶工具 ,在其工具选项栏中设置填充方式为"图案",在其下拉列表框中选中刚刚定义的图案,使用油漆桶工具在画面中女性衣服上单击,如图5-34所示。

STEP 2 所单击的区域以图案的形式进行覆盖,效果如图5-35所示。

图5-34

图5-35

5.2.4 实战：排版1寸证件照

1寸照片的尺寸为2.5厘米×3.5厘米，由于尺寸较小，后期冲洗的时候，可以按照要求排版到一张大的相纸上进行冲洗，下面以8张一寸照片的排版方法为例进行讲解，具体操作步骤如下。

扫码看视频

STEP 1 打开一张1寸照片，如图5-36所示。

图5-36

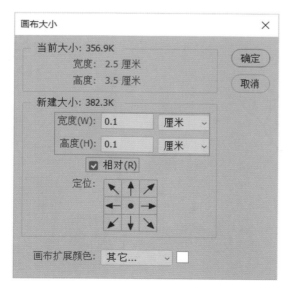

图5-38

STEP 2 照片四周要预留有0.1厘米的白边，以备裁剪。单击菜单栏"图像">"画布大小"命令，在打开"画布大小"的对话框中选中"相对"，然后分别将"宽度"和"高度"设置为0.1厘米，如图5-37所示，效果如图5-38所示。

STEP 3 单击菜单栏"编辑">"定义图案"命令，将1寸照片定义为图案，如图5-39所示。

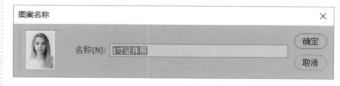

图5-39

STEP 4 按"Ctrl+N"组合键，在打开的"新建文档"对话框中，创建一个横排为4张竖排为2张，名为"排版要冲洗的1寸证件照"的文件。设置"宽度"值为4×（2.5+0.1）厘米=10.4厘米，"高度"值为2×（3.5+0.1）厘米=7.2厘米，"分辨率"为300像素/英寸，"颜色模式"为RGB颜色模式，如图5-40所示。

画布大小

当前大小：356.9K
宽度：2.5 厘米
高度：3.5 厘米

确定
取消

新建大小：382.3K
宽度(W)：0.1 厘米
高度(H)：0.1 厘米
☑ 相对(R)
定位：

画布扩展颜色：其它...

图5-37

图5-41

图5-40

STEP 5　设置好文件后，可以使用油漆桶工具填充图案，也可以使用"填充"命令将定义的一寸照片填充到文件中。单击菜单栏"编辑"＞"填充"命令，打开"填充"对话框。在该对话框中的"内容"选项中选择"图案"（❶），然后单击"自定图案"选项右侧的 按钮（❷），在弹出的下拉列表中单击刚刚定义的一寸照片（❸），设置完成后单击"确定"按钮即可，如图5-41和图5-42所示。

图5-42

　填充图案怎么和原图案尺寸一致？原图案和所要填充的文件的分辨率设置一样就可以了。

5.2.5　使用渐变工具

渐变是指由多种颜色过渡而产生的效果。使用渐变工具 ■ 能够制作出缤纷的颜色，使画面显得不那么单调。它是版面设计和绘画中常用的一种填充方式，不仅可以填充图像，还可以填充图层蒙版。此外，填充图层和图层样式也会用到渐变。

在使用渐变工具进行颜色填充前，首先要掌握如何设置渐变颜色，以及以哪种渐变类型进行填充。渐变颜色设置和渐变类型的选择都是在渐变工具的工具选项栏中进行设置的。单击工具箱中的渐变工具 ■，显示该工具的工具选项栏，如图5-43所示。

渐变色条　　　渐变类型

图5-43

渐变颜色条 渐变条中显示了当前的渐变颜色，单击渐变条可以打开"渐变编辑器"对话框，如图5-44所示。在"渐变编辑器"中可以直接选择使用预设渐变色，还可以自行设置渐变色以及保存渐变色。

使用预设渐变色。"渐变编辑器"对话框中的第一个渐变组是"基础"渐变组，该组显示了3个渐变色块，第一个渐变色块是由前景色到背景色的渐变，使用该渐变前需要先设置好前景色和背景色；第二个渐变色块是由前景色到透明的渐变，该渐变常用于快速设置透明渐变；第三个渐变色块是由黑到白的渐变。"渐变编辑器"的其他预设渐变组，以不同的色系进行了分组，如"蓝色""紫色""粉色""红色"等，可以根据自己需要的颜色，到相应的渐变颜色组中查找合适的渐变色。

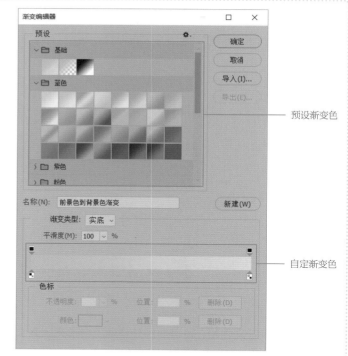

图5-44

在进行版面设计时，预设的颜色是远远不够用的，大多数情况下我们都需要通过"渐变编辑器"对话框，自己设置合适的渐变颜色。

设置色标颜色。双击渐变条下方的色标，即可打开"拾色器"对话框，在这里进行颜色设置，如图5-45所示。

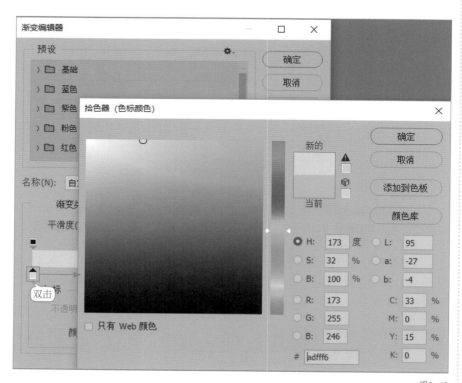

图5-45

添加色标。如果要设置多色渐变，渐变色标不够，在渐变条下方单击即可添加更多的色标，如图5-46所示。

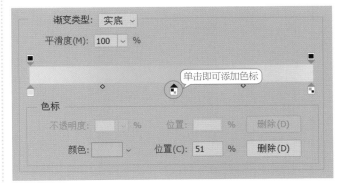

图5-46

复制色标。单击色标，然后按住"Alt"键并拖动，拖动到合适的位置单击，即可复制一个色标，如图5-47所示。

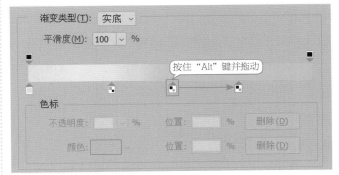

图5-47

删除色标。选中一个色标后，单击"删除"按钮或直接将它拖到渐变条外，可将其删除，如图5-48所示。

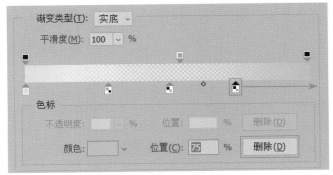

图5-48

移动色标。按住色标并拖动可以改变色标的位置，如图5-49所示。

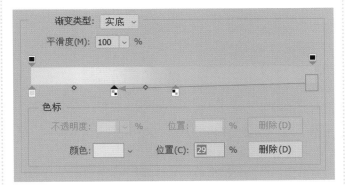

图5-49

设置透明渐变颜色。如果要设置带有透明效果的渐变颜色，可以单击渐变色条上方的色标，也可以在渐变条的上方添加其他色标，然后在"不透明度"选项中输入数值，如图5-50所示。

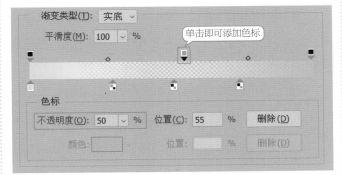

图5-50

保存渐变色。在渐变条上设置好渐变色后，单击"新建"按钮，即可将渐变色保存在预设渐变组的下方，如图5-51所示。

图5-51

渐变类型 渐变工具的工具选项栏中提供了5种渐变类型，选中不同的渐变类型填充图像，会产生不同的渐变效果。单击"线性渐变"按钮 ▣ ，可以以直线的方式创建从起点到终点的渐变；单击"径向渐变"按钮 ▣ ，可以以圆形的方式创建从起点到终点的渐变；单击"角度渐变"按钮 ▣ ，可以以逆时针旋转的方式创建围绕起点到终点的渐变；单击"对称渐变"按钮 ▣ ，可以以从中间向两边呈对称变化的方式创建从起点开始的渐变；单击"菱形渐变"按钮 ▣ ，可以以菱形的方式从起点向外产生渐变。如图5-52所示（箭头的指示方向为从起点到终点的渐变填充方向）。本例设置为"径向渐变"。

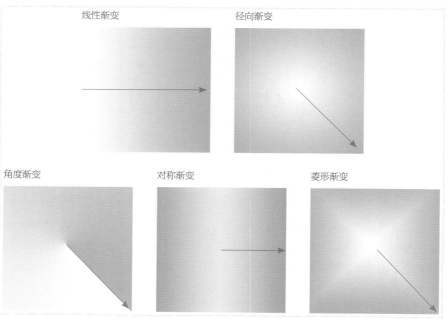

图5-52

模式 在该下拉列表框中选择相应的混合模式，会使所填充图层中的图像与渐变颜色以所选模式进行混合，产生不同的填充效果（关于图层混合模式的应用见第8章）。

不透明度 在文本框中输入参数或者拖动滑块，可以对渐变的不透明度进行调整（关于不透明度的应用见第8章）。

反向 选中该选项，可以反转渐变颜色的填充顺序。本例设置为选中该项。

仿色 选中该选项，可以使设置的渐变填充颜色更加柔和自然，不出现色带效果。

透明区域 需要填充透明像素时，选中该选项，可以使用透明区域进行渐变填充，取消选中该选项，则会使用前景色填充透明区域。

5.2.6 实战：使用渐变工具制作化妆品海报

使用渐变颜色可以丰富画面内容，避免单调，还可以结合内容，强调画面主题。下面通过为"化妆品海报"的背景添加渐变效果，来介绍渐变工具 ▣ 的使用方法。

扫码看视频

STEP 1 新建大小为800像素×800像素，分辨率为72像素/英寸，名称为"化妆品直通车"的空白文件。单击工具箱中的渐变工具 ▣ ，在工具选项栏中单击渐变颜色条，打开"渐变编辑器"。本例我们想要填充一个由蓝色到白色的渐变，那么可以在"蓝色"渐变组中查找，单击"蓝色"渐变组的 ▸ 按钮，显示所有预设的蓝色渐变，可以看到预设渐变中第一个渐变颜色比较接近需要的颜色，单击该渐变色，它会显示在下方渐变条上，我们想让左侧滑块的颜色更蓝一些，可以双击左侧滑块色标，在弹出的"拾色器"中更改颜色，色值为"R142 G184 B218"，按相同方法将右侧色标设置为白色，色值为"R255 G255 B255"，单击"确定"按钮完成设置，如图5-53所示。

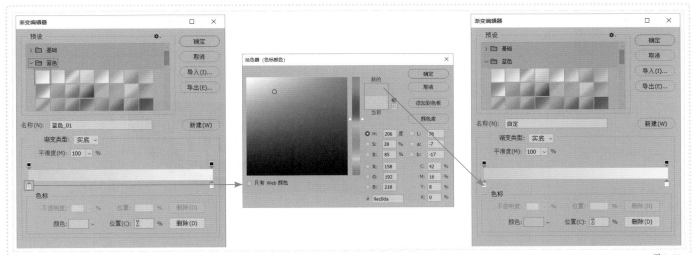

图5-53

STEP 2　在渐变工具的工具选项栏中单击"径向渐变"按钮 ▣，将鼠标指针放在画布的中间偏左位置，然后单击并向右下角拖动出一段距离，如图5-54所示，松开鼠标，背景填充为从中间向四周由蓝到白的渐变，如图5-55所示。如果要填充从中间向四周由白到蓝的渐变，可以在工具选项栏中选中"反相"（反转起点和终点的方向），然后重新进行填充，如图5-56所示。

图5-54

图5-55

图5-56

STEP 3　在"化妆品直通车"图中添加图片和文字后，可以看到渐变色背景的应用能够让平淡的图片更加出彩，并且在产品图中突出焦点，强调了产品，如图5-57所示。

图5-57

5.2.7 实战：制作水晶质感 Logo

使用渐变工具不仅可以填充整个图层，还可以在创建的选区内填充渐变色。本例将使用渐变工具在选区内填色，绘制一个水晶质感的Logo。实例效果如图5-58所示。

扫码看视频

图5-58

STEP 1 打开素材文件1，按住"Ctrl"键并单击"Logo 底图"的缩览图，将"Logo 底图"中的图像建立为选区，如图5-59所示。

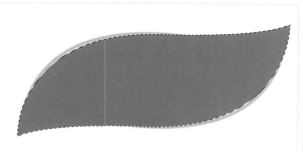

图5-59

STEP 2 单击渐变工具，在其工具选项栏中单击渐变色条，打开"渐变编辑器"对话框，根据企业Logo的颜色，设置一个由浅到深的渐变红色，将左侧色标颜色设置为暗红色，色值为"R197 G52 B0"；右侧色标颜色设置为更深一些的红色，色值为"R157 G29 B34"，设置完成后单击"确定"按钮，如图5-60所示。

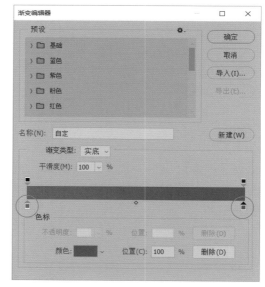

图5-60

STEP 3 在渐变工具的工具选项栏中单击"线性渐变"按钮 ▣，如图5-61所示；将鼠标指针移至画面上，按住"Shift"键并拖动鼠标，在选区内垂直向下拖，如图5-62所示；放开鼠标后在选区内即可填充渐变色，如图5-63所示。

图5-61

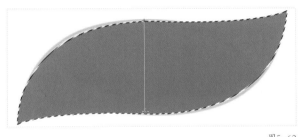

图5-62　　　　　　　　　　　　　　　　　　　　图5-63

STEP 4　单击菜单栏"选择">"修改">"收缩"命令，打开"收缩选区"对话框，设置"收缩量"为30像素，如图5-64所示，选区收缩后的效果如图5-65所示。

图5-64　　　　　　　　　　　　　　　　　　　　图5-65

STEP 5　单击"图层"面板中的"创建新图层"按钮，创建一个新图层，命名为"高光"，如图5-66所示。将前景色设置为白色，然后单击渐变工具，在工具选项栏中单击渐变色条，打开"渐变编辑器"，选择"基础"选项组中"从前景色到透明"的渐变，如图5-67所示。

图5-66

图5-67

STEP 6　在渐变工具的工具选项栏中单击"线性渐变"按钮，然后选中"透明区域"选项（注意在填充带有透明效果的渐变色时必须选中该项），如图5-68所示。将鼠标指针移至画面上，在选区内靠左侧向右下方向拖动出一条直线，如图5-69所示，放开鼠标，选区内添加了由白色到透明的渐变，如图5-70所示。

图5-68

图5-69

图5-70

STEP 7 按 "Shift+F6" 组合键，打开 "羽化选区" 对话框，设置 "羽化半径" 为20像素，如图5-71所示，按 "Ctrl+Shift+I" 组合键反选选区，按 "Delete" 键删除选区中的内容（使边缘过渡自然），按 "Ctrl+D" 组合键取消选区，效果如图5-72所示。

图5-71

图5-72

STEP 8 打开素材文件2，如图5-73所示。使用移动工具将其拖入当前文件中，移动至合适位置，完成Logo绘制，效果如图5-74所示。

图5-73

图5-74

STEP 9 将绘制好的Logo应用到海报中，效果如图5-75所示。

在使用渐变工具进行填充时，按住 "Shift" 键并拖动鼠标，可以创建水平、垂直或者以水平或垂直为基础的以45°为增量角的渐变。

图5-75

5.2.8　描边

　　描边操作通常用于突出画面中的某些元素，或者用于将某些元素与画面背景区分开来。使用"描边"命令可以为选区或图像边缘描边。

　　打开素材文件，单击菜单栏"编辑" > "描边"命令，打开"描边"对话框，在其中可以设置描边"宽度""颜色""位置"等，如图5-76所示。

图5-76

　　描边　在"宽度"选项中可以设置描边的宽度；单击"颜色"选项右侧的颜色块，可以打开"拾色器"，设置描边颜色。

　　位置　包括"内部""居中"和"居外"，为了更清晰地看到图像的描边位置，将图像创建选区，设置不同的描边位置效果，如图5-77所示。

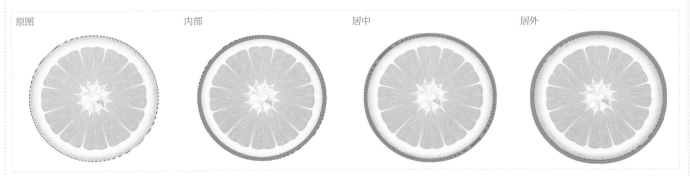

图5-77

　　混合　在该选项组中可以设置描边颜色的"混合模式"和"不透明度"。选中"保留透明区域"，表示只对包含像素的区域描边。

5.2.9　实战：绘制文字边框

　　在制作海报的时候，为了避免版面的单调与平淡，使版面更有设计感，会添加一些边框来修饰版面。下面为家居海报中的一组文字添加边框为例，介绍具体绘制方法。实例效果如图5-78所示。

扫码看视频

图5-78

STEP 1 打开素材文件，新建一个名为"装饰线框"的图层，使用矩形选框工具 ▦. 在文字处创建一个矩形选区，如图5-79所示。

图5-79

STEP 2 单击菜单栏"编辑">"描边"命令，打开"描边"对话框，在其中设置描边的"宽度""颜色""位置"等，如图5-80所示，单击"确定"按钮完成描边操作，按"Ctrl+D"组合键取消选区，效果如图5-81所示。

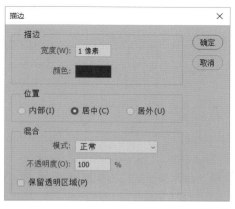

图5-80

图5-81

STEP 3 使用矩形选框工具在"装饰线框"上选中需要删除的区域，为其创建选区，如图5-82所示，然后按"Delete"键删除选区中的图像，效果如图5-83所示。

图5-82

图5-83

提示 在有选区的状态下，使用"描边"命令可以沿选区的边缘进行描边；在没有选区的状态下，使用"描边"命令可以沿画面边缘进行描边。

5.3 画笔工具的应用

熟悉了Photoshop的颜色设置后，就可以正式使用Photoshop的绘画功能了。下面就来了解一下常用的绘画工具。

5.3.1 画笔工具

当我们需要绘画的时候，就需要一支笔，在Photoshop工具箱中可以找到一个毛笔形状的按钮——画笔工具 ✎ 和一个铅笔形状的命令——铅笔工具 ✐ 。它们的区别是，使用画笔工具可以绘制带有柔边效果的线条，并且可以给图像上色；铅笔工具和我们平时所用的铅笔类似，使用它画出的线条有硬边，放大看线条边缘呈现清晰的锯齿状。铅笔工具常用于构图、勾线。图5-84所示为使用画笔工具绘制的效果，线条带有柔边；图5-85所示为使用铅笔工具绘制的效果，是图像的外轮廓线稿。

图5-84

图5-85

画笔工具是使用前景色进行绘图的（即笔触颜色为前景色）。使用画笔工具可以绘制各种形状，同时，它还可以用来编辑通道和蒙版。

单击工具箱中的画笔工具 ，使用前先设置前景色，然后在工具选项栏中对画笔笔尖形状、大小等选项进行设置，设置完成后在画面中按住鼠标左键拖动即可进行绘制。

画笔工具的工具选项栏如图5-86所示。

图5-86

单击 按钮可以打开"画笔预设"选取器，在"画笔预设"选取器中可以设置画笔的笔尖形状、大小、硬度和角度，如图5-87所示。

大小 通过输入数值或移动滑块可以调整笔尖大小。如果要绘制的笔触较大时，将大小数值调大，反之将大小数值调小。

硬度 使用圆形画笔时，通过该选项可以调整画笔边缘的模糊程度，数值越小画笔的边缘越模糊。

切换"画笔设置"面板 单击按钮可以打开"画笔设置"面板和"画笔"面板（"画笔"面板中的选项与"画笔预设"选取器中的选项基本上一样，本节不赘述，关于"画笔设置"面板的使用方法见5.4节）。

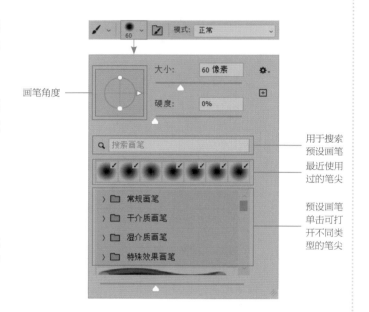

图5-87

模式 设置画笔的混合模式，该选项类似于图层的"混合模式"。当画笔工具在已有图案上绘制时，画笔绘制的图形将根据所选混合模式和已有图形进行混合；当模式设置为"正常"时，画笔所绘制的图形不会与已有图形产生混合效果。

不透明度 设置画笔描绘出来的图形的不透明度。设置的数值越低，透明度越高。

流量 设置当鼠标指针移动到某个区域上方时应用颜色的速率，数值越高流量越大。

喷枪 单击该按钮，可以启用喷枪功能进行绘画。将鼠标指针移动到某个区域时，如果按住鼠标不放，画笔工具会根据按住鼠标的时间长短来决定颜料量的多少，持续填充图像。

画笔角度 用于指定画笔的长轴在水平方向旋转的角度。

绘图板压力按钮 在使用绘图板时，单击按钮，可以对"不透明度"使用压力，再次单击该按钮则由画笔预设控制压力；单击按钮，可以对"大小"使用压力，再次单击该按钮则由画笔预设控制压力。

设置绘画的对称选项 单击该按钮，在弹出的下拉菜单中包含多种对称方式，如垂直、水平、双轴、对角、波纹、圆形、螺旋线、平行线、径向和曼陀罗。在绘制过程时，绘制的图案将在对称线上实时反映出来，可以快速绘制复杂的对称图案。

实战：利用画笔工具统一照片色调

　　照片后期处理时经常会遇到照片背景中存在大量杂色的情况，这时应对背景进行处理，以便突出照片中的主体，本例将介绍如何使用画笔工具去除背景中的杂色。

扫码看视频

　　如图5-88所示，可以看到照片背景中的黄色墙面影响视觉效果，我们可以使用画笔工具将黄色墙面变为蓝色，具体操作步骤如下。

原图

效果图

图5-88

STEP 1 打开素材文件，在设置画笔的颜色时，可以使用吸管工具在人物蓝色衣服处拾取颜色，将前景色设置为蓝色，如图5-89所示。

STEP 2 新建一个图层，命名为"蓝色"（❶），然后设置图层混合模式为"颜色"（❷），如图5-90所示。

图5-89

图5-90

STEP 3 单击工具箱中的画笔工具，在工具选项栏中打开"画笔预设"选取器，选中柔边圆画笔，设置"硬度"为0，"大小"为150像素，"不透明度"为50%，如图5-91所示。

STEP 4 在画面背景处按住鼠标左键拖动进行涂抹，涂抹时可以根据实际情况随时调整画笔的"大小"和"不透明度"，可以反复涂抹将原始颜色覆盖，效果如图5-92所示。

图5-91

图5-92

 画笔工具最基本的使用方法就是使用柔边圆画笔进行涂抹绘制。柔边圆画笔的笔尖形状可使绘制的笔触呈现柔和的过渡效果。

5.3.3 铅笔工具

铅笔工具 🖉 和画笔工具 🖊 的使用方法差不多，使用它也以前景色来绘画，使用时先设置合适的前景色，然后在工具选项栏中设置适当的笔尖硬度和笔尖大小，在画面中按住鼠标左键拖动即可进行绘制。

铅笔工具和画笔工具的选项栏基本相同，只是在铅笔工具的工具选项栏中包含"自动涂抹"选项，如图5-93所示。

图5-93

自动涂抹 选中该选项，当铅笔工具在包含前景色的区域上涂抹时，该涂抹区域颜色替换成背景色；当铅笔工具在包含背景色的区域上涂抹时，此时涂抹区域颜色替换成前景色。图5-94所示为未选中"自动涂抹"选项的绘制效果，图5-95所示为选中"自动涂抹"选项的绘制效果。

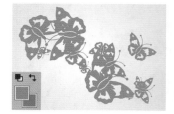

图5-94

图5-95

 使用快捷键调整画笔笔尖的大小和硬度：按"["键可将画笔笔尖调小，按"]"键可将画笔笔尖调大；按"Shift+["组合键可以降低画笔笔尖硬度，按"Shift+]"组合键可以提高画笔笔尖硬度。

5.4 画笔设置面板

　　使用画笔不仅可以绘制单色的线条，还可以绘制叠加图案、分散的笔触和透明度不均匀的笔触，想要绘制出这些效果就要使用"画笔设置"面板，如图5-96所示。

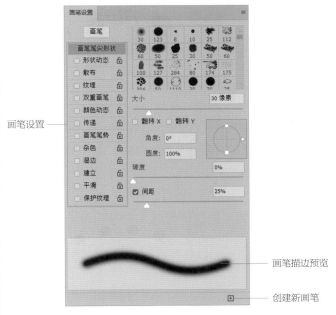

图5-96

画笔设置　单击画笔设置中的选项，面板右侧会显示该选项的详细设置内容（默认显示画笔笔尖形状选项）。若选项中显示🔒图标时，表示当前画笔的笔尖形状属性为锁定状态，显示图标🔓时表示未锁定。

画笔描边预览　该区域可以实时预览所选中画笔的笔触效果。

创建新画笔　当对一个预设进行修改后，单击该按钮可以将其保存为新的预设画笔。

5.4.1 笔尖形状设置

　　默认情况下，"画笔设置"面板显示的是"画笔笔尖形状"选项卡，可以对画笔"形状""大小""硬度""间距"等参数进行设置，调整这些参数时可以在底部的画笔描边预览区域查看设置后的效果，如图5-97所示。

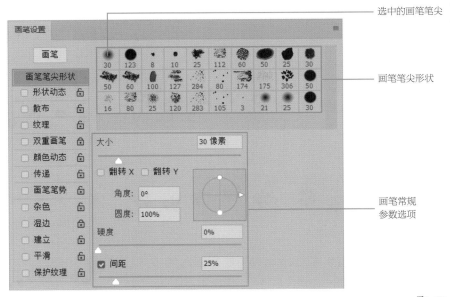

图5-97

画笔笔尖形状 显示了Photoshop中提供的预设笔尖，单击任意笔尖形状，即可将之设置为当前笔尖，在画笔描边预览区可以查看笔触效果。常用笔尖形状为尖角和柔角。使用柔角笔尖绘制的线条边缘较柔和，呈现逐渐淡出的效果，如图5-98所示；使用尖角笔尖绘制的线条具有清晰的边缘，如图5-99所示。

图5-98

图5-99

选中的画笔笔尖 表示当前选中的画笔笔尖。

画笔常规参数选项 在该区域可以设置画笔的大小、硬度和间距等常规参数。

大小 用来设置画笔大小，范围为1~5 000像素。图5-100和图5-101所示分别为将大小设置为不同数值的效果。

大小为30像素

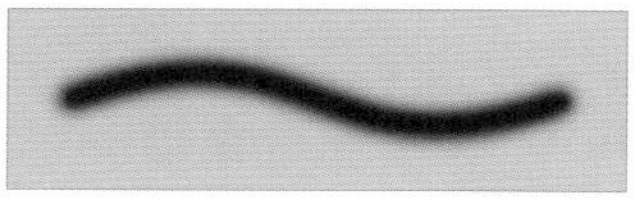

大小为60像素

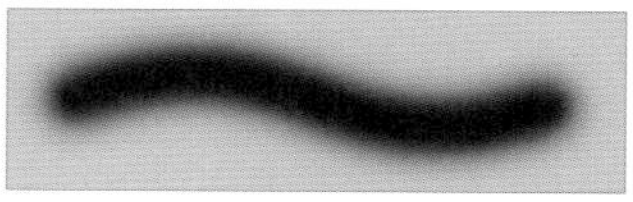

图5-100　　　　图5-101

翻转X/翻转Y 用来改变画笔笔尖在其x轴或y轴上的方向，如图5-102至图5-104所示。

原图

图5-102

选中"翻转X"

图5-103

选中"翻转Y"

图5-104

角度 用来设置画笔笔尖的旋转角度，可通过在文本框中输入数值或拖动图中的箭头来调整。图5-105和图5-106所示分别为将角度设置为0°、50°的效果。

角度为0°

图5-105

角度为50°

图5-106

圆度 用来设置画笔长轴和短轴之间的比例，可通过在文本框中输入数值或者拖曳控制点来调整，范围为0%~100%。以圆形笔尖为例，当数值为100%时，笔尖为圆形，如图5-107所示；当数值为其他时画笔笔尖被"压扁"，如图5-108所示。

圆度为100%

图5-107

圆度为50%

图5-108

硬度 用来控制画笔的硬度。数值越小画笔的边缘越柔和。图5-109和图5-110所示分别为将画笔硬度设置为100%、30%的效果。

硬度为100%　　　　硬度为30%

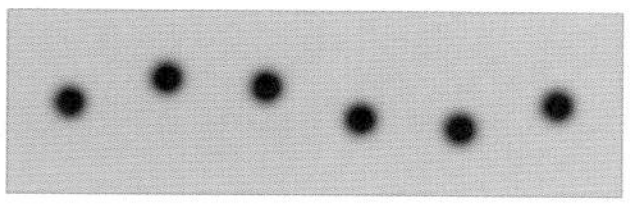

图5-109　　　　图5-110

间距 用来控制描边中两个画笔笔迹之间的距离，数值越大，笔迹之间的间距越大。图5-111和图5-112所示分别为将间距设置为100%、200%的效果。

间距为100%　　　　间距为200%

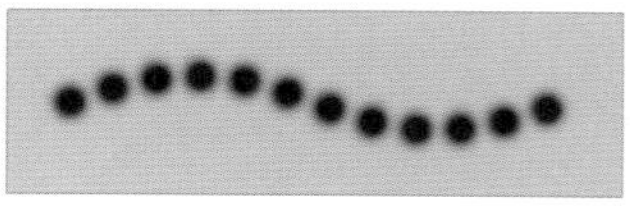

图5-111　　　　图5-112

5.4.2　形状动态

形状动态主要用于调整笔尖形状变化，包括大小抖动、最小直径、角度抖动、圆度抖动以及翻转抖动，使笔尖形状产生随机的变化。在"画笔笔尖形状"中选择一个笔尖形状（该形状为5.5.3小节中自定义的笔尖形状），在"画笔笔尖形状"选项卡中，设置"间距"为100%。单击"画笔设置"面板中的"形状动态"选项卡，如图5-113所示。

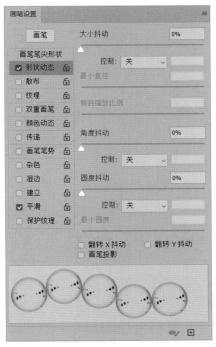

图5-113

大小抖动　控制画笔笔尖与笔尖之间的随机变化。该数值越高，轮廓越不规则。图5-114和图5-115所示分别为大小抖动设置不同数值时的效果。在"控制"选项下拉列表框中可以选择抖动方式，选中"关"，表示无抖动，如图5-116所示；选中"渐隐"，可按照指定数量的步长在初始直径和最小直径之间"渐隐"画笔笔迹，使其产生淡出的效果，如图5-117所示。

大小抖动为0%　　　　　大小抖动为100%

图5-114　　　　　　　　　图5-115

"控制"设置为"关"　　　"控制"设置为"渐隐"

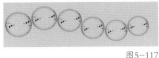

图5-116　　　　　　　　　图5-117

最小直径　当启用了"大小抖动"后，通过该选项设置画笔笔迹缩放的最小百分比。数值越高，笔尖直径的变化越小。图5-118和图5-119所示分别为最小直径设置不同数值时的效果。

最小直径为20%　　　　　最小直径为60%

图5-118　　　　　　　　　图5-119

角度抖动　用于设置笔尖的角度。图5-120和图5-121所示分别为角度抖动设置不同数值时的效果。

角度抖动为0%　　　　　角度抖动为95%

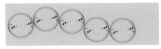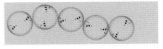

图5-120　　　　　　　　　图5-121

圆度抖动　用于设置笔尖的圆度。图5-122和图5-123所示分别为圆角抖动设置不同数值时的效果。使用该项调整时，需要结合"最小圆度"选项进行设置，"最小圆度"可以调整圆度的变化范围。

圆度抖动为0%　　　　　圆度抖动为60%

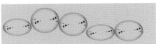

图5-122　　　　　　　　　图5-123

翻转X抖动/翻转Y抖动　用来设置笔尖在x轴或y轴上的方向。以蝴蝶形状笔尖作示范可以更直观地查看翻转效果，如图5-124和图5-125所示。

选中"翻转X抖动"　　　选中"翻转Y抖动"

图5-124　　　　　　　　　图5-125

5.4.3 散布

散布决定了笔触的数量和位置，可以使笔触沿绘制的线条产生随机分布的效果。单击"画笔设置"面板中的"散布"选项，显示"散布"设置选项，如图5-126所示。

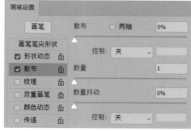

图5-126

散布 用来设置画笔笔迹的分散程度，该值越高，分散范围越广，如图5-127和图5-128所示。

散布为100%

图5-127

散布为500%

图5-128

两轴 选中"两轴"，画笔笔迹将以中间为基准，向两侧分散。

数量 用来指定在每个间距应用的画笔笔迹数量。增加该值可以重复笔迹，如图5-129和图5-130所示。

散布为100%、数量为1

散布为100%、数量为5

图5-129 图5-130

数量抖动 用于设置画笔笔迹的数量的随机性。数值越大，画笔笔迹随机变化程度越大，如图5-131和图5-132所示。

散布为0%、数量为1、数量抖动为0% 散布为0%、数量为1、数量抖动为100%

图5-131 图5-132

5.5 使用其他画笔资源

"画笔设置"面板的"画笔笔尖形状"选项卡中可以看到多种画笔笔尖形状。在Photoshop除了可以使用预设笔尖形状，可还以将旧版画笔（旧版指之前版本包含的画笔）和外挂画笔资源添加进来使用，除此以外，还可将图像定义为画笔，以此来丰富我们的画笔资源。

5.5.1 使用旧版画笔

旧版画笔默认隐藏在Photoshop的画笔库内，在"画笔"面板中可以将其载入。

单击菜单栏"窗口">"画笔"命令，打开"画笔"面板，单击右上角的■按钮（❶），显示菜单命令，单击"旧版画笔"命令即可将其载入（❷），如图5-133所示。

图5-133

5.5.2　导入外部笔刷

一些设计类素材网站上有很多笔刷资源，下载笔刷后可以将这些外部笔刷载入 Photoshop 中使用。

单击菜单栏"窗口">"画笔"命令，打开"画笔"面板，单击右上角的 ▤ 按钮，在显示的菜单命令中选中"导入

画笔"命令，在弹出的"载入"对话框中，找到笔刷存放的位置，选中需要载入的笔刷（ ❶ ），单击"载入"按钮（ ❷ ），即可在"画笔"面板中看到载入的笔刷，如图 5-134 和图 5-135 所示。

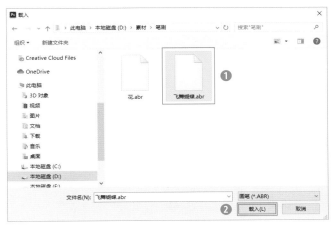

图 5-134

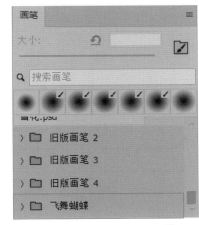

图 5-135

5.5.3　自定义笔尖形状

在使用画笔工具进行绘图时，当 Photoshop 的预设画笔笔尖形状不能满足需要时，我们可以将想要的图片或形状定义为画笔，供后续使用。此时，需要使用"定义画笔预设"命令创建自定义画笔。定义画笔笔尖的方式非常简单，步骤如下。

STEP 1　打开素材文件中需要定义成笔尖的图片，如图 5-136 所示。

STEP 2　单击菜单栏"编辑">"定义画笔预设"菜单命令，在弹出的"画笔名称"对话框中设置画笔名称，单击"确定"按钮，如图 5-137 所示。

图 5-136

图 5-137

STEP 3　定义笔尖形状完成后，在"画笔笔尖形状"中可以看到新定义的笔尖，如图 5-138 所示。

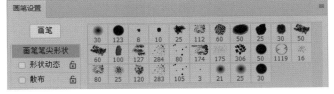

图 5-138

Photoshop 只能将灰度图像定义为画笔。即便定义的是彩色图像，定义完成后的画笔也是灰色图像，并且它是通过灰度深浅的程度来控制画笔的透明度的。

5.5.4 将笔刷导出为画笔库文件

为了便于在不同电脑设备上使用笔刷，可以将一些常用的笔刷进行保存。在"画笔"面板中选中需要保存的笔刷（❶），单击右上角的■按钮（❷），在显示的菜单命令中选中"导出选中的画笔"命令（❸），如图5-139所示，在弹出的"另存为"对话框中选择保存位置，然后设置文件名称（❹），单击"保存"按钮（❺），如图5-140所示。在存储的位置即可看到刚保存的笔刷（❻），如图5-141所示。

图5-139

图5-140

图5-141

5.5.5 实战：为奔跑的人物添加动感粒子效果

本例中为人物添加一些动感粒子来丰富画面效果，案例效果如图5-142所示。

怎样给奔跑中的人物添加动感粒子效果？运用画笔工具可以实现，具体操作步骤如下。

扫码看视频

原图

效果

图5-142

 设计经验　运动海报怎样能体现动感效果？ 4.2.4小节的海报是通过使用动感字体来实现的，9.3.5小节的海报是通过加入倾斜的色块来实现的。

STEP 1 打开素材文件，单击工具箱中的画笔工具，在工具选项栏中单击 ☑ 按钮，打开"画笔设置"面板，在"画笔笔尖形状"选项卡中找到需要的笔尖形状，设置"大小"为27像素、"间距"为143%，如图5-143所示。

图5-143

STEP 2 单击"形状动态"选项卡，设置大小抖动、角度抖动、圆度抖动、最小圆度等，使笔尖形状产生随机的变化，具体参数如图5-144所示。单击"散布"选项卡，选中"两轴"选项，将"散布"数值调到最大，增加"数量"，使用笔尖形状产生自然散布的效果，具体参数设置如图5-145所示。

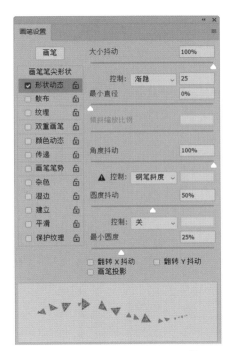

图5-144

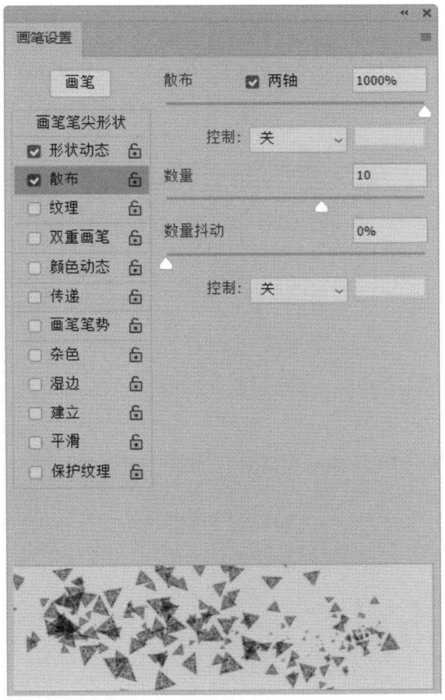

图5-145

STEP 3 使用吸管工具在人物处拾取颜色，此时前景色更改为拾取的颜色，如图5-146所示。在"图层"面板中新建一个图层，命名为"粒子效果"，如图5-147所示。

图5-146

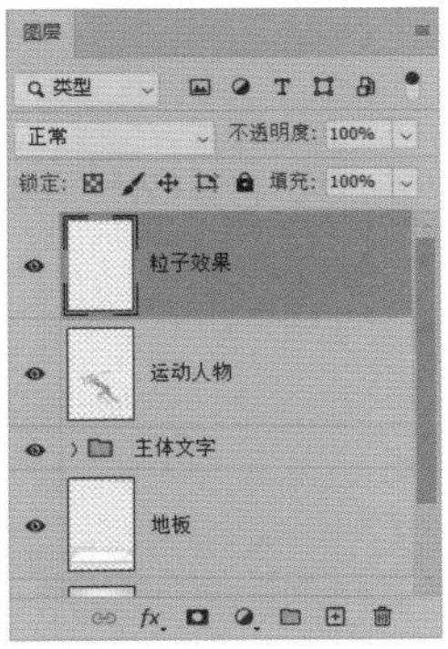

图5-147

STEP 4 使用画笔工具，在工具选项栏中将"不透明度"数值调小，然后在人物的右边轮廓处拖动鼠标进行绘制，如图5-148所示。在绘制时，远离人物处可以通过调小画笔大小，降低不透明度数值，让动感粒子呈现逐渐弱化的效果。如果在一个图层上绘制不好控制，可以多建几个图层，进行绘制，最终效果如图5-149所示。

图5-148

图5-149

5.6 橡皮擦工具的应用

使用橡皮擦工具可以擦除不需要的图像，橡皮擦工具的使用方法很简单，只要按住鼠标左键在画面中涂抹即可擦除像素。使用橡皮擦工具在普通图层上涂抹，像素将被涂抹成透明，如图5-150所示；使用橡皮擦工具在背景图层上涂抹，像素将被更改为背景色，如图5-151所示。

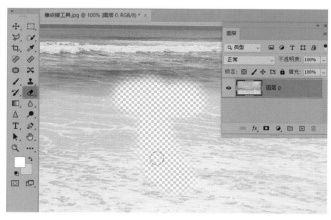

图5-150

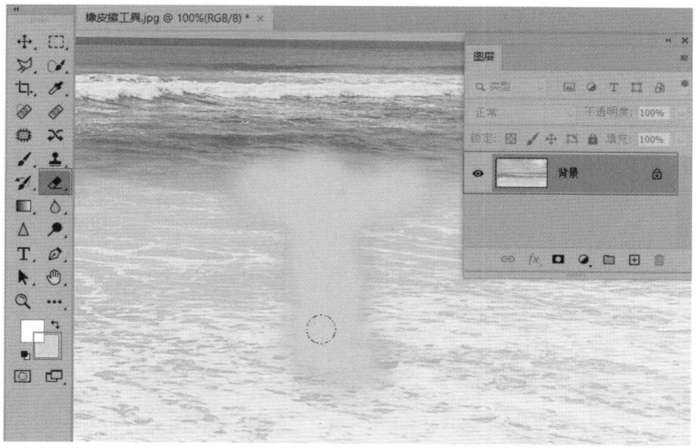

图5-151

在工具箱中选择橡皮擦工具 ，显示该工具的工具选项栏，如图5-152所示。

图5-152

模式　选择橡皮擦的擦除方式。选中"画笔"选项时，擦除的效果为柔边圆；选中"铅笔"选项时，擦除的效果为硬边；选中"块"选项时，擦除的效果为块状，如图5-153所示。

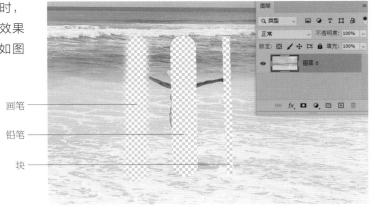

画笔

铅笔

块

图5-153

不透明度　用来设置擦除的强度，100%的不透明度可以完全擦除图像，使用较低的不透明度可擦除部分像素。当设置为"块"时，不能使用该选项。图5-154所示为设置不同"不透明度"数值的对比效果。

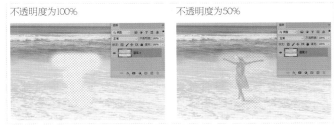

不透明度为100%　　　　不透明度为50%

图5-154

流量　用来控制画笔工具的擦除速率。

抹到历史记录　使用橡皮擦工具擦除图像后，选中该选项后再次进行擦除操作，可以还原已被擦除的图像。该功能相当于使用"历史记录画笔工具"。

实战：巧用橡皮擦工具合成画面

在设计一个网店首页海报时，添加的素材图片（左侧的项链）影响画面效果，干扰文字阅读，如图5-155所示，下面使用橡皮擦工具将它擦除。

扫码看视频

原图　　　　　　　　　　　　　　　　　　　效果图

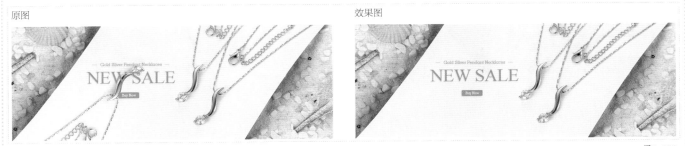

图5-155

STEP 1 打开素材文件，选中橡皮擦工具，在工具选项栏中设置笔尖形状、大小等参数，接着选中"项链"图层，使用橡皮擦工具在左侧项链上涂抹，如图5-156所示。

图5-156

STEP 2 使用吸管工具在项链的背景图上拾取颜色，此时前景色更改为拾取的颜色，如图5-157所示。

图5-157

STEP 3 选中"背景"图层，按"Alt+Delete"组合键使用前景色进行填充，效果如图5-158所示。

图5-158

第 **6** 章

路径与
矢量工具

　　本章主要讲解Photoshop中的矢量绘图工具，它分为两大类：钢笔工具和形状工具。钢笔工具常用于绘制不规则的图形或抠图，而形状工具常用于绘制规则的几何图形。

　　通过学习本章内容，读者将会使用钢笔工具和形状工具绘制各种图标、矢量插画以及Logo，还可以使用钢笔工具抠取各种较为复杂的图像。

6.1 认识矢量绘图

在Photoshop中，绘画和绘图是两个截然不同的概念：绘画是绘制和编辑位图图像，而绘图则是使用矢量工具绘制和编辑矢量图形。图6-1所示的App界面中的图标就是使用矢量绘图工具绘制的。

图标

图6-1

6.2 选择绘图模式

要绘制矢量图形，需要先在工具选项栏中选择相应的绘图模式。在工具选项栏中可以看到矩形工具的绘图模式包括"形状""路径""像素"，如图6-2所示，选择不同的绘图模式可以创建不同类型的对象。下面就来介绍形状、路径、像素的特征，以便为学习使用矢量工具，尤其是钢笔工具打下基础。

图6-2

选中"形状"选项后，绘制的图形自动新建为"形状图层"，如图6-3所示。形状图层由路径和填充区域组成，路径是图形的轮廓，填充区域可以设置形状的填充，可以将其填充为某种颜色、图案或无填充。选中"形状"选项后绘制的矢量对象会在"路径"面板中显示，如图6-4所示。使用矩形工具、椭圆工具、多边形工具和自定形状工具时通常选中该选项。

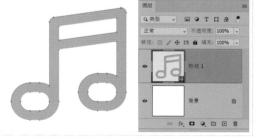

图6-3

图6-4

选中"路径"选项后，只能绘制路径，它不具备颜色填充属性，所以无须选中图层。绘制出的是矢量路径，在"路径"面板中显示为"工作路径"，如图6-5所示。"路径"的使用情况分两种：①使用钢笔工具抠图时，绘制路径后通常需要将路径转换为选区；②绘制较为复杂的图形时，可以先将绘图模式设置为"路径"，然后将"路径"转换为"形状"，再进行填

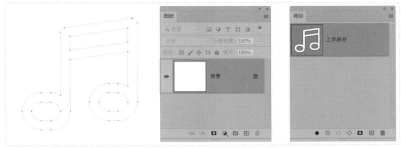

色或描边（这样操作是由于"路径"为线条勾勒，可以更清晰地看出图形绘制走向）。

图6-5

选中"像素"选项后，需要先选中图层；它以前景色填充绘制的区域，绘制出的对象为位图，因此"路径"面板中没有显示，如图6-6所示。形状工具可以使用该选项，钢笔工具不可用该选项。

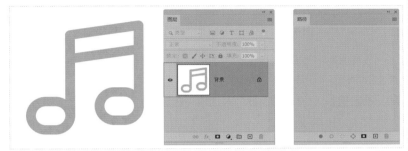

图6-6

由于"像素"绘图模式属于位图绘图范畴，下面主要讲解"形状"和"路径"绘图模式中的各个工具或命令的功能和使用方法。

6.2.1 使用"形状"绘图模式

使用形状工具组中的各个工具或钢笔工具，都可以将绘图模式设置为"形状"。在"形状"绘图模式下可以设置形状的填充，将形状填充为"纯色""渐变""图案"或"无颜色"，同时还可以对形状进行描边，如图6-7所示。以形状绘图模式进行绘图时，既方便颜色设置又方便进行图形更改，同时当需要将作品放大时，以形状绘图模式绘制的图形不会因为放大而影响质量。当需要输出大幅设计作品时，最好使用该绘图模式进行绘制。

下面以设计某裙装海报为例，介绍如何使用"形状"模式绘图。

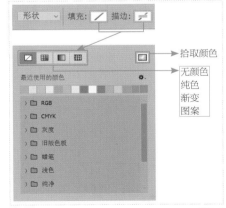

图6-7

1. 对图形进行填充

填充无颜色　打开素材文件，单击工具箱中的矩形工具 ，在工具选项栏中设置绘图模式为"形状"，然后单击"填充"对话框中的"无颜色"按钮 ，同时"描边"也设置为"无颜色" ，如图6-8所示。按住鼠标左键拖动绘制图形，如图6-9所示。

图6-8

图6-9

　　填充纯色　单击"填充"下拉面板中的"纯色"按钮 ，在下拉面板中单击相应的颜色，如图6-10所示；接着按住鼠标左键拖动绘制图形，该图形就会被填充为所选的颜色，如图6-11所示。如果面板中未找到需要的颜色，可以单击"拾色器"按钮 ，打开"拾色器"对话框，在这里自定义颜色。本例使用纯色（白色）填充。

图6-10

图6-11

　　填充渐变　单击"填充"下拉面板中的"渐变"按钮 ，然后选择相应的渐变色或自定义渐变色，在渐变条的下方可以设置渐变类型和角度，如图6-12所示。设置完渐变色后绘制图形，效果如图6-13所示。

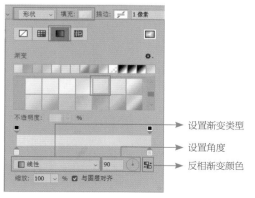

设置渐变类型

设置角度

反相渐变颜色

图6-12

图6-13

填充图案　单击"填充"下拉面板中的"图案"按钮 ▦ ，然后选择合适的图案，如图6-14所示。接着绘制图形，图形效果如图6-15所示。

图6-14

图6-15

2. 对图形进行描边

设置描边颜色　单击"描边"下拉面板，可以将描边颜色设置为"纯色""渐变""图案"或"无颜色"。描边下拉面板与填充下拉面板是相同的，颜色设置的方法也基本相同。打开"描边"下拉面板，单击"纯色"按钮 ▦ ，单击"拾色器"按钮 ▱ 设置颜色，将色值设置为"R175 G222 B224"，如图6-16所示。

图6-16

设置描边类型和描边宽度　单击"形状描边类型"选项，弹出"描边选项"对话框，如图6-17所示。在该对话框中可以通过单击实线、虚线或圆点来设置描边类型，在"形状描边宽度"选项中输入数值或拖动滑块设置描边的宽度，设置完成后需要按"Enter"键确认。设置"形状描边宽度"为25像素，分别使用不同的描边类型，效果如图6-18所示。

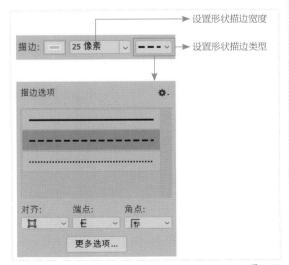

图6-17

实线　　　　　　　　　　　　虚线　　　　　　　　　　　　原点

图6-18

在"描边选项"对话框中单击 更多选项... 按钮，弹出"描边"对话框，可以设置"对齐""端点""角点""虚线"等选项，如图6-19所示。

图6-19

对齐　用于设置描边的位置，包括"内部""居中""外部" 3个选项，图6-20所示为选择不同对齐方式的效果。

内部　　　　　　　　　　　　居中　　　　　　　　　　　　外部

图6-20

端点　用来设置开放式路径，描边类型为实线时描边端点位置的类型，包括"端面""圆形""方形" 3种，如图6-21所示。设置不同类型时的效果如图6-22所示。

图6-21

端面　　　　　　　　圆形　　　　　　　　方形

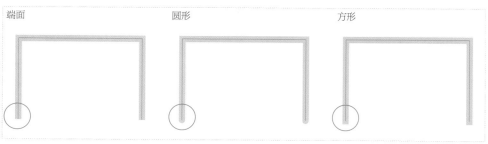

图6-22

角点　用于设置描边类型为实线时，路径转角处的转折样式，包括"斜接""圆形""斜面" 3种，如图6-23所示。设置不同类型时的效果如图6-24所示。

图6-23

图6-24

虚线　虚线包含"虚线"和"间隙"两个选项。"虚线"用于设置描边类型为虚线时，虚线的长短；"间隙"用于设置描边类型为虚线或圆点时，虚线或圆点之间的距离。

例图的描边位置为"居中"，角点为"斜接"，为了显示出手绘背景效果，降低该图层的"不透明度"。本例最终效果如图6-25所示。

图6-25

6.2.2　使用"路径"绘图模式

使用矢量绘图工具绘图时可以使用"路径"绘图模式。尤其是使用钢笔工具时，通常使用该绘图模式进行绘制。在使用路径模式绘图前首先要了解什么是路径，什么是锚点。

1. 认识路径

路径实际上就是使用绘图工具创建的任意形状的曲线，用它可勾勒出物体的轮廓，所以路径也被称为轮廓线。

为了满足绘图的需要，路径又分为有起点和终点的开放路径，如图6-26所示；没有起点和终点的封闭路径，如图6-27所示；以及由多个相互独立的路径组成路径组件，这些路径称为子路径，如图6-28所示该路径中包含5个子路径。

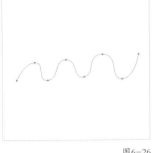

图6-26

图6-27

图6-28

2. 认识锚点

路径常由直线路径或曲线路径组成，它们通过锚点相连接。

锚点分为两种，一种是平滑点，另一种是角点。平滑点连接可以形成平滑的曲线，如图6-29所示；角点连接形成直线，如图6-30所示。曲线路径端上的锚点有方向线，方向线的端点为方向点（红框处），它们用于调整曲线的形状。平滑锚点和角点锚点可以进行相互转换，具体操作方法见6.4.3小节。

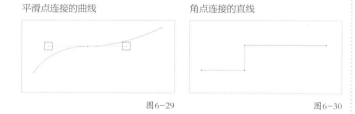

平滑点连接的曲线　　　　角点连接的直线

图6-29　　　　　　　　图6-30

3. 将路径转为选区、蒙版或形状

在工具箱中单击钢笔工具，设置绘图模式为"路径"，将图中棒棒糖的外轮廓绘制成路径（本例绘制路径的具体操作方法见6.4.6小节），如图6-31所示。

图6-31

在工具选项栏中分别单击"选区""蒙版""形状"按钮，可以将路径转换为选区、矢量蒙版或形状图层，如图6-32所示，转换后效果如图6-33所示。关于蒙版的相关应用见第11章。

路径　　建立：　选区...　蒙版　形状

图6-32

单击"选区"按钮

单击"蒙版"按钮

单击"形状"按钮

图6-33

6.3 使用形状工具绘图

　　Photoshop中的形状工具有7种：矩形工具□、圆角矩形工具▢、椭圆工具○、多边形工具⬠、三角形工具△、直线工具╱、自定形状工具♣。使用这些工具可以绘制出各种常见的矢量图形。下面结合实际应用介绍几种常用的形状工具的使用方法。

6.3.1 实战：使用矩形工具绘制文字边框

扫码看视频

　　矩形工具用来绘制矩形对象。矩形在平面设计中的应用非常广泛，下面就以为"夏季促销广告"绘制一个装饰框为例，介绍矩形工具的使用方法。实例效果如图6-34所示。

图6-35

STEP 2　单击工具箱中的矩形工具□，在工具选项栏中设置绘图模式为"形状"，设置"填充"为╱，在"描边"选项中设置描边颜色为画面中主体文字的颜色，色值为"R0 G68 B91"，将"描边类型"设置为实线，可以先预估一个描边宽度值，设置参数如图6-36所示。

图6-36

STEP 3　在画面中按住鼠标左键并向右下角拖动，放开鼠标后即可绘制一个矩形，如图6-37所示。

图6-34

STEP 1　打开"夏季促销广告"，如图6-35所示。下面使用矩形工具在主体文字及辅助文字处绘制矩形来装饰画面，从而突出主题、美化画面。

图6-37

STEP 4 绘制的矩形框遮挡了文字，要删掉遮挡文字部分的线框，需要先将此矩形框栅格化。在"图层"面板用中右键单击该图层名称后面的空白处，在弹出的快捷菜单中选中"栅格化图层"命令，如图6-38所示。形状栅格化后，使用矩形选框工具将遮挡文字的部分选中，然后按"Delete"键进行删除，如图6-39所示。

图6-38　　　　　　　　　　　　　　　　　　　　　　　　　图6-39

STEP 5 单击工具箱中的矩形工具，在工具选项栏中设置绘图模式为"形状"，设置"填充"颜色为与矩形框一样的颜色，然后设置"描边"为，设置完成后在矩形框的左侧绘制一个矩形，如图6-40所示，按相同方法在矩形框的顶端绘制一个矩形。添加这两个矩形用于美化线框，最终效果如图6-41所示。

图6-40

图6-41

6.3.2 实战：使用圆角矩形工具绘制图框

　　圆角矩形工具的使用方法与矩形工具一样，使用圆角矩形工具 可以绘制圆角矩形对象。绘制的圆角矩形的4个角圆润、光滑，不像直角那样棱角分明。

扫码看视频

在平面设计中为了区分类别，突出文字，增加可读性，有时会给文字加上图框。图6-42所示的"网店宣传海报"中的"五大优势"的外框就是使用圆角矩形工具绘制的，具体操作步骤如下。

图6-42

STEP 1　打开素材文件"网店宣传海报"，如图6-43所示。下面使用圆角矩形工具为右下方文字"优质选材"绘制一个圆角矩形外框。

图6-43

STEP 2　单击工具箱中的圆角矩形工具 ◯ ，在工具选项栏中设置绘图模式为"形状"，设置"填充"为 ◢ ，在"描边"选项中将"描边类型"设置为实线，设置描边宽度值为0.64点，半径值为10像素（半径数值越大，圆角越大），如图6-44所示。

图6-44

STEP 3　按住"Shift"键同时拖动鼠标，绘制一个圆角矩形，如图6-45所示。

图6-45

STEP 4　按"Ctrl+J"组合键复制4个圆角矩形，然后对圆角矩形和文字进行对齐操作，完成效果如图6-46所示。

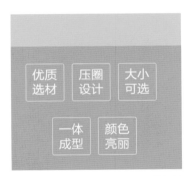

图6-46

在平面设计中经常看到一种同时包含直角和圆角的图形或圆角弧度不相等的图形，如图6-47所示图片中文字"周年特供商品"的底图，这种图形是如何绘制的呢？使用圆角矩形工具，在工具选项栏设置好"填充"后直接在画面中单击，弹出"创建圆角矩形"对话框，在"半径"选项中可以设置矩形的四角是直角或圆角，当数值等于0时为直角；当数值大于0时为圆角，数值越大圆角半径越大。

例图设置参数如图6-48所示，设置完成后单击"确定"按钮即可进行绘制，得到效果如图6-47所示的图形。创建的圆角弧度如果不合适，也可以在"属性"面板中修改，如图6-49所示。

图6-47

图6-48

图6-49

6.3.3 椭圆工具

使用椭圆工具 〇. 可以绘制圆或椭圆，图6-50中所示的圆形元素就是使用椭圆工具绘制的。椭圆工具的使用方法及选项都与矩形工具相同。具体使用方法这里就不赘述了。

图6-50

> 使用矩形、圆角矩形或椭圆工具时，按住"Shift"键并拖动鼠标可以创建正方形、圆角正方形或圆形；按住"Alt"键并拖动鼠标，会以单击点为中心创建图形；按住"Alt+Shift"组合键并拖动鼠标，会以单击点为中心向外创建正方形、圆角正方形或圆形。

6.3.4 实战：使用多边形工具制作商品Logo

扫码看视频

多边形工具 〇. 用来绘制多边形（最少为3条边），例如三角形、星形等。多边形在平面设计中的应用也非常广，例如标志设计、UI设计等。下面就以为茶叶店铺设计Logo为例，介绍多边形工具的使用方法。本实例效果如图6-51所示。

图6-51

STEP 1 新建一个5厘米×5厘米，分辨率为300像素/英寸，名为"一品茗茶Logo"的文件。首先绘制Logo底图，这是一个圆角六边形。单击工具箱中的多边形工具 ⬡，在工具选项栏中设置绘图模式为"形状"，设置"填充"为绿色（色值为"C58 M22 Y100 K0"），将"描边"设置为 ⚊，边数设置为6（边数设置为3，可创建三角形；边数设置为5，可创建五边形），圆角半径为70像素，如图6-52所示。在画布中按住"Shift"键，拖动鼠标左键，释放鼠标后即可绘制一个圆角六边形（拖动时可以调整多边形的角度），如图6-53所示。

图6-53

图6-52

STEP 2 按"Ctrl+T"组合键对六边形进行变换，此时图片上出现变换框，在变换的工具选项栏中输入旋转角度的数值90度，如图6-54所示，按"Enter"键完成变换操作，此时六边形旋转了90°，效果如图6-55所示。

图6-54

图6-55

STEP 3 按"Ctrl+J"组合键复制刚刚绘制的多边形，命名为"多边形1 白"，如图6-56所示。选中该图层，在多边形工具的工具选项栏中，将"填充"设置为白色，按"Enter"键确认，效果如图6-57所示。按"Ctrl+T"组合键并调整该形状，如图6-58所示，然后按"Alt"键由外向中心缩小图形，缩小后按"Enter"键确认，效果如图6-59所示。

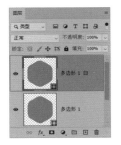

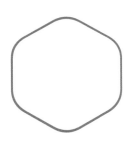

图6-56　　　　　　　　图6-57　　　　　　　　图6-58　　　　　　　　图6-59

STEP 4 在白色形状内添加文字和直线，完成茶叶Logo的制作，效果如图6-60所示；将制作好的Logo应用到企业名片中，效果如图6-61所示。

图6-60

图6-61

本例中Logo的主色为绿色，绿色给人印象是生机勃勃、健康，而使用绿色作为Logo的主色，寓意企业欣欣尚荣。Logo中的字体使用一种锐线简体，这款字体笔画纤细，字体清晰、简约，整体效果非常出色，用来设计茶叶品牌Logo，给人清爽、高雅的视觉感受。

在工具选项栏中单击 ✿ 按钮，在弹出的下拉面板中可以设置路径选项以及星形比例，如图6-62所示。

图6-62

粗细 在该选项中输入数值，可以设置路径的粗细。

颜色 在该选项的下拉列表中选择颜色，可以更改路径的颜色。

星形比例 该选项用于绘制星形。可以设置星形边缘向中心缩进的数量，数值越高，缩进量越大，如图6-63和图6-64所示。选中"平滑星形缩进"选项，可以使星形的边缘平滑地向中心缩进，如图6-65所示。

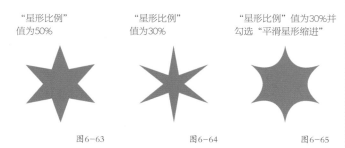

"星形比例"值为50%

"星形比例"值为30%

"星形比例"值为30%并勾选"平滑星形缩进"

图6-63　　　　图6-64　　　　图6-65

 提示 使用多边形工具绘制星形后，如果不想继续绘制星形而要绘制多边形，则需要在工具选项栏中将"星形比例"设置为100%，再进行绘制。

6.3.5 实战：使用直线工具制作指示牌

使用直线工具 ╱ 不仅可以绘制直线，还可以绘制带有箭头的线段。直线的画法比较简单，这里就不赘述。下面以制作一个"汽车维修指示牌"为例，介绍如何使用直线工具绘制箭头。实例效果如图6-66所示。

扫码看视频

图6-66

STEP 1 打开素材文件"汽车维修指示牌"，如图6-67所示。可以看到画面中缺少方向性指示，下面使用直线工具在画面中绘制向右指示的箭头。

STEP 2 在工具箱中单击直线工具，在工具选项栏中设置"填充"和"描边"均为红色（色值为"C20 M100 Y100 K0"），描边宽度为25像素（数值越大，线段越宽），描边类型为实线，如图6-68所示。

图6-67

图6-68

STEP 3 单击 ✿ 按钮，在其下拉列表框中包含箭头选项，该选项可以控制绘制的线段是否加箭头，本例选中"终点"，然后设置箭头的大小，设置"宽度"值为25像素，"高度"值为25像素，如图6-69所示。设置完成后，在画面左侧按住鼠标左键向右，拖动鼠标绘制带有箭头的线段，效果如图6-70所示。

图6-69

图6-70

起点/终点 选中"起点"后，绘制的线段起点部分为箭头；选中"终点"后，绘制的线段终点部分为箭头；同时选中"起点"和"终点"，绘制的线段两端都为箭头，具体如图6-71所示。

选中"起点"　　　选中"终点"　　　选中"起点"和"终点"

图6-71

凹度 用来设置箭头的凹陷程度，范围为−50%~50%。当数值为0%时，箭头尾部齐平，如图6-72所示；当数值大于0%时，向内凹陷，如图6-73所示；当数值小于0%时向外突出，如图6-74所示。

"凹度"值为0% "凹度"值为50% "凹度"值为−50%

图6-72 图6-73 图6-74

6.3.6 实战：绘制视频图标

在UI设计中经常需要制作各种图标。下面我们综合使用圆角矩形工具、椭圆工具和三角形工具绘制一个视频图标，如图6-75所示，具体操作步骤如下。

扫码看视频

图6-75

STEP 1 单击菜单栏"文件">"新建"命令，弹出"新建文档"对话框，设置"宽度"为500像素，"高度"为500像素，"分辨率"为72像素/英寸，"颜色模式"为RGB颜色模式，名为"视频图标"的文件。

STEP 2 绘制圆角矩形。单击工具箱中的圆角矩形工具，在工具选项栏中设置绘图模式为"形状"，设置"填充"为由深蓝到浅蓝的渐变，色值分别为"R40 G89 B252"和"R70 G219 B236"，"描边"设置为 ，"半径"值为20像素，如图6-76所示。按住"Shift"键同时拖动鼠标可以绘制一个圆角矩形，如图6-77所示。

图6-76

图6-77

STEP 3 绘制圆形。新建一个图层，命名为"圆形"。单击椭圆工具，在工具选项栏中设置绘图模式为"形状"，设置"填充"为白色，设置"描边"为 ，如图6-78所示。按住"Shift"键同时拖动鼠标绘制一个圆形，如图6-79所示。

图6-78

图6-79

使用形状工具时需要注意的问题。当绘制一个形状后，需要再绘制一个不同属性的形状时，如果直接在工具选项栏中设置参数，就会把刚刚绘制的形状属性更改了。在更改属性前，先在"图层"面板中的空白位置单击，取消对任何图层的选择，或者在创建形状前先新建一个图层，然后在工具选项栏中更改设置，就不会影响已有形状的属性了。

STEP 4 绘制圆角三角形。新建一个图层，命名为"圆角三角形"。然后单击工具箱中的三角形工具 △ ，在工具选项栏中设置绘图模式为"形状"，设置"填充"为蓝色（色值为"R53 G143 B245"），设置"描边"为 ，圆角半径为8像素，如图6-80所示。按住"Shift"键同时拖动鼠标，绘制一个三角形，如图6-81所示。

图6-80

图6-81

STEP 5 按"Ctrl+T"组合键对三角形进行变换，此时图片上出现变换框，如图6-82所示，在变换的工具选项栏中设置旋转角度为90度，如图6-83所示，按"Enter"键完成变换操作，此时六边形旋转了90度，效果如图6-84所示。

图6-82

图6-83

图6-84

STEP 6 单击工具箱中的路径选择工具 ，移动三角形到合适位置，完成视频图标制作，效果如图6-85所示。将该图标应用到"任务个人中心UI界面"中，效果如图6-86所示。

图6-85

使用形状工具时如何在一个形状图层里绘制多个形状？绘制一个形状后，按住"Shift"键并使用形状工具进行绘制，即可在一个形状图层里绘制多个形状。当一个形状图层中包含多个滤镜组成的对象时，可以单独选中其中的形状进行编辑，还可以对其中的形状进行运算操作。

图6-86

6.3.7 自定形状工具

使用自定形状工具 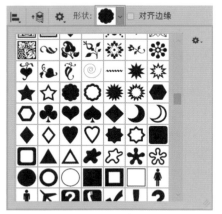，可以绘制预设的形状，也可以绘制自定的形状或外部载入的形状。

选择该工具后，单击工具选项栏中"形状"选项后面的 ⌄ 按钮，在下拉面板中选择一种形状，如图6-87所示，然后在画面中单击并拖动鼠标即可创建该图形，拖动时按住"Shift"键，可以绘制，如图6-88所示。可以结合其他图形和文字制作节日促销标签，如图6-89所示。

图6-87

图6-88

图6-89

在Photoshop中有很多预设的形状。单击菜单栏"窗口">"形状"命令，打开"形状"面板。单击面板菜单按钮，在弹出的快捷菜单中单击"旧版本及其他"命令，即可将旧版形状导入"形状"面板中，如图6-90所示。

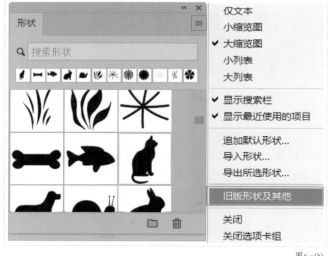

图6-90

定义自定形状　在"路径"面板中选择路径，可以是形状图层的矢量蒙版，也可以是工作路径或存储的路径。单击菜单栏"编辑">"定义自定形状"命令，然后在"形状名称"对话框中输入自定形状的名称。新形状显示在工具选项栏的"形状"下拉面板中。具体操作方法见6.3.8小节。

导入形状　如果有外挂形状，可以通过"导入形状"命令进行载入，单击"形状"面板菜单按钮，在弹出的快捷菜单中单击"导入形状"命令，在弹出的"载入"对话框中单击形状文件（格式为.csh），然后单击"载入"按钮即可将形状载入"形状"面板中。

如果要将不需要的形状或形状组删除，可以单击形状工具选项栏中的"形状"选项后面的 按钮，在下拉面板中选择要删除的形状或形状组，单击下拉面板右上角的 按钮，在弹出的快捷菜单中单击"删除形状"命令，如图6-91所示。

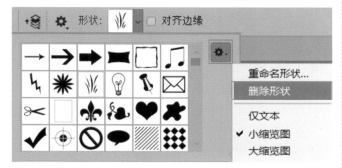

图6-91

6.3.8　实战：使用自定形状制作镂空花纹

要设计一个请柬封面，客户要求封面制作成镂空花纹，使请柬显得更高档、正式。绘制镂空花纹的具体操作如下。本例学习重点是，如何将自己绘制的形状保存为自定形状，使以后需要用到该形状时，可以随时使用，不必重新绘制。实例效果如图6-92所示。绘制镂空花纹的具体操作如下。

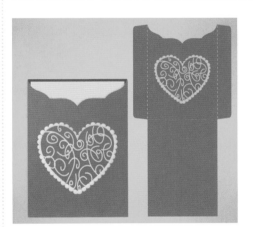

扫码看视频

图6-92

STEP 1　打开素材文件"花纹"（如图6-93所示），想要将它定义为形状，先要将花纹的路径选中，使用路径选择工具在花纹上单击将它选中，如图6-94所示。

图6-93

图6-94

STEP 2　单击菜单栏"编辑">"定义自定形状"命令，打开"形状名称"对话框，输入名称"花纹"，如图6-95所示，单击"确定"按钮保存。

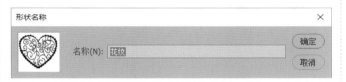

图6-95

STEP 3　打开素材文件"自定形状制作镂空花纹原图"，如图6-96所示。

图6-96

STEP 4 单击自定形状工具
，在工具选项栏中将绘
图模式设置为"路径"，单
击"形状"后面的 按钮，
在打开的下拉面板中选中刚
刚定义的形状，如图6-97
所示。按住"Shift"键并
拖动鼠标，在画面中绘制形
状，如图6-98所示。

图6-97

STEP 5 单击"路径"面板下方的"将路径作为选区载入"
按钮 ，将路径转为选区，如图6-99所示。选中"图层
1"，按"Delete"键将选区中的图像删除，完成镂空花纹
制作，效果如图6-100所示。

图6-98

图6-99　　　　　　　　图6-100

6.4 使用钢笔工具绘图

钢笔工具是Photoshop中最强大的绘图工具之一，在设计中应用非常广泛，结合不同的绘图模式使用时，用途也不
同。钢笔工具+路径绘图模式，能绘制出精确的路径，将路径转换为选区后可以进行抠图，也可以为选区进行填充或描边。
钢笔工具+形状绘图模式，可以绘制UI图标、插画等，此种绘图方法可以对绘制的图形进行重新编辑。

Photoshop提供多种钢笔工具，包括钢笔工具 、自由钢笔工具 、弯度钢笔工具 、添加锚点工具 、删除锚
点工具 等。下面来看一下实际工作中如何使用它们。

6.4.1 钢笔工具

钢笔工具 是标准的钢笔绘图工具，使用该工具可以绘制任意形状的高精准度图形，在作为选取工具使用时，钢笔工
具绘制的轮廓光滑、准确，将路径转换为选区可以自由精确地选取对象。

绘制直线　单击工具箱中的钢笔工具 ，在其工具选项栏中将绘图模式设置为"路径"。在画布上单击建立第一个锚点，然后间隔一段距离单击，在画布上建立第二个锚点，形成一条直线路径，如图6-101所示；在其他区域单击可以继续绘制直线路径，如图6-102所示。

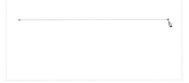

图6-101

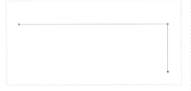

图6-102

绘制曲线　使用钢笔工具 ，在画布上单击创建一个锚点，同时间隔一段距离单击，在画布上建立第二个锚点，按住鼠标左键拖动延长方向线；按住"Ctrl"键拖动方向线"A"或"B"端点，此时鼠标指针变成实心箭头形状，拖动端点调整弧度，如图6-103所示。

图6-103

按住"Alt"键单击"C"端点，则上方延长线消失，如图6-104所示，同时间隔一段距离单击画布建立端点可继续绘制直线或曲线，如图6-105所示。

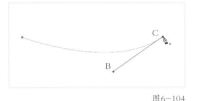

图6-104

图6-105

> 提示　如果要结束一段开放式路径的绘制，可以按住"Ctrl"键在空白处单击或直接按"Esc"键结束路径的绘制；如果要创建闭合路径，可以将鼠标指针放在路径的起点，当鼠标指针变为 形状时，单击即可闭合路径；如果要绘制水平、垂直或在水平或垂直的基础上以45°为增量角的直线，按住"Shift"键绘制。

6.4.2 添加锚点与删除锚点工具

在使用钢笔工具绘图时，如果绘制的路径和图像边缘不能吻合，如图6-106所示，就需要结合添加锚点工具 和删除描点工具 调整路径。

图6-106

❶路径明显偏移图像边缘，需要添加锚点调整路径。

❷锚点过多，造成不必要的凸起，需要删除多余锚点。

添加锚点工具 　使用该工具在红圈处路径段的中间位置单击添加一个锚点，然后向构成曲线形状的方向拖动方向线。方向线的长度和斜度决定了曲线的形状，如图6-107和图6-108所示。

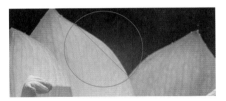

图6-107

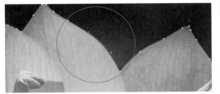

图6-108

删除锚点工具  使用尽可能少的锚点，可更容易编辑曲线，并且系统可更快速地显示。使用该工具在曲线锚点处单击即可删除锚点，如图6-109所示（单击圆圈处）。删除锚点后，拖动两端端点可以调整曲线弧度，调整后效果如图6-110所示。

图6-109　　　　　　　　　　图6-110

6.4.3　转换点工具

锚点包括平滑锚点和角点锚点两种。使用转换点工具 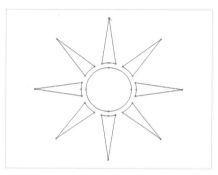可以将平滑锚点和角点锚点进行转换。

使用自定形状工具 ，在其工预设下拉面板中选择一种形状并进行绘制，选择转换点工具 ，将鼠标指针放在锚点上方，如图6-111所示。如果当前锚点为角点锚点，单击并拖动鼠标可将其转换为平滑锚点，如图6-112所示；在平滑锚点状态下，单击鼠标，可将其转换为角点锚点，如图6-113所示。将该图形的各个角点锚点转换为平滑锚点，绘制图形效果如图6-114所示。

图6-111　　　　　　　　　　图6-112

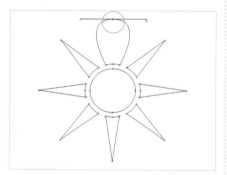

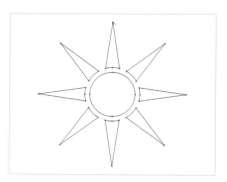

图6-113　　　　　　　　　　图6-114

方向线和方向点的用途 在曲线路径段上，每个锚点都包含一条或两条方向线，方向线的端点是方向点，如图6-115所示，拖动方向点可以调整方向线的长度和方向，从而改变曲线形状。

图6-115

移动平滑锚点上的方向线，会同时调整方向线两侧的曲线路径段，如图6-116所示。

移动角点锚点上的方向线时，则只调整与方向线同侧的曲线路径段，如图6-117所示。

移动平滑锚点上的方向线

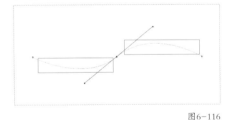

图6-116

移动角点锚点上的方向线

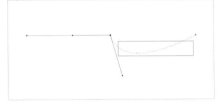

图6-117

6.4.4　直接选择工具与路径选择工具

创建路径后，还可以进行修改。使用直接选择工具 可以选择和移动锚点并且可以调整路径的弧度，使用"路径选择工具" 可以选择和移动路径。

选择锚点、路径段　要选择锚点或路径段，可以使用直接选择工具 。使用该工具单击一个锚点，即可选中这个锚点，选中的锚点显示为实心方块，未选中的锚点显示为空心方块，如图6-118所示；单击一个路径段时，可以选中该路径段，如图6-119所示。

选择锚点

图6-118

选择路径段

图6-119

移动锚点、路径段　使用直接选择工具 可以移动锚点和路径段。选中锚点，将锚点拖动到新位置，即可移动锚点，如图6-120所示；锚点和路径也可以同时选中并进行移动操作，用以改变路径形状。选中需要移动的路径段两端的锚点，拖动到新位置，即可移动路径段，如图6-121所示。

移动锚点

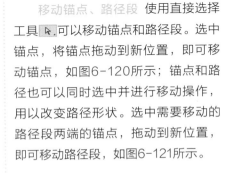

图6-120

移动路径段

图6-121

修改路径弧度 使用直接选择工具 ![箭头], 在曲线的锚点处单击, 调出手柄来, 拖动手柄的上方向线端点或下方方向线端点, 即可进行弧度调节, 如图6-122和图6-123所示。

调出手柄

弧度调节

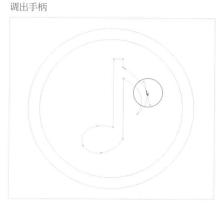

图6-122

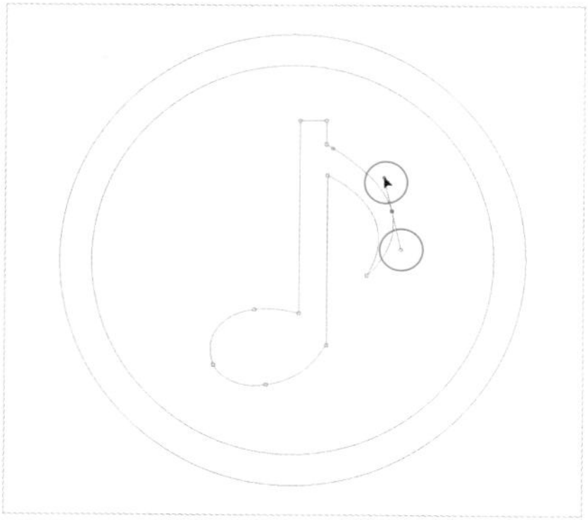

图6-123

选择路径 使用路径选择工具 ![箭头]. 单击画面中的一个路径即可将该路径选中。使用该工具单击画面中大的圆形路径, 如图6-124所示; 使用路径选择工具 ![箭头]. 的同时, 按住"Shift"键逐个单击, 可以选中多个路径, 图6-125所示为同时选中画面中的两个圆形路径。

选择单个路径

选择多个路径

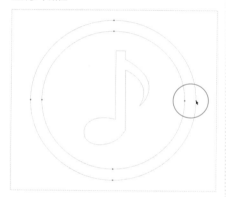

图6-124

图6-125

移动路径 使用路径选择工具 ![箭头] 选中需要移动的路径后, 将鼠标指针放到所选路径的上方拖动即可对路径进行移动。

6.4.5 路径的运算

在前面选区的学习中读者已经知道, 使用选择工具选取图像时, 通常需要对选区进行相加、相减等运算使其符合要求; 而使用钢笔工具或形状工具时, 也需要对图形进行相应的运算, 才能得到想要的轮廓。

单击钢笔工具或形状工具的工具选项栏中的"路径操作"按钮 ![图标], 可以在打开的下拉列表框中选择路径运算方式, 如图6-126所示。

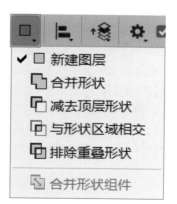

图6-126

新建图层 单击该按钮可以创建新的路径图层。

合并形状 单击该按钮，新绘制的图形会与原有图形合并。

减去顶层形状 单击该按钮，可以在原有图形中减去新绘制的图形。

与形状区域相交 单击该按钮，画面中只保留原有图形与新建图形相交的区域。

排除重叠形状 单击该按钮，画面中将原有图形与新建图形重叠的区域排除。

合并形状组件 单击该按钮，可以合并重叠的路径组件。

6.4.6 实战：用钢笔工具抠图

钢笔工具特别适合抠取边缘光滑且具有不规则形状的对象，使用它可以非常准确地勾画出对象的轮廓，将轮廓路径转换为选区后便可选中对象。下面使用钢笔工具抠取图中的棒棒糖和杯子，然后用于海报设计，如图6-127所示。

扫码看视频

图6-127

STEP 1 打开素材文件，单击钢笔工具 ，在工具选项栏中设置绘图模式为"路径"，选中"自动添加/删除"选项，如图6-128所示。

图6-128

STEP 2 在左面杯口处单击可以绘制第1个锚点（❶），在杯子把手转折处单击可以添加第2个锚点，按住鼠标左键拖动来延长方向线，在拖动的过程中可以调整方向线的长度和方向，使曲线段与杯子边沿吻合（❷），如图6-129所示。按住"Alt"键并单击端点，将下方延长线取消；在杯子把手底端单击可以添加第3个锚点（❸），如图6-130所示。

图6-129

图6-130

STEP 3 将鼠标指针放在第2、第3个锚点之间，此时鼠标指针变成添加锚点的形状，单击添加第4个锚点（❹），如图6-131所示。按住“Ctrl”键并拖动第4个锚点，调整上下方向线的长度和角度，使曲线段的弧度与杯子把手的弧度吻合，如图6-132所示。

图6-131

图6-132

STEP 4 在杯子左边底部单击添加第5个锚点，按住鼠标左键并拖动，延长方向线（❺），如图6-133所示。按住“Alt”键，使右方延长线消失，在杯子右边底部添加第6个锚点并拖出延长方向线，调整杯底弧度（❻），如图6-134所示。

图6-133

图6-134

STEP 5 按住“Alt”键，使第6个锚点的右方延长线消失，在杯口右边添加第7个锚点并拖出延长方向线，调整杯面弧度（❼），如图6-135所示。继续添加锚点绘制路径，最后在路径的起点上单击将路径封闭，如图6-136所示。

图6-135

图6-136

STEP 6 下面进行路径运算。在钢笔工具的工具选项栏中选择路径运算方式为“排除重叠形状”，然后使用钢笔工具绘制轮廓对象中的空隙的路径，如图6-137所示。

图6-137

提示 在使用钢笔工具时，按住“Alt”键，可以切换为转换锚点工具，此时在平滑点上单击，可以将其转换为角点，在角点上单击并拖动，可以将它转换为平滑点；放开“Alt”键后，按住“Ctrl”键，可以切换为直接选择工具，此时拖动锚点，可以移动锚点位置，从而改变路径形状。

STEP 7 单击工具选项栏中的 [选区...] 或按 "Ctrl+Enter" 组合键，将路径转换为选区，如图6-138所示。按 "Ctrl+J" 组合键将选区中的图像复制到一个新图层中，完成抠图操作。图6-139所示为隐藏背景图层的抠图完成后的图像效果。

图6-138　　　　　　　　　　　　　　　　　　　　　图6-139

6.4.7　弯度钢笔工具

弯度钢笔工具 和钢笔工具 一样，都可以绘制任意形状的图形，但弯度钢笔工具的使用更加快捷。使用该工具，无须切换工具就能创建点、转换点，编辑、添加或删除锚点。

绘制路径　单击工具箱中的弯度钢笔工具，在其工具选项栏中将绘图模式设置为 "路径"。在画布上单击以建立第1个锚点，然后间隔一段距离单击，建立第2个锚点，形成一条直线路径，如图6-140所示；直接在其他区域单击创建锚点，这三个点会形成一条链接的曲线，如图6-141所示；如果接下来要绘制直线，则需要先双击第2个锚点，然后在其他区域单击，即可创建一段直线路径，如图6-142所示。

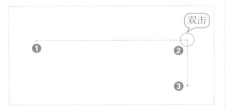

图6-140　　　　　　　　　　　图6-141　　　　　　　　　　　图6-142

编辑路径　使用弯度钢笔工具 在任意一个锚点上双击，可在平滑锚点和角点锚点之间进行转换；选中锚点后拖动鼠标指针可以随意拖动锚点，方便调整图形的形状；使用该工具在路径上单击可以添加锚点；选中锚点后按 "Delete" 键，可以删除该锚点。

例如在抠取图像时，初学者弯度钢笔工具用得不是很熟练，可以在画面一些大的转折处单击以创建锚点，如图6-143所示，然后对路径进行编辑。将需要处理为直线路径的地方，双击平滑锚点转换为角点锚点，如图6-144所示，在弧度较大的地方单击添加锚点并拖动锚点调整曲线的弧度和大小，使绘制的路径与要抠取的图像的边缘完全贴合，效果如图6-145所示。如果操作比较熟练的话，可以直接使用绘制路径。

图6-143

图6-144

图6-145

6.5 编辑路径

对路径的大部分操作都是在"路径"面板中进行的，如新建路径、填充路径、路径和选区相互转换等；此外，使用路径还可以进行对齐与分布、变换、自定形状和改变堆叠顺序等操作。

6.5.1 用"路径"面板编辑路径

"路径"面板用于存储和管理路径。在"路径"面板中可以显示当前文件中包含的路径和矢量蒙版，可以执行路径编辑操作。单击菜单栏"窗口">"路径"命令，打开"路径"面板，如图6-146所示。

图6-146

存储的路径　表示创建的路径或是存储的路径，这些路径都会保存在文件中。

工作路径　直接绘制的路径是"工作路径"，它属于一种临时路径，是在没有创建新路径的情况下绘制的，一旦重新绘制了其他的路径，原有路径将被当前路径所代替。如果在以后的操作中还需要用到该路径，可以将这段路径存储起来。

形状图层路径　在画面中创建形状后，"图层"面板中会自动创建一个形状图层，只有当形状图层处于选中状态时，"路径"面板中才会显示该形状的路径。

创建新路径　使用形状工具或钢笔工具绘制路径前，先单击"路径"面板中的"创建新路径"按钮 ，可以创建一个新的路径，该路径会保存到文件中。

存储路径　双击工作路径缩览图，在弹出的"存储路径"对话框中输入路径名称，然后单击"确定"按钮，完成存储操作，如图6-147所示。

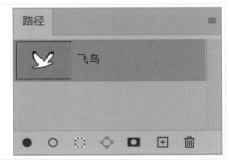

图6-147

将路径作为选区载入  单击该按钮，可以将路径转为选区，如图6-148所示。

从选区生成工作路径 单击该按钮，可以将选区转为路径，如图6-149所示。

图6-148

图6-149

显示与隐藏路径　单击"路径"面板中的路径，即可选中该路径，在文件窗口中会显示该路径，如图6-150所示；在"路径"面板中的空白处单击，可以取消选中路径，从而隐藏文件窗口中的路径，如图6-151所示。

显示路径

图6-150

隐藏路径

图6-151

添加矢量蒙版 使用路径抠取图像时，除了可以将路径转为选区进行抠图外，还可以通过创建矢量蒙版显示抠取的部分，隐藏其余部分。在图像上创建路径，如图6-152所示，单击菜单栏"图层" > "矢量蒙版" > "当前路径"命令，或按"Ctrl"键并单击"添加图层蒙版"按钮 ，即可以基于当前路径创建矢量蒙版，如图6-153所示，在画面中可以看到路径中的内容可以显示，而背景被隐藏，如图6-154所示。

图6-152

图6-153

图6-154

复制路径 在"路径"面板中将路径拖曳到"创建新路径"按钮 上即可复制该路径；或者使用路径选择工具选择画面中的路径，可以通过复制、粘贴命令复制路径；还可以将路径粘贴到另一个文件中。

删除当前路径 单击该按钮可以删除当前选中的路径。

6.5.2 路径的其他编辑

对齐与分布 使用路径选择工具 选中多个子路径，单击工具选项栏中的"路径对齐方式"按钮 ，在打开的下拉列表框中选中一个对齐与分布选项，即可对所选路径或形状进行对齐与分布操作，如图6-155所示。

图6-155

路径变换操作 在"路径"面板中选择路径，单击菜单栏"编辑">"变换路径"命令，可以显示路径变换框，拖曳控制点可对路径进行缩放、旋转和扭曲等操作。路径变换和图层变换的原理一样，直接缩放则可以按比例缩放，按住"Shift"键则可以实现不等比例缩放。

路径堆叠顺序 选中一个路径后，单击工具选项栏中的按钮，打开下拉列表，选择其中一个选项，可以调整路径的堆叠顺序，如图6-156所示。

图6-156

6.5.3 实战：将模糊的位图变成矢量清晰的大图

如果想把一个复杂图形转为形状，但又不想用路径工具抠图怎么办？此时可以先将图形创建为选区，然后转为路径，就能随意编辑。在本例中我们通过将一组清晰度较低的包含文字的图片转为形状，使文字可以应用在尺寸较大的海报中且文字清晰。本例操作主要学习如何对路径形状进行修改。实例效果如图6-157所示。

扫码看视频

模糊的位图

清晰的矢量大图

图6-157

STEP 1 打开素材文件"棒棒糖"，将文字创建为选区。该图背景为白色，且文字边缘较为清晰，可以使用魔棒工具选取背景。在工具选项栏中取消选中"连续"选项，将鼠标指针移到画面背景上单击，可以选中所有背景，如图6-158所示。

图6-158

STEP 2 按"Ctrl+Shift+I"组合键反选选区，选中文字，如图6-159所示。

图6-159

STEP 3 将选区转为路径。单击"路径"面板中的"从选区生成工作路径"按钮 ◇，如图6-160所示，将选区转换为路径，如图6-161所示。

图6-160

图6-161

STEP 4 调整路径，使路径与文字边缘贴合。通过选区直接转换所生成的路径通常不够平滑，需要放大画面，对细节进行调整。使用直接选择工具 ▷ 在路径上单击，显示路径上的锚点，单击锚点，拖动锚点两端的延长线，即可调整路径形状，如图6-162所示。路径调整过程中，为了使路径更平滑，还可以使用添加锚点工具和删除锚点工具进行调整，调整后效果如图6-163所示。

图6-162

图6-163

STEP 5 将路径转换为形状，更换文字颜色。使用钢笔工具，单击工具选项栏中的 形状 按钮，此时路径会自动被前景色填充并生成一个形状图层"形状1"，将背景图层隐藏（如图6-164所示），效果如图6-165所示。

图6-164

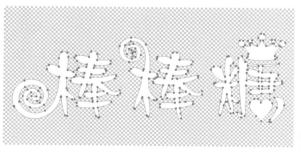

图6-165

STEP 6 选中"形状1"图层，按两次"Ctrl+J"组合键，复制两个副本图层，如图6-166所示。将这3个图层分别重命名为"棒1""棒2""糖"，如图6-167所示（该操作的目的是为形状进行颜色填充）。

图6-166　　　　　　　　　图6-167

STEP 7 在"图层"面板中只显示"背景"图层，隐藏其他图层。双击"棒1"图层的缩览图（❶），即可打开"拾色器"对话框，设置该形状图形的颜色（❷），将鼠标指针移至画面绿色处，此时鼠标指针呈 ✎ 形状（❸），单击拾取该颜色，单击"确定"按钮（❹），"棒1"图层中的形状更改为绿色（❺），如图6-168所示。

图6-168

STEP 8 按相同方法将"棒2"图层中的形状更改为橘黄色，将"糖"图层中的形状更改为蓝色，如图6-169所示。

STEP 9 在"图层"面板中显示"棒1"图层，将其他图层隐藏，如图6-170所示。使用路径选择工具 ▶，将后面的两个字选中（如图6-171所示），按"Delete"键将其删除，如图6-172所示。

图6-171

图6-169　　　　　　　　　图6-170

图6-172

STEP 10 在"图层"面板中显示"棒2"图层,将其他图层隐藏,效果如图6-173所示。使用路径选择工具 ▶,将两边的文字选中,按"Delete"键将其删除,效果如图6-174所示。

图6-173

图6-174

STEP 11 在"图层"面板中显示"糖"图层,将其他图层隐藏,如图6-175所示。使用路径选择工具,选中前面的两个文字,按"Delete"键将其删除,效果如图6-176所示。将另外两个形状图层显示,完成矢量清晰大图的制作,效果如图6-177所示。

图6-175

图6-176

图6-177

STEP 12 将转换为形状的文字应用到海报设计中,效果如图6-178所示。

图6-178

6.5.4 实战：用描边路径为插画描绘图案

使用"描边路径"命令，相当于使用画笔工具在已有的路径上绘制图案。该命令的使用需要结合画笔工具和钢笔工具共同完成。下面使用该命令为一幅插画中的帽子绘制雪花图案，如图6-179所示。

扫码看视频

图6-179

STEP 1 打开素材文件，我们需要在这个帽檐的黄色块处添加图案。使用钢笔工具在帽子黄色块的中间区域绘制一条弧形的路径，如图6-180所示。

图6-180

STEP 2 绘制路径后对画笔进行设置。打开素材文件夹中的"雪花"素材，如图6-181所示，单击菜单栏"编辑">"定义画笔预设"命令，将雪花定义为画笔，如图6-182所示。

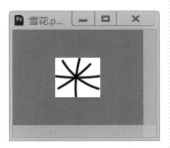

图6-181

图6-182

STEP 3 选中画笔工具，单击工具选项栏中的 ☑ 按钮，在弹出的"画笔设置"对话框中找到刚刚定义的画笔笔尖，接着设置大小和间距，如图6-183所示。

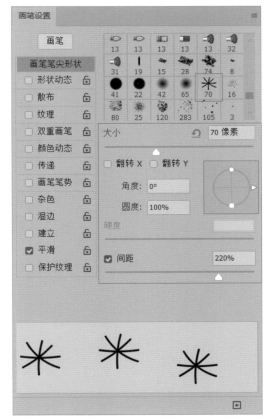

图6-183

167

STEP 4 新建一个图层，命名为"雪花"，如图6-184所示。将前景色设置为蓝色，色值为"R101 G167 B199"，如图6-185所示。按住"Alt"键并单击"路径"面板底部的"用画笔描边路径"按钮，如图6-186所示。

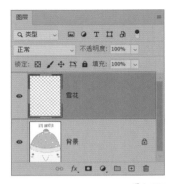

图6-184 图6-185 图6-186

STEP 5 可以看到在画面上沿路径绘制的雪花图案，如图6-187所示，在"路径"面板的空白处单击可以隐藏路径，如图6-188所示，效果如图6-189所示。

图6-187 图6-188 图6-189

第 **7** 章

文字的
创建与编辑

本章将介绍一些最基本的文字编辑知识，如输入文字、编辑文字、文字的排版、变形文字的操作及应用等。

通过学习本章内容，读者可以制作需要的文字应用到各种版面设计中，例如海报设计、名片设计、书籍设计等，还可以结合前面所学的矢量绘图工具使用方法，制作Logo以及各种艺术字。

7.1 文字工具及其应用

文字不仅可以传递信息，还能起到美化版面、强化主题的作用，它是版面设计的重要组成部分，是各类设计作品中的常见元素。Photoshop有非常强大的文字创建和编辑功能，使用这些功能可以完成各类设计作品中对文字的编排要求。

7.1.1 文字工具组和文字工具选项栏

Photoshop工具箱中的文字工具组包含4种文字工具：横排文字工具 **T** 、直排文字工具 **IT** 、横排文字蒙版工具 和直排文字蒙版工具 ，如图7-1所示。

图7-1

横排文字工具和直排文字工具主要用来创建实体文字。用横排文字工具输入的文字是横向排列的，是实际工作中使用最多的文字工具；用直排文字工具输入的文字是纵向排列的，常用于古典文学或诗词的编排。这两个文字工具是这一章中要详细介绍的对象。

横排文字蒙版工具和直排文字蒙版工具主要用来快速创建文字形状的选区，实际工作中使用较少，这里不做详细介绍。图7-2所示为使用不同文字工具输入文字的效果。

图7-2

不同字体、不同大小以及不同颜色的文字传递给人的信息不同，因此为了达到设计要求，在把文字输入版面之前，要对输入的文字进行属性方面的合理设置。使用文字工具的工具选项栏可以完成这些属性的设置。由于各种文字工具的工具选项栏的选项基本相同，这里就以横排文字工具的工具选项栏为例进行介绍。单击横排文字工具，其工具选项栏如图7-3所示。

图7-3

设置字体 在该选项的下拉列表中选择需要的字体，图7-4、图7-5所示为使用不同字体创建的文字。

设置字体样式 字体样式是单个字体的变体，如Regular（常规）、Bold（粗体）、Italic（斜体）和Bold Italic（粗体斜体）等，该选项只对部分字体有效。

设置字体大小 用于设置文字的大小。在该选项的下拉列表中可以选择需要的字号，也可以直接输入数值。图7-6、图7-7所示为使用不同文字大小创建的文字。

图7-4

图7-5

图7-6

图7-7

设置字体颜色 单击颜色块可以打开"拾色器"，设置文字的颜色。图7-8、图7-9所示为不同文字颜色的对比效果。

切换文本取向 单击该按钮可使文本在横排文字和直排文字之间进行切换。图7-10、图7-11所示为将直排文字切换为横排文字的效果。

图7-8

图7-9

图7-10

图7-11

文本对齐方式 根据文字输入时鼠标指针单击处的对齐方式来设置文本的对齐方式，包括左对齐文本、居中对齐文本和右对齐文本。例如，在图7-12所示的版面中，中间那段文字选择"居中对齐文本"排版更合适一些。

图7-12

创建文字变形 单击该按钮，可以打开"变形文字"对话框，在对话框中设置变形文字（具体使用方法见7.2.1小节内容）。

切换字符和段落面板 单击该按钮，可以打开或隐藏"字符"和"段落"面板（"字符"面板的具体使用方法见7.1.3小节，"段落"面板的具体使用方法见7.1.6小节）。

消除锯齿 在该选项中选中"无"，表示不进行消除锯齿处理；选中"锐利"表示文字以最锐利的方式显示；选中"犀利"表示文字以稍微锐利的效果显示；选中"浑厚"表示文字以厚重的效果显示；选中"平滑"表示文字以平滑的效果显示。

从文本创建3D 单击该按钮，打开3D模型功能，从文本图层创建3D文本。

7.1.2 实战：为舞蹈宣传海报添加修饰文字

扫码看视频

宣传海报的制作离不开点文本的创建，合理安排文本的位置大小能使海报的宣传主题更加鲜明。

点文本输入特点：输入的文字会始终沿横向（行）或纵向（列）进行排列，如果输入文字过多就会超出画面显示区域，这时需要手动按"Enter"键才能换行（列）。点文本常用于较短文字的输入，例如标题文字、海报上少量的宣传文字、艺术字等。

下面我们以舞蹈宣传海报中创建文字为实战学习项目，介绍文本的创建以及简单的文本编辑的具体使用方法。

STEP 1 打开舞蹈宣传海报素材，图片中背景和主体图形已经设计完成，如图7-13所示，下面使用文字工具输入标题文字，来突出主题。

STEP 2 创建点文本。单击工具箱中的直排文字工具，在其选项栏中设置合适的字体、字号、颜色等文字属性，如图7-14所示。需要注意的是这些属性只是初步设置，如果感觉不合适后面可以重新修改调整这些属性色设置。

图7-13

图7-14

STEP 3 在画面中合适的位置单击，在单击处出现闪烁的光标，此处为文字的起点，如图7-15所示，直接输入文字"正能量"，文字沿竖向进行排列，如图7-16所示。

图7-15

图7-16

STEP 4 单击工具选项栏中的 ✔ 按钮（或按"Ctrl+Enter"组合键），即可完成文字的输入，此时"图层"面板中会生成一个文字图层，如图7-17所示。

图7-17

STEP 5 若版面中的文字大小不合适，可适当调大。将鼠标指针移至文字中并单击，文本中出现闪烁的光标，此处被称作"插入点"，当鼠标指针在插入点处时，按"Ctrl+A"组合键可选中全部文本，如图7-18所示。在工具选项栏中将"文字大小"值调大，效果如图7-19所示。

图7-18

图7-19

STEP 6 移动文本至合适位置。在文本处单击，然后将鼠标指针放在文本外，当鼠标指针呈 ▶ 形状时，单击并拖动鼠标，将文字移至合适的位置，如图7-20所示，单击工具选项栏中的 ✔ 按钮结束文字的编辑。使用同样的方法在画面中输入其他文字并设置文字的属性及位置，最终效果如图7-21所示。

图7-20

图7-21

在平面设计中，文字的对齐契合背景的外形轮廓，多采用左／右对齐；诗歌则常用居中对齐；中英文混合排版时会使用两端对齐；表现古风时多采用顶对齐。海报的主题信息决定字体的选择，主题情感浓烈，则选择形式粗犷、笔锋较硬的字体；若是主题情感柔和，则选择修长纤细、笔锋圆润的字体。

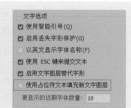

使用文字工具在画面中单击，有时默认会自动填写一串英文，如果不想用该功能，可以单击菜单栏"编辑"＞"首选项"＞"文使用文字工具在画面中单击，有时默认会自动填写一串英文，如果不想用该功能，可以单击菜单栏"编辑"＞"首选项"＞"文字"命令，在打开的"首选项"对话框中取消选中"使用占位符文本填充新文字图层"选项，如图7-22所示。修改完成后，再创建文本时就不会自动填写一串英文。

图7-22

7.1.3 使用"字符"面板

"字符"面板和文字工具选项栏一样，也用于设置文字的属性。"字符"面板提供了比工具选项栏更多的选项，在文字工具选项栏中单击"切换字符和段落面板"按钮 ，打开"字符"面板，如图7-23所示，在该面板中字体、文字大小和颜色的设置选项都与工具选项栏中相应的选项相同，下面介绍面板中其他选项的应用。

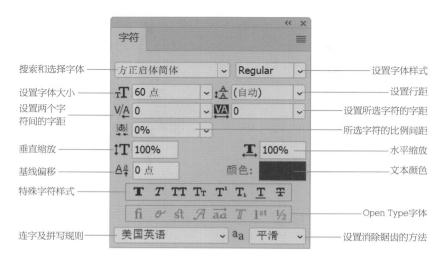

图7-23

水平缩放 /垂直缩放 水平缩放用于调整单个字符的宽度，垂直缩放用于调整单个字符的高度。当这两个百分比相同时，可进行等比缩放；不同时，可进行不等比缩放。使用直排文字工具输入文字，"水平缩放"与"垂直缩放"值均为100%，文字显示效果如图7-24所示；当"垂直缩放"值为120%，"水平缩放"值为100%时，文字显示效果如图7-25所示；当"垂直缩放"值为100%，"水平缩放"值为120%，文字显示效果如图7-26所示。

图7-24

图7-25　　　　　图7-26

设置行距 ▯A　用于调整文本行之间的距离，数值越大间距越宽。图7-27所示为分别设置不同的行距的效果。

图7-27

设置所选字符的字距 ▯A　选中部分字符时，在该选项中输入数值，可调整所选字符的间距，如图7-31所示；没有选择字符时，在该选项输入数值，可调整所有字符的间距，如图7-32所示。

设置所选字符的比例间距 ▯A　通过该选项也可以设置选定字符的间距，但以比例为依据。选中字符后，在下拉列表框中选择一个百分比，或直接在文本框中输入一个整数，即可修改选定文字的比例间距，选择的百分比越大，字符间的距离就越小。

设置基线偏移 ▯A　该选项用于控制字符与基线的距离，使用它可以升高或降低所选字符。

设置两个字符间的字距 ▯A　用来调整两个字符之间的间距，在操作时首先要在两个字符之间单击，设置插入点，如图7-28所示，然后再调整数值。图7-29所示为增加该值后的文本效果，图7-30所示为减少该值后的文本效果。

图7-28　　　　　图7-29　　　　　图7-30

调整选中文字的字符间距　　　　　调整所有文字的字符间距

图7-31　　　　　　　　图7-32

特殊字体样式

T T′ T′ T T′ T

该选项组提供了多种设置特殊字体的按钮，从左到右依次是仿粗体、仿斜体、全部大写字母、小型大写字母、上标、下标、下划线和删除线8种。选中要应用特殊效果的字符以后，单击这些按钮即可应用相应的特殊字符效果，如图7-33所示。同一个字符可以叠加应用多种特殊字体样式，如图7-34所示。

未应用特殊字体　　　　应用仿斜体　　　　应用仿斜体和下划线

图7-33　　　　　　　　图7-34

根据中文汉字的使用习惯，使用直排文字时，文字会以从右向左的方向进行输入。

7.1.4　实战：制作狗粮促销海报

本例为制作以狗粮促销为主题的宠物网店宣传海报。首先分析顾客心理需求，消费者更注重狗粮的原料和工艺，其次是商品价格，这些内容是在海报中要重点体现的。可通过文本字体、大小的搭配组合设计，构成精简朴实的版面，灰底上设置彩色字呈现出强烈的视觉冲击力。案例具体操作步骤如下。

扫码看视频

STEP 1　新建大小为750像素×1056像素，"分辨率"为72像素/英寸，"名称"为"天然营养狗粮"的文件。

STEP 2　打开素材文件中的"狗狗"图片，将它拖动到"天然营养狗粮"文件中，调整位置和大小。将"背景"填充为灰色（该颜色和"狗狗"图片的背景色一致），色值为"R234 G236 B235"，效果如图7-35所示。

STEP 3　使用横排文字工具，输入主题文字。输入第一排文字，将字体设置为方正兰亭粗黑简体，文本颜色设置为"R184 G64 B8"（本例所有文字都用该颜色），字体大小为90点；输入第二排文字将字体更改为方正兰亭黑简体，字体大小更改为38.5点；输入第三排文字将字体更改为方正兰亭超细黑简体，字体大小更改为19.5点，将图层"不透明度"设置为76%，效果如图7-36所示。

图7-35

图7-36

STEP 4　使用矩形工具，将填充颜色设置为"R184 G64 B8"，在第二排文字两边各绘制一条直线，并将它们的图层"不透明度"设置为60%。然后将填充设置为无颜色，将"描边粗细"设置为2像素，在第三排文字下方创建边框，单击移动工具，按住"Alt"键移动并复制一个边框，效果如图7-37所示。使用横排文字工具，将字体设置为方正兰亭黑简体，字体大小为38.5点，在左侧边框内输入促销内容，将字体更改为方正兰亭粗黑简体在右侧边框内输入"限时抢购"，如图7-38所示。

图7-37

图7-38

STEP 5 使用横排文字工具，将字体设置为微软雅黑，字体大小为94.5点，在图片的右侧输入促销时间；将字体大小更改为43.5点，输入配送方式和促销方式，如图7-39所示。使用图层对齐命令将右侧文字水平居中对齐，完成本例的制作，如图7-40所示。

图7-39　　　　　　　　　　　　　　图7-40

7.1.5　实战：为宣传画册内页创建段落文本

段落文本输入特点：可自动换行（列），可调整文字区域大小。它常用在文字较多的场合，例如报纸、杂志、企业宣传册中的正文或产品说明等。

段落文本输入方法：单击横排文字工具或直排文字工具后在画布中单击并拖动出一个界定框，框内呈现闪烁的插入点，输入文字后单击选项栏中的按钮 ✓（或按"Ctrl+Enter"组合键），即可完成文字的输入。

扫码看视频

设计画册设计时，经常需要输入大段的文字，下面通过介绍在一本"旅游宣传画册内页"中添加一段段落文本的方法，通过实战练习来详细讲解段落文本的创建以及简单的编辑。

图7-41

STEP 1 打开"旅游宣传画册内页"，图中的主体图片和标题文字已设计完成，如图7-41所示。需在画面左部灰框区域内输入内页的说明文字，单击横排文字工具，在工具选项栏中设置合适的字体、字号、字体颜色等，在画面中单击并拖动出一个文本框，如图7-42所示，即可在文本框中直接输入文字。由于本例中文字较多，也可以选择从Word、记事本等软件中复制已整理好的文稿，直接粘贴到文本框中即可，如图7-43所示。

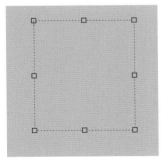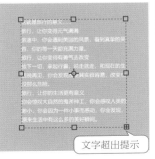

文字超出提示

图7-42　　　　　　　　　　　　　　图7-43

STEP 2 使用段落文本创建文本时，当文字超出定界框时，定界框右下角的控制点变成"田"字形状，如图7-43右下角所示，这种情况被称为文本溢出，此时需要重新调整定界框大小，以显示所有文本，此时可以将鼠标指针移动到文本框下方中间的控制点处，然后按住鼠标左键拖动即可，随着文本框大小的改变，文字也会重新排列，如图7-44所示。

STEP 3 文本框里的文本还可以根据需要设置不同的大小和字体，将鼠标指针移至第一行文字开头处单击，将出现闪烁的光标拖动到第一行文字的结尾，即可选中第一行文字，此时可在工具选项栏中设置合适的字体、字号，如图7-45所示。

STEP 4 使用第三步中同样的方法，根据设计排版设置此段文本中的其他文字，如图7-46所示。最终"旅游宣传画册内页"文字排版如图7-47所示。

图7-44

图7-45

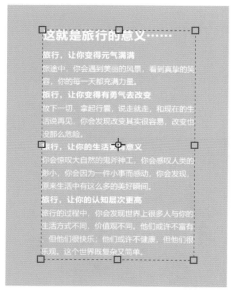

图7-46

图7-47

此外，还可以根据需要对文本框进行缩放文字和旋转文字等操作。

缩放文字 在按住"Ctrl"键的同时拖动控制点，可以等比例缩放文字，如图7-48所示。

旋转文字 将鼠标指针移至定界框外，当鼠标指针变为弯曲的双箭头形状时拖动鼠标可以旋转文字，如图7-49所示。如果同时按住"Shift"键，则以15°为增量进行旋转。

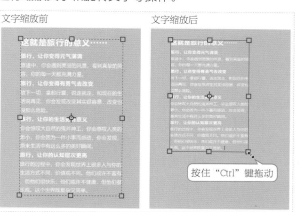

图7-48

图7-49

7.1.6 使用"段落"面板

"段落"面板中的选项可以用来设置段落的属性，如文本对齐方式、缩进方式、避头尾法则等。在文字工具选项栏中单击"切换字符和段落面板"按钮 ▤，打开"段落"面板，如图7-50所示。

在画面中创建段落文本后，就需要对段落文本进行编辑使文字排列整齐划一，符合排版要求；比如要解决以何种方式对齐段落文本，如何设置首行缩进，如何控制段前段后距离等问题。下面仍通过编辑上节中设计的旅游宣传画册内页中段落文字的处理方法，详细介绍如何使用"段落"面板来编辑段落文本。

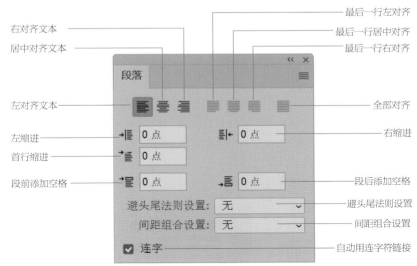

图7-50

1. 设置段落对齐方式

"段落"面板的最上面一排按钮用来设置段落的对齐方式，通过它们可以将文字与段落的某个边缘对齐。前3个分别为"左对齐文本""居中对齐文本""右对齐文本"按钮，这3种对齐方式在文字工具选项栏中已经介绍过这里不再赘述。

最后一行左对齐 ▤ 最后一行左对齐，其他行左右两端强制对齐，如图7-51所示。本例应用"最后一行左对齐"。

最后一行居中对齐 ▤ 最后一行居中对齐，其他行左右两端强制对齐，如图7-52所示。

最后一行右对齐 ▤ 最后一行右对齐，其他行左右两端强制对齐，如图7-53所示。

全部对齐 ▤ 段落所有行左右两端强制对齐，如图7-54所示。这种对齐方式常用于价目表、目录、节目单等段落文字的排列。

最后一行左对齐

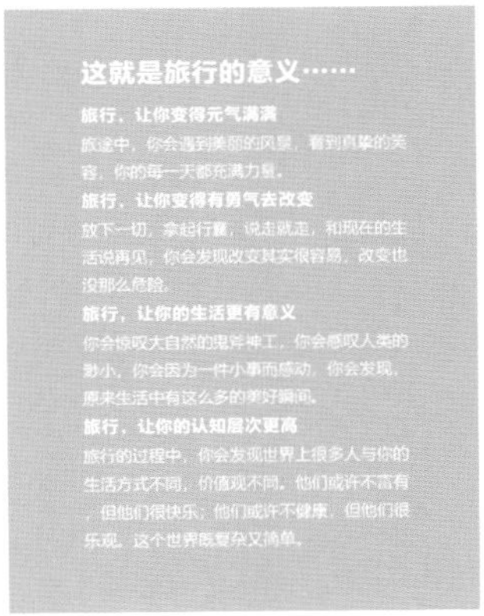

图7-51

最后一行居中对齐

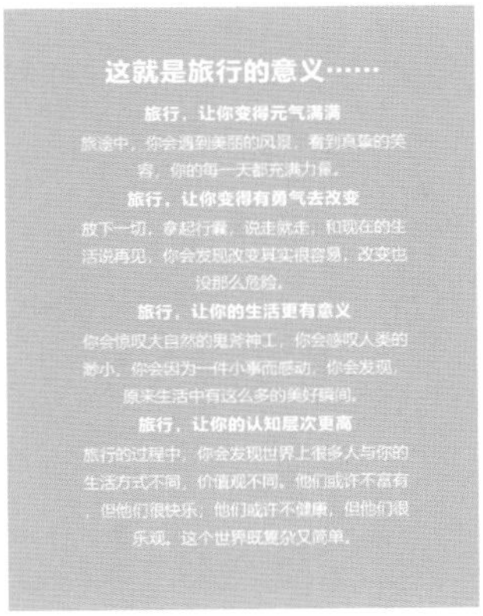

图7-52

最后一行右对齐

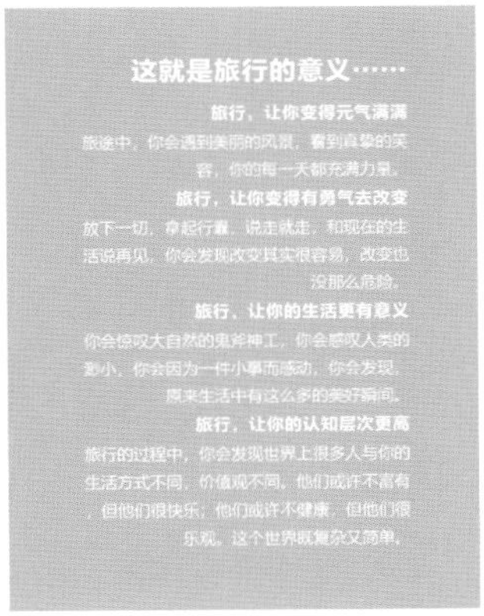

图7-53

全部对齐文本

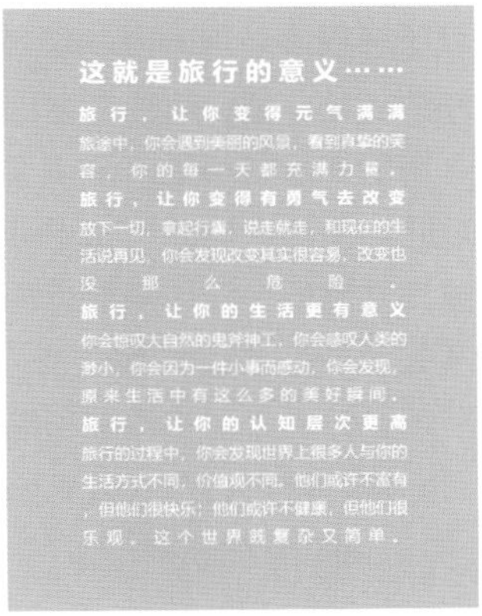

图7-54

当文字直排（即纵向排列）时，对齐按钮的图标会发生一些变化，如图7-55所示，但功能与"横排文字对齐方式"类似。

图7-55

2. 设置段落缩进方式

缩进是指文本行两端与界定框之间的间距，比如书籍正文常用到的是首行缩进。图7-56所示为将文字设置为最后一行左对齐后，使用不同的缩进方式产生的文本缩进效果。

左缩进 →▤ 横排文字从段落左边缩进，直排文字从段落顶端缩进。

右缩进 ▤← 横排文字从段落右边缩进，直排文字从段落底端缩进。

首行缩进 ⁺▤ 用于设置段落文本每个段落的第一行向右（横排文字）或第一列文字向下（直排文字）的缩进量。本例最终效果未使用该缩进方式。

左缩进20点

右缩进20点

首行缩进20点

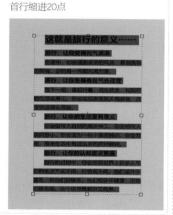

图7-56

首行缩进参数设置方法：以选中字符的大小数乘以2：如果文字的大小为9，那么首行缩进量一般应设置为18；即两个字符的空间。

段前添加空格 ⁺▤ 和 **段后添加空格** →▤ 用于控制所选段落的间距。

其中 ⁺▤ 用于设置插入点所在段落与前一个段落之间的距离。→▤ 用于设置插入点所在段落与后一个段落之间的距离。例如，将光标放到"旅行，让你变得有勇气去改变"中，如图7-57所示，然后分别将段前和段后间距设置为10点，效果如图7-58和图7-59所示。

插入点所在段落

图7-57

插入点所在段落前距离

图7-58

插入点所在段落后距离

图7-59

3. 避头尾法则设置

在汉字书写过程中，标点符号通常不会位于每行文字的起始处或结尾处，如图7-60所示。在"避头尾法则设置"选项栏中，选择"JIS严格"或"JIS宽松"选项时，如图7-61所示，可以防止在一行的开头或结尾出现不符合汉字排版规则的情况，如图7-62所示。

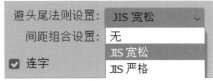

图7-60   图7-61   图7-62

7.1.7 实战：女装海报中的文字设计与排版

本例为制作"网店春装海报"中的标题文字及辅助段落文字。要在海报中通过文字体现春天的气息，既要突出宣传主题，又要让设计的文字符合服装风格，需要如何选择文字及合理排版呢？具体操作步骤如下。

扫码看视频

STEP 1 打开素材文件"网店春装海报"，如图7-63所示。

STEP 2 创建标题文字。单击工具箱中的横排文字工具 **T**，在其工具选项栏中设置合适的字体、字号、颜色等文字属性，如图7-64所示。然后在画面中合适的位置单击，输入文字"EARLY SPRING"，文字沿横向进行排列，如图7-65所示。单击工具选项栏中的 ✔ 按钮（或按"Ctrl+Enter"组合键），即可完成文字的输入，此时"图层"面板中会生成一个文字图层，如图7-66所示。

图7-63

文字设置为白色，色值为"R255 G255 B255"，针对这个版面，白色字在版面上更明显。

图7-64

图7-65

图7-66

STEP 3 在该版面中，若英文排一行，位置明显不够，此时可以考虑换行，排成两行。将鼠标指针移至需要换行的文字前单击，文本中出现闪烁的光标，此处被称作"插入点"，如图7-67所示，此时按"Enter"键可以换行，如图7-68所示。

图7-67

图7-68

STEP 4 版面中的文字有点小，需要调大，然后缩小行距，调整前后的效果分别如图7-69和图7-70所示。

图7-69

图7-70

STEP 5 移动文本至合适位置。在文本处单击，然后将鼠标指针放在文本外，当鼠标指针呈 ⬚ 形状时，单击并拖动鼠标，将文字移至合适的位置，如图7-71所示，单击工具选项栏中的 ✓ 按钮结束文字的编辑，如图7-72所示。

STEP 6 输入其他文字并设置合适的属性，如图7-73所示。

图7-71

图7-72

图7-73

STEP 7 为使版面更饱满，设计更具有文艺气息，可以在画面的右侧添加一段赞美春天的文字。单击直排文字工具，在工具选项栏中设置合适的字体、字号、字体颜色等，如图7-74所示。在画面中单击并拖动出一个文本框，如图7-75所示，输入汉字和英文，如图7-76所示。

微软雅黑字体具有笔画粗细一致、辨识度高的特点，常用于海报中字号较小的内文和说明文字等。因此文本框里的中文选用小号的微软雅黑字体（小、粗），它与左面大号的主题文字所选用的小标宋字体（大、细）进行搭配，使版面既有层次又不显呆板。

字体颜色选用海报的背景色（色值为"R251 G123 B37"），这样可使版面更加协调，同时该文字的颜色与浅色底又形成一定的明度对比，便于阅读。

Lithos Pro 字体的特点是带有一定的弧度，其笔画粗细与微软雅黑字体较为接近。因此文本框里的英文选用大号的 Lithos Pro 字体，它与中文使用的微软雅黑字体搭配，使文字组合灵活统一。

图7-74

图7-75

图7-76

STEP 8 调整文本框的大小。如果要调整文本框的大小，可以将鼠标指针移动到文本框控制点处，然后按住鼠标左键拖动即可。随着文本框大小的改变，文字也会重新排列，如图7-77所示。

STEP 9 单击工具选项栏中的 ✓ 按钮（或按"Ctrl+Enter"组合键），完成文字的输入，如图7-78所示。

图7-77

图7-78

本实例左侧文字的排版，使用了设计中对齐、对比的方法。左侧文字全部居左对齐排列，文字"碰撞"与"复古与现代的"采用大小对比，"复古与现代的"与它下方的英文采用虚实对比。文字在版面中的编排也是有规律可循的，掌握一些文字编排小技法，可以为版面增加设计感。

单击菜单栏"文字">"转换为点文本"或"文字">"转换为段落文本"，可将点文本与段落文本互换。需要注意的是将段落文字转换为点文字时，所有溢出外框的字符都将被删除。为避免丢失文本，应调整外框，使全部文字在转换前都可见。

7.2 文字的特殊编辑

7.2.1 实战：使用变形文字制作贺卡

在制作艺术字时，经常需要对文字进行变形操作，这时就需要使用工具选项栏中的"创建文字变形"按钮实现。下面通过制作一个简单的母亲节贺卡，学习如何使文字变形，具体操作如下。

扫码看视频

STEP 1 打开母亲节贺卡图片，单击横排文字工具，在工具选项栏中设置字体、字号、文字颜色等，如图7-79所示，然后在画布中创建一行文字，如图7-80所示。

> 字体颜色选用玫红色（色值为"R242 G71 BI37"），该颜色既能体现节日的温馨，又与卡通图画的色彩相协调。

图7-79

图7-80

STEP 2 单击工具选项栏中的"创建文字变形"按钮，打开"变形文字"对话框，在"样式"下拉列表框中包含多种文字变形样式，如图7-81所示。选择不同变形方式产生的文字效果不同，并且可以通过在该对话框中设置"弯曲""水平扭曲""垂直扭曲"等参数来设置文字的变形程度。本例中文字的变形样式选择"扇形"，设置"弯曲"值为+40%，如图7-82所示，应用变形后的效果如图7-83所示。

图7-81

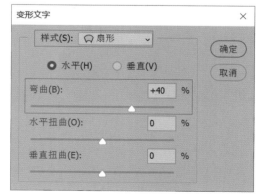

图7-82

图7-83

7.2.2　实战：沿路径创建文字

除了变形文字以外，有时候我们需要使用一些不规则排列的文字（比如文字围绕某个图像周围排列），以实现不同的设计效果。这时就要用到路径文字。路径文字可以让文字按照用户想要的方式排列，使用钢笔工具或形状工具绘制路径，在路径上输入文字后，文字会沿路径排列，改变路径形状后，文字的排列方式也会随之改变。路径文字可以是闭合式的，也可以是开放式的。

扫码看视频

下面通过制作夏日促销海报，学习如何创建路径文字，具体操作步骤如下。

STEP 1　打开素材文件，如图7-84所示。

图7-84

STEP 2　为了给输入文字提供排列依据，需要先绘制路径，如图7-85所示。

图7-85

STEP 3　选择横排文字工具并在路径上单击，此时路径上出现文字的插入点，如图7-86所示。

图7-86

STEP 4　输入文字，文字会沿路径进行排列，如图7-87所示。

图7-87

STEP 5　改变路径形状，文字排列方式也会随之发生变化，如图7-88所示。

图7-88

STEP 6　完成路径文字输入后，在画面空白处单击即可隐藏路径。将该文字应用到促销海报中，可为文字添加描边效果（具体方法可参见本书第8章内容）。最终效果如图7-89所示。

图7-89

7.2.3　使用 OpenType 字体

在"字符"面板和文字工具的选项栏中，有 O 状标识的是OpenType 字体，如图7-90所示。OpenType 字体是可同时适用于 Windows 和 Macintosh 操作系统的字体，因此，使用OpenType 字体后，在这两个操作平台间交换文件时，不会出现字体替换或其他导致文本重新排列的问题。

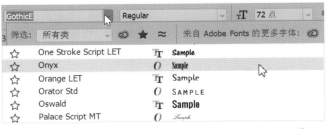

图7-90

使用OpenType 字体后，可以在"字符"面板中为文字设置格式，如图7-91所示。或者在"文字">"OpenType"下拉菜单中选择合适的选项来设置文字格式，如图7-92所示。

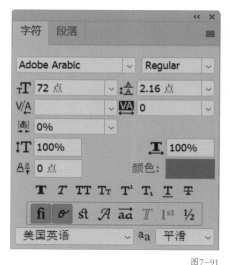

图7-91

图7-92

7.2.4 使用 Emoji 字体

Emoji 字体属于 OpenType SVG 字体中的一种。使用 Emoji 字体，可以在文件中输入表情符号、旗帜、路标、动物、人物、食物和地标等图标。

单击文字工具 **T**，在画面中单击，设置文字插入点，在设置字体下拉菜单中选择EmojiOne字体，此时就会打开"字形"面板，面板中会显示各种类型的图标，如图7-93所示，双击选中的图标，即可将其插入文本中，如图7-94所示。

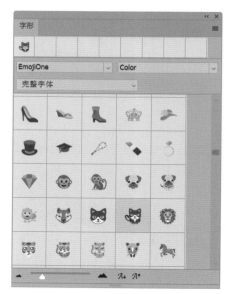

图7-93

图7-94

Emoji 字体中的图标只能通过"字形"面板输入，无法用键盘输入。

7.2.5 实战：制作饮品店价格单

价目单主要用于展示商品价格，便于顾客快速点餐。读者通过本例可以熟练掌握段落文本的创建和编辑，具体操作如下。

STEP 1 打开素材文件"饮品价目表"，如图7-95所示。

扫码看视频

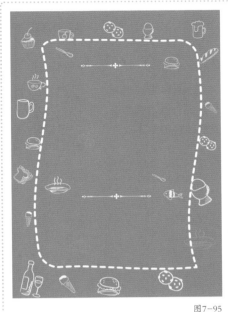

图7-95

STEP 2 单击文字工具 **T**，在工具选项栏中设置合适的字体、字号、字体颜色等，如图7-96所示，在画面合适位置输入文本，如图7-97所示。

图7-96

图7-97

STEP 3 将文字变形可以使版面更活泼。选中输入的文本，如图7-98所示，单击工具选项栏中的"创建文字变形"按钮 **工**，打开"变形文字"对话框，在"样式"下拉列表框中选择"旗帜"变形样式，设置"弯曲"值为+20%，如图7-99所示，应用变形后的效果如图7-100所示。

图7-98

图7-99

图7-100

STEP 4 使用段落文本输入饮品与甜品的名称和价格，并调整合适的文本行间距和对齐方式，价目单一般选用"全部对齐"方式，效果如图7-101所示。设计价目单下半部分的内容，最终完成效果如图7-102所示。

图7-101

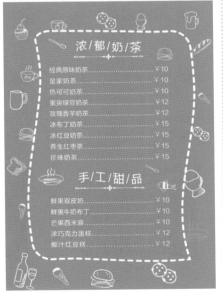

图7-102

7.2.6 实战：制作以文字为主的美食 Logo

设计工作中，除了比较规则的文字和段落文本的排列外，很多时候还需要创作设计感更强的艺术字。那么如何才能设计出更有创意、更具特色的艺术字呢？我们可以基于文字创建工作路径，通过调整锚点来设计变形字体。下面通过制作一个美食Logo的练习，向读者介绍基于文字创建工作路径的基本操作方法。

扫码看视频

STEP 1 创建文件并输入文字，如图7-103所示。

图7-103

STEP 2 单击菜单栏"文字">"创建工作路径"命令，可以基于文字生成路径，原文字图层保持不变，如图7-104所示（为了观察路径，可隐藏文字图层）。

图7-104

STEP 3 使用转换点工具 与删除锚点工具 调整路径形状，效果如图7-105所示。

图7-105

STEP 4 设置前景色为白色，单击钢笔工具，在其工具选项栏中将绘图模式设置为"路径"，单击"形状"按钮，此时路径会自动用前景色填充并生成一个形状图层"形状 1"，将背景图层隐藏，如图7-106和图7-107所示。

图7-106

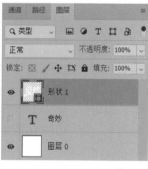

图7-107

STEP 5 打开素材文件中的Logo底图，如图7-108所示。使用移动工具将"形状 1"图层拖曳到Logo底图中，按"Ctrl+T"组合键调整文字大小，完成Logo的设计，如图7-109所示。将Logo应用到食品包装的设计中，效果如图7-110所示。

图7-108

图7-109

图7-110

7.2.7　将文字转为形状

　　选中文字图层，执行"文字">"转换为形状"命令；或者直接在文字图层上单击鼠标右键，单击"转换为形状"命令，即可将文字图层转换为具有矢量蒙版的形状图层。原文字图层不会保留，如图7-111所示。

图7-111

7.2.8　栅格化文字

　　部分"滤镜"效果和绘画工具不可用于文字图层，必须在应用命令或使用工具之前将文字栅格化，使文字变为图像。注意文字栅格化后不能再作为文本进行编辑。选中文字图层并单击"图层">"栅格化文字"命令；或者直接在文字图层上单击鼠标右键，单击"栅格化文字"命令，即可将文字栅格化，如图7-112所示。

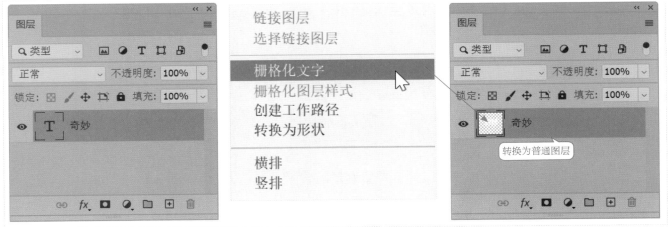

图7-112

7.2.9　解决文字缺失问题

　　在设计工作中常会有这种情况发生：甲方或者客户发来一个设计文件（PSD源文件），但是打开设计文件时软件提示缺失字体。如果知道缺失字体的名称，可以安装该字体。如果要求不是很严格，可以使用Photoshop中的解决文字缺失的相关命令，用类似的字体替换缺失的字体。

1. 替换缺失文字

有缺失字体的设计文件，在打开时会在"图层"面板的缺失文字图层中显示一个黄色图标，代表该文字图层中的文字字体为缺失状态，如图7-113所示。双击图层缩略图，在弹出的对话框中单击"管理"按钮（如图7-114所示），也可以在菜单栏选择"文字">"管理缺失字体"命令，在打开的对话框中的下拉菜单中选择系统推荐的比较接近的字体来代替缺失字体，如图7-115所示。

图7-113

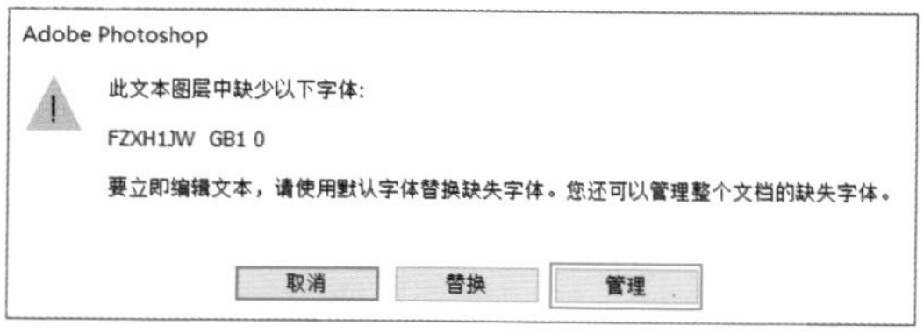

图7-114

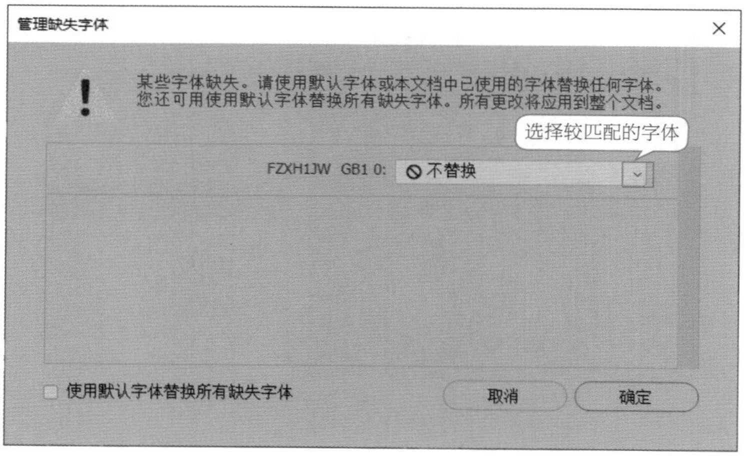

图7-115

2. 匹配缺失文字

如果"管理缺失字体"对话框中推荐的字体与原有字体不太匹配，可以在打开设计文件后选中该文字图层，在菜单栏选择"文字">"匹配字体"命令，如图7-116所示，弹出"匹配字体"对话框，如图7-117所示，在设计文件中框选出需要匹配的文字，单击"匹配字体"按钮，即可在"匹配字体"对话框中显示出较符合的字体列表，如图7-118所示，此时根据需要选择合适的字体即可。

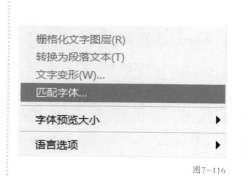

图7-116

图7-117

图7-118

 如果对设计文件的字体效果要求严格，出现文字缺失情况时，应根据缺失文件提示信息中显示的缺失字体的名称，安装相应的字体文件，以保证字体能符合设计文件的要求。

第 8 章

图层的
高级应用

本章主要讲解图层的透明效果、图层混合模式与图层样式的功能以及它们在工作中的应用。

通过学习本章内容，读者能制作出广告设计、摄影后期处理中所需要的多个图层的混合效果；能设计各种海报、包装、宣传单页、网店主图中所需要的图层样式。

8.1 图层不透明度的应用

在Photoshop中可以为每个图层单独设置不透明度。为顶部图层设置半透明的效果，就会显露出它下方图层的内容。

想要设置图层的不透明度，就需要在"图层"面板中进行设置。在设置不透明度前要在"图层"面板中选中需要设置的图层，在"不透明度"选项后方的文本框中直接输入数值即可设置图层的不透明度。当需要弱化画面中的某些元素时，可以降低图像的不透明度。下面以一个水果促销广告设计为例讲解该功能的使用方法。

STEP 1 打开素材文件"水果促销广告"，如图8-1所示，可以看出画面中水果太多，主体不突出。

STEP 2 为了降低画面中左侧和右侧的菠萝的不透明度，先选中它们所在的图层，如图8-2所示。

图8-1   图8-2

STEP 3 在"图层"面板上方的"不透明度"选项中输入20%，使这两个图层变得透明，如图8-3所示，调整后画面中左侧和右侧的菠萝被淡化了，主体更突出，效果如图8-4所示。

图8-3   图8-4

8.2 图层混合模式的应用

图层的混合模式决定了当前图层与它下方图层的混合方式，通过设置不同的混合模式可以加深或减淡图像的颜色，从而制作出特殊效果。

想要使用图层的混合模式，同样也需要在"图层"面板中进行设置。

在"图层"面板中选中一个图层，单击"设置图层的混合模式"按钮 ，可弹出如图8-5所示的下拉列表，单击其中任一选项即可为图层设置混合模式。默认情况下图层的混合模式为"正常"。

混合模式分为6组，每组通过横线隔开，分别为组合型、加深型、减淡型、对比型、比较型和色彩型。同一组中的混合模式可以产生相似的效果，或具有相近的用途，本章重点讲解日常工作中常用的4组混合模式。

 在选中某一混合模式后，保持混合模式按钮处于选中状态，然后滚动鼠标滚轮，即可快速查看各种混合模式的效果。

图8-5

使用混合模式前，首先要了解3个术语：基色、混合色和结果色。"基色"指当前图层之下的颜色，"混合色"指当前图层的颜色，"结果色"指基色与混合色混合后得到的颜色。

8.2.1　组合模式组

组合模式组包括"正常"和"溶解"两种混合模式。使用这两种混合模式，需要降低当前图层的不透明度才能看到应用图层混合模式的效果。以"溶解"模式为例，设置该混合模式后，降低上方图层的不透明度后，它将以散落的点状的效果叠加到它下方的图层上。例如，打开一张"冬日雪景"照片，在背景图层上方创建一个图层并填充白色，设置图层1的混合模式为"溶解"，降低图层的不透明度，即可制作出雪花飘舞的效果，如图8-6所示。

图8-6

8.2.2 加深模式组

加深模式组包括"变暗""正片叠底""颜色加深""线性加深""深色"5种混合模式。该模式组中的混合模式主要是通过过滤当前图层中的亮调像素，达到使图像变暗的目的。当前图层中的白色像素不会对下方图层产生影响，比白色暗的像素会加深下方图层中的像素。该模式组中混合模式的效果基本相似，只是图像明暗程度不一样。下面以该模式组中常用到的"正片叠底"模式为例进行讲解。

"正片叠底"模式就是当前图层中的像素与底层的白色像素混合时保持不变，与底层的黑色像素混合时则被其替换。混合结果通常会使图像变暗。例如，"正片叠底"可以用来压暗画面亮度，抑制曝光过度，增加画面厚重感。

STEP 1 打开一张曝光过度的照片，如图8-7所示。若要压暗画面可通过复制图层并进行叠加来实现。按"Ctrl+J"组合键复制背景图层，将复制的图层的混合模式设置为"正片叠底"模式，如图8-8所示。

STEP 2 操作完成后照片的色彩变厚重，原来不显眼的颜色也被凸显出来了，如图8-9所示。

图8-7 　　　　　　　图8-8 　　　　　　　　　　　　　　图8-9

8.2.3 实战：制作女装网店的主图

网店主图常用的文件尺寸为800像素×800像素（即比例为1：1），图像大小不超过3MB。本次实例我们将图像分辨率设置为72像素/英寸，完成后的主图大小约为1.83MB（上传的图像格式通常为JPEG格式，图像大小会大幅度减小）。设计过程中当我们利用"正片叠底"时，图层只保留黑色不保留白色的特性，快速抠取白色背景中深色头发的图像，得到背景透明的人物素材。

扫码看视频

STEP 1 打开"女装模特素材"图片和"背景素材"图片，分别如图8-10和图8-11所示。将"女装模特素材"移入"背景素材"图片中，并将图层重命名为"人物"，按"Ctrl+J"组合键，得到"人物 拷贝"图层，并暂时将该副本图层隐藏，效果如图8-12所示。

图8-10 　　　　　　　　图8-11 　　　　　　　　　　　　　　图8-12

STEP 2 将"人物"图层的图层混合模式设置为"正片叠底"。此时就可以将头发丝等细节都完整地抠取出来了,效果如图8-13所示。

STEP 3 "正片叠底"以后素材人物的脸部及身体部分显示得不太清晰。此时可以将"人物 拷贝"图层显示出来,使用橡皮擦工具将人物脸部及身体轮廓以外部分粗略地擦除掉。此时美女头发之外的脸部及身体部分就可以清晰地显示出来。效果如图8-14所示。添加相关的主题文字等设计元素,最终的设计效果如图8-15所示。

图8-13

图8-14

图8-15

8.2.4 减淡模式组

减淡模式组包括"变亮""滤色""颜色减淡""线性减淡(添加)""浅色"5种混合模式。该模式组中的混合模式主要是通过过滤当前图层中的暗调像素,达到使图像变亮的目的。当前图层中的黑白色像素不会对下方图层产生影响,比黑色亮的像素会加亮下方图层中的像素。该模式组中模式的效果基本相似,只是图像变亮程度不一样。下面以该模式组中常用到的"滤色"模式为例进行讲解。

"滤色"与"正片叠底"混合模式产生的效果正好相反,它可以使图像产生漂白的效果。"滤色"模式也常用于图像的合成,下面通过该模式制作双重曝光效果。双重曝光是一个专业的摄影术语,指在同一张底片上进行多次曝光,由于它呈现出一种特别的视觉效果而深受摄影爱好者的喜爱,不少相机自带双重曝光功能。那么,若相机没有这个功能该如何实现这种效果?其实,在Photoshop中使用两张或多张照片,通过简单的几步操作也可以制作出双重曝光效果。在制作双重曝光时,画面要有预先的构想,需要有主次,比如制作人物和风景的双重曝光效果时,主体以人物为主的话,在选取风景照片时就要考虑风景的构图、色彩等要和人物造型搭配,并且混合后的画面效果不能杂乱无章。

STEP 1 打开人像图片和背景素材图片，如图8-16和图8-17所示，使用移动工具将风景照片拖曳到人像文件中，将风景照片的图层混合模式设置为"滤色"，如图8-18所示。

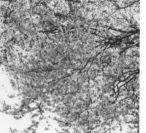

图8-16　　　　　　　图8-17　　　　　　　图8-18

STEP 2 设置完成后画面变成唯美的创意合成图像，如图8-19所示。

STEP 3 如果希望人物形象清晰一些，可以使用橡皮擦工具，设置较小的不透明度值，擦除人物五官处的风景，最终效果如图8-20所示。

图8-19　　　　　　　　　　　　　　　　图8-20

8.2.5　对比模式组

对比模式组包括"叠加""柔光""强光""亮光""线性光""点光""实色混合"7种混合模式，它们可以增加下方图层中图像的对比度。在混合时，如果当前图层是50%灰色（50%灰对应的色值为"R128 G128 B128"，也叫中性灰），就不会对下方图层产生影响；而当前图层中亮度值高于50%灰色的像素会使下方图层像素变亮；当前图层中亮度值低于50%灰色的像素会使下方图层像素变暗。下面以该模式组中常用到的"柔光"模式为例进行讲解。

"柔光"模式根据当前图层中的颜色决定图像应变亮或是变暗。我们可以利用这一特性为照片或图片调整颜色，例如，打开一张人像照片，在背景图层上方创建一个图层并填充为"中性灰"，设置该图层的图层混合模式为"柔光"。此时可以在中性灰图层上，通过使用柔边画笔工具在画面上涂抹以达到想要的光影效果。需要加深的部分使用画笔工具将前景色填充为黑色并进行涂抹，需要减淡的部分使用画笔工具将前景色填充为白色并进行涂抹，这样就会使人物皮肤更有层次，如图8-21所示。

图8-21

8.2.6　比较模式组

　　比较模式组包括"差值""排除""减去""划分"4种混合模式，该模式组中的混合模式主要是通过对上下图层进行比较，将相同的区域显示为黑色，不同的区域显示为灰色或彩色，如果当前包含白色，则与白色像素混合颜色被反向，与黑色像素混合颜色不变。

　　以常用的"差值"模式为例，"差值"模式就是查看每个通道中的颜色信息，并从基色中减去混合色，或从混合色中减去基色，具体取决于哪一个颜色的亮度值更大。与白色混合将反转基色值；与黑色混合则不产生变化。

8.2.7　实战：去除半透明的水印

扫码看视频

　　本节也将通过实战练习，带领读者学习如何利用"差值"的特性去除图像中的水印，具体操作如下。

STEP 1　打开一张被半透明水印覆盖的图片，如图8-22所示。想要有效地去除水印，首先需要将水印复原。新建一个图层，重命名为"水印复原"，使用矩形选框工具 ▥ 框选出水印边框，并填充为白色，如图8-23所示。

图8-22　　　　　　　　　　　　　　　　　　　　　　　图8-23

STEP 2　将"水印复原"图层暂时隐藏。使用魔棒工具 ▨ 选取水印中的文字部分，如图8-24所示。将"水印复原"图层显示出来后，将文字选区填充为红色，得到的水印效果如图8-25所示。

图8-24

图8-25

197

STEP 3 将"水印复原"图层放到"图层0"的下方,并将"图层0"的图层混合模式改为"差值",如图8-26所示。

STEP 4 选中"水印复原"图层,单击图层面板下方的"创建新的填充或调整图层"按钮 ◑.,在下拉菜单中选择"色阶"命令,在弹出的"色阶"命令调整框中将"输出色阶"左侧的滑块向右拖动,尽量将文字水印调整到消失为止,如图8-27所示。

图8-26

图8-27

STEP 5 按住"Ctrl"键并单击"水印复原"图层,调出该图层的选区,如图8-28所示。

图8-28

STEP 6 保持选区的情况下,单击"图层0",单击图层面板下方的"创建新的填充或调整图层"按钮 ◑.,在下拉菜单中选择"反相"命令,将水印部分变为浅色,如图8-29所示。

图8-29

STEP 7　同样在保持选区的情况下，选中"反相1"图层，单击图层面板下方的"创建新的填充或调整图层"按钮 ，在下拉菜单中选择"色阶"命令，在弹出的"色阶"命令调整框中将"输入色阶"左侧的滑块向右拖动，直到白色半透明水印消失为止。调整完毕后按"Shift+Ctrl+Alt+E"组合键盖印图层，可以看到整个大面积的水印已经去除，但文字边缘和白色水印边缘处还是有痕迹，此时可以使用仿制图章工具和修补工具进行细节修饰，去除水印边缘的痕迹，如图8-30所示。

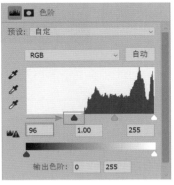

图8-30

> 去除水印的方法有多种，例如使用污点修复画笔工具、修补工具、仿制图章工具、内容感知移动工具。去除背景色彩单一的水印，这些工具的使用方法见10.2节，对于背景色与主体分明的水印，可以直接填充前景色去除，对于复杂的水印可以使用本实例所学的"差值"去除，还可以使用10.2.4小节中的"内容识别"命令去除。

8.2.8　色彩模式组

　　色彩模式组包括"色相""饱和度""颜色""明度"4种混合模式。该模式组中的混合模式，包含着色彩三要素：色相、饱和度、明度，这些会影响图像的颜色和亮度。在使用色彩模式组合成图像时，会将色彩三要素中的一种或两种应用在图像中。下面以该模式组中常用到的"颜色"模式为例进行讲解。

　　"颜色"混合模式的特点：可将当前图像的色相和饱和度应用到下层图像中，而且不会修改下方图层的亮度。可以保留图像中的灰阶，并且在快速改变照片色调方面非常有用。例如，打开一张花卉照片，如图8-31所示。在背景层上方创建一个图层并填充渐变色，设置该图层的混合模式为"颜色"，即可快速改变照片色调，如图8-32所示。

图8-31

混合色

基色

结果色

图8-32

8.2.9 实战：工笔画风格汉服海报的制作

汉服是中国的传统服饰，随着汉服风的兴起，传统的美越来越被人们所认识。本案例为了表现汉服灵动而飘逸的美，通过将古装人物的素材照片处理成工笔画风格，并将其应用到设计中，最终设计出一幅古香古色、典雅而大方的汉服促销海报，具体操作如下。

扫码看视频

STEP 1 打开"古装人物图"，如图8-33所示，下面将普通照片处理成工笔画效果。首先按"Ctrl+J"组合键，复制背景图层，执行"图像">"调整">"去色"命令，或者按"Ctrl+Shift+U"组合键，将复制的图层变为黑白图像，如图8-34所示。

图8-33

图8-34

STEP 2 按"Ctrl+J"组合键，再复制一层黑白图层，并将图层混合模式改为"颜色减淡"，效果如图8-35所示。执行"图像">"调整">"反相"命令，或者按"Ctrl+I"组合键，将复制的图层进行反相处理，可以观察到图像变为了纯白色，效果如图8-36所示。

图8-35

图8-36

STEP 3　执行"滤镜">"其他">"最小值"命令，根据效果将"半径"数值调整为8像素，此时画面出现线描效果，如图8-37所示。合并"图层1"和"图层1拷贝"，将合并后图层的混合模式更改为"柔光"，如图8-38所示，效果如图8-39所示。

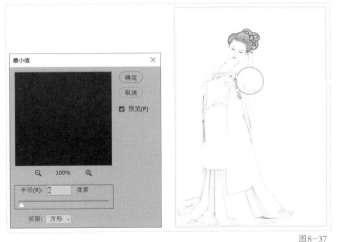

图8-37

图8-38

图8-39

STEP 4　打开"古典背景图"，如图8-40所示。将"古典背景图"放置到"图层1拷贝"上方，并将图层混合模式设置为"正片叠底"，如图8-41所示。为处理好的人物工笔画图片添加主题文字和其他设计元素，最终完成的汉服促销海报效果如图8-42所示。

图8-40

图8-41

图8-42

8.3 图层样式的应用

图层样式是添加在当前图层或图层组上的特殊效果，它不仅可以丰富画面效果，还可以强化画面主体。Photoshop提供了斜面和浮雕、描边、内阴影、内发光、光泽、颜色叠加、渐变叠加、图案叠加、外发光与投影10种图层样式。这些图层样式在当前图层上既可以单独使用，也可以叠加使用。在实际工作中它使用得非常广泛，比如发光字、质感按钮和各种纹理效果。下面结合实际工作介绍图层样式的应用。

8.3.1 实战：使用"投影"图层样式为商品增加立体效果

"投影"图层样式是指在当前图层内容的后方生成投影，使图像看上去像是从画面中凸出来。它常用来表现物体的立体效果。下面以一个"智能腕表网页弹出广告"为例，介绍"投影"图层样式的使用方法。

STEP 1 打开素材文件"智能腕表原图"，如图8-43所示。可以看到手表的颜色与画面背景颜色相近，从而很难将产品凸显出来。此时可以为手表添加一个投影，使手表与背景分开。

图8-43

图8-44

STEP 2 选中手表所在的图层，双击该图层名称后面的空白处，如图8-44所示，打开"图层样式"对话框。在该对话框的左侧选择要添加的样式，这里选择"投影"样式，对话框的右侧即可切换到"投影"样式的设置面板。在该面板中可以设置投影的颜色、大小、距离和角度等。在设置这些参数值时，我们需要一边调整一边观察效果，以达到最佳视觉效果，参数设置如图8-45所示。

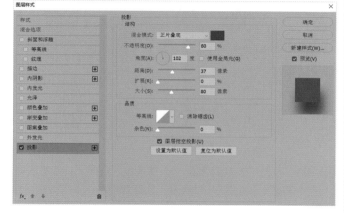
图8-45

STEP 3 单击"确定"按钮后，图层右侧会显示 fx 图标和效果列表，如图8-46所示。单击 ︿ 按钮可折叠或展开效果列表，如图8-47所示。为手表图层添加阴影图层样式后的效果如图8-48所示。

图8-46　　　　　　　　　　图8-47　　　　　　　　　　　　　　　　　　图8-48

下面介绍"投影"图层样式面板中常用选项的具体使用方法。

　　投影颜色　该颜色设置模拟光线投射到物体上产生的投影色，通常比物体本身暗一些。选择比物体本身颜色暗一点的相似颜色作为投影颜色，其投影效果会更逼真。由于手表是浅蓝色，因此本例把投影的颜色设置为一个较深的蓝色，色值为"R14 G70 B108"，如图8-49所示。

　　混合模式　该选项可以设置投影与下方图层的混合模式。本例选择默认的"正片叠底"混合模式，使用该混合模式可以使投影与其下方图像自然融合。当然，如果要制作另外一些特殊效果也可选用其他混合方式。

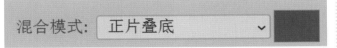

图8-49

　　不透明度　如果设置的投影颜色太重，用户也可以使用该选项减淡投影颜色。拖动滑块或输入数值可以调整投影的不透明度，数值越低，投影越淡。可根据视觉效果调整其值，本例设置"不透明度"为80%，使手表投影保持在一个逼真的程度。

　　大小　该选项用来控制投影的模糊范围，数值越大，模糊范围越广，投影越模糊；数值越小，模糊范围越小，投影越清晰。可根据视觉效果调整合适大小，本例设置"大小"为80像素。图8-50所示为设置不同"大小"参数的对比效果。

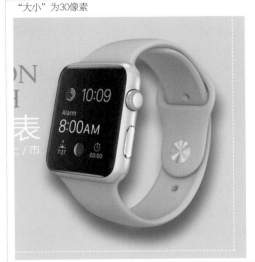

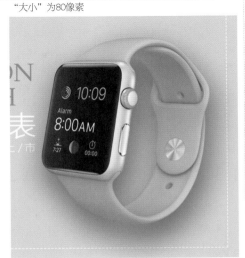

图8-50

扩展 设置完"大小"后再设置"扩展"，会使投影的清晰范围扩大；该数值越大，投影越清晰，当设置"大小"为0像素时，该选项不起作用。可根据视觉效果调整其值，本例设置"扩展"的数值为0（即默认值）。

距离 该选项决定投影的偏移距离，数值越小投影距物体本身越近，反之越远，可根据视觉效果调整其值，本例设置"距离"为37像素。图8-51所示为设置不同"距离"参数的对比效果。

角度 当光线从不同方向投射到物体时，它所产生的投影方向是不同的。该选项就是模拟光的照射方向，它用来设置光源的发光角度，从而决定投影朝向哪个方向，可根据视觉效果调整其值，在本例中将"角度"设置为102度。图8-52所示为设置不同"角度"参数的效果对比。

STEP 4 绘制" 智能腕表网页弹出广告 "下方的"限时抢购"按钮，并使用同样的设置，给其添加阴影，最终效果如图8-53所示。

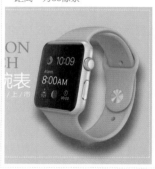
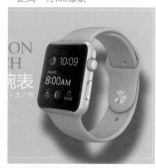
"距离"为50像素 　 "距离"为100像素

图8-51

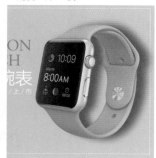
"角度"为0度 　 "角度"为180度

图8-52

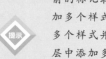
提示 "图层样式"对话框左侧区域列出了10种样式，单击其中一种样式，对话框的右侧会显示与之对应的选项。此时该样式名称前的复选按钮有选中的标记 ✅，表示在图层中添加了该样式。如果要停用该效果，将复选按钮前的标记取消选中即可。对一个图层可以添加多个样式，在左侧的图层样式列表中单击多个样式并分别对选项进行设置，即可在图层中添加多个样式。在"图层样式"对话框左侧的样式列表中，可以看到有的样式名称后方带有 ⊞ 按钮，表明该样式可以被多次添加；例如，为一个图层添加"描边"样式后，单击"描边"样式名称后的 ⊞ 按钮，在"图层样式"左列表中会出现另一个"描边"样式，此时该图层添加了两个"描边"样式。

图8-53

8.3.2 "颜色叠加"图层样式

"颜色叠加"样式可以将原有颜色改变为指定的颜色，并通过调整"混合模式"和"不透明度"来控制叠加颜色的效果，也能够更加完善图片的色彩效果使图片变为指定的某一种颜色。下面通过改变"智能腕表网页弹出广告"色调为例介绍"颜色叠加"图层样式的使用方法。

STEP 1 使用魔棒工具 选取手表表带的蓝色部分，如图8-54所示。按"Ctrl+J"组合键，将选区内容复制到一个新的图层中，重命名为"蓝色图层"，并在图层中右键，选择"清除图层样式"，将蓝色图层中的图层样式清除，如图8-55所示。

图8-54

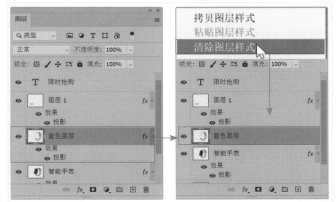

图8-55

STEP 2 选中"蓝色图层"，在该图层名称后面的空白处双击，打开"图层样式"对话框，选择"颜色叠加"样式，在对话框的右侧将颜色设置为深红色"R137 G9 B9"，将混合模式设置为"颜色"，根据效果调整不透明度为98%，如图8-56所示。 可以看到手表已经调整成了红色系，如图8-57所示。

STEP 3 将原有蓝色调的"智能腕表网页弹出广告"中的背景及其他设计元素的图层都添加"颜色叠加"样式，并根据设计需要，对参数进行调整，将原有蓝色风格的广告图像调整为红色风格。最终效果如图8-58所示。

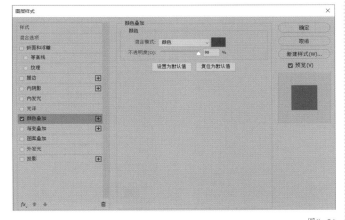

图8-56

图8-57

图8-58

8.3.3 实战：使用"内阴影"图层样式为按钮添加凹陷效果

"内阴影"与"投影"图层样式比较相似，"内阴影"图层样式是在当前图层内容边缘的内侧添加阴影，该图层样式常用于凹陷效果制作。下面以制作智能开关广告为例介绍"内阴影"图层样式的使用方法。

STEP 1 打开素材文件，如图8-59所示，在绘制按钮时需要将按钮制作为开启状态，要想使该按钮做得更逼真，需要制作出凹陷效果。

STEP 2 在"图层"面板中选择要制作内陷效果的图层，在该图层名称后面的空白处双击，如图8-60所示，打开"图层样式"对话框，在对话框的左侧选择"内阴影"样式，在对话框的右侧设置内阴影的颜色、大小、角度和距离等选项，设置参数如图8-61所示。添加"内阴影"图层样式后的效果如图8-62所示。

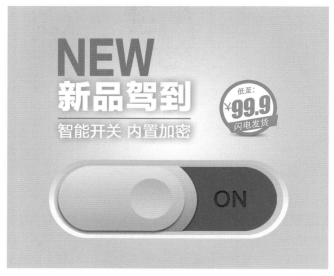

图8-59

图8-60

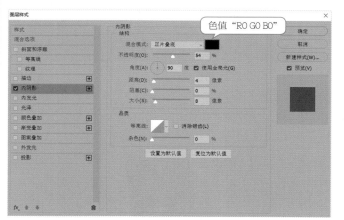

图8-61

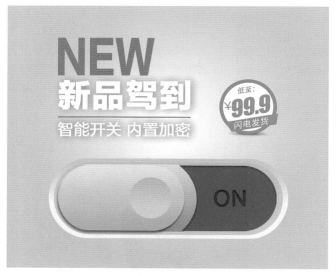

图8-62

"内阴影"与"投影"图层样式的设置选项基本相同，不再详细介绍。它们的唯一不同之处在于"投影"图层样式是通过"扩展"选项来控制投影边缘的渐变程度，而"内阴影"图层样式是通过"阻塞"选项来控制。

阻塞 可以收缩内阴影的边界，"阻塞"与"大小"相关联，当"大小"为0像素时，"阻塞"不起作用；"大小"值越大，"阻塞"的范围越大。当"大小"值相同时，"阻塞"值越大，内阴影边缘越清晰，如图8-63所示。本例无须收缩阴影的边界，因此设置"阻塞"为0（即默认值）。

图8-63

8.3.4　实战：使用"图案叠加"图层样式制作图案填充的文字

　　"图案叠加"图层样式是在当前图层内容上叠加图案。"图案叠加"图层样式通常情况下需要结合"混合模式"与"不透明度"，使图案混合于所选图层，从而产生独特的画面效果。例如，在设计每日鲜果蔬配送海报时，为了让标题文字更突出新鲜有机的主题，可以通过对文字图层进行叠加图案，让文字更有特点、引人注目，具体操作步骤如下。

STEP 1　打开素材文件"每日鲜果蔬配送海报"，如图8-64所示。

STEP 2　打开图片素材"绿色纹理"和"橘子纹理"，将这两个文件定义为图案备用（定义图案详见5.2节的内容），如图8-65所示。

图8-64

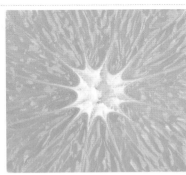

图8-65

STEP 3　选中"新鲜"图层，如图8-66所示，并为该图层添加"图案叠加"图层样式，在"图层样式"对话框右侧设置"图案"为"绿色纹理"图案，并设置混合模式、不透明度等选项，如图8-67所示。添加"图案叠加"样式后的效果如图8-68所示。

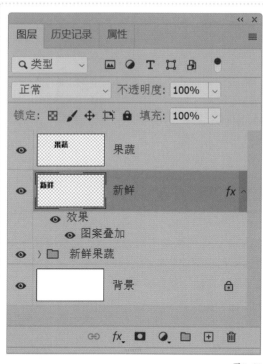

图8-66

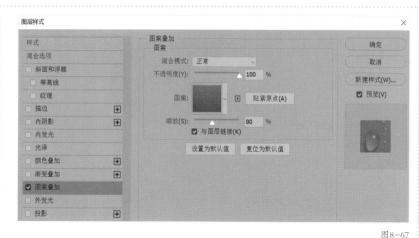

图8-67

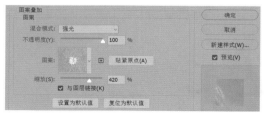

图8-68

STEP 4 选中"果蔬"图层，同样为该图层添加"图案叠加"图层样式，设置"图案"为"橘色纹理"图案，并设置混合模式、不透明度等选项，如图8-69所示。添加"图案叠加"样式后的效果如图8-70所示。最终效果如图8-71所示。

图8-69

图8-71

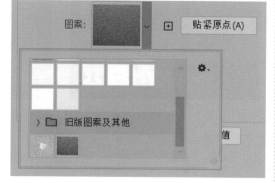

图8-70

下面介绍"图案叠加"图层样式面板中常用选项的具体使用方法。

图案 单击图案选项右侧的 按钮，可以在打开的下拉列表框中选择一种图案，将其应用到当前图层上，如图8-72所示。本例就是选中自定义图案进行叠加操作。

混合模式 用于设置叠加的图案与所选图层的混合模式，本例中对"果蔬"的图案叠加的混合模式就选用了"强光"模式，目的是使图案中的文字颜色看起来更加自然，与整体画面更协调。

不透明度 用于降低叠加图案的不透明度。

图8-72

使用"图案叠加"图层样式时，通常需要同时对"混合模式"和"不透明度"选项进行设置，才能做出合适的效果。

8.3.5 "渐变叠加"图层样式

使用"渐变叠加"图层样式可以在当前图层上覆盖渐变颜色。在设计视觉上有更丰富的色彩变化。下面以夏日饮品促销海报的设计为例介绍"渐变叠加"图层样式的设置方法。

STEP 1 打开素材文件"夏日饮品促销海报"，如图8-73所示。

STEP 2 选中"新品上市"图层，在该图层名称后面的空白处双击，如图8-74所示，打开"图层样式"对话框，在该对话框的左侧选择"渐变叠加"图层样式，在对话框的右侧设置渐变叠加的渐变颜色、混合模式、角度和缩放等选项，如图8-75所示。添加"渐变叠加"图层样式后的效果如图8-76所示。

图8-73

图8-74

图8-75

图8-76

STEP 3 使用同样的方法将图层"沙滩冷饮"也添加"渐变叠加"图层样式，对渐变颜色、混合模式、角度和缩放等选项进行合理设置，设置参数如图8-77所示。添加"渐变叠加"图层样式后的效果如图8-78所示。

下面介绍"渐变叠加"图层样式面板中常用选项的具体使用方法。

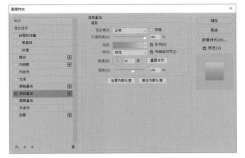

图8-77

图8-78

渐变 单击"渐变"右方的渐变色条，可以打开"渐变编辑器"对话框，在该对话框中可根据需要设置相应的渐变颜色，对渐变颜色的设置具体可参考5.2节的内容。本案例中渐变的设置如图8-79所示。

图8-79

与图层对齐 选中该选项，渐变的起始点位于图层内容的边缘；取消选中该选项，渐变的起始点位于文件的边缘。选中该选项与取消选中该选项对比效果，如图8-80所示。

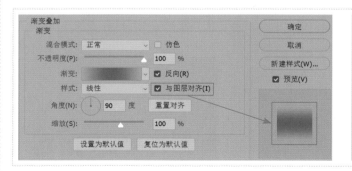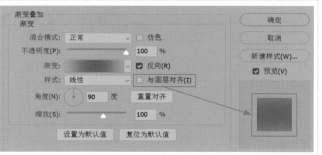

图8-80

角度 该选项用来控制渐变的方向，可以横向、竖向、斜向，或从左到右、从右到左、从上到下、从下到上等做任意角度的渐变。由于要使按钮从上到下呈现渐变的效果，所以本例设置"角度"为90度。

8.3.6 实战：使用"描边"图层样式为文字添加描边

使用"描边"图层样式可在当前图层内容的边缘添加纯色、渐变色或图案。它在实际工作中的应用非常广泛。例如，文字是必不可少的设计元素，在文字上添加适当的描边效果，就可以让文字更突出。下面我们使用图层样式中的"描边"样式来接着完成"夏日饮品促销海报"的设计。

STEP 1 打开上小节中已制作完文字渐变的"夏日饮品促销海报"设计文件，为标题文字添加"描边"图层样式，可以在一定程度上突显出文字，让其更醒目。

STEP 2 海报中主体文字部分还配有其他文字和图形，为了突出文字，需要一起添加"描边"图层样式的操作，此时可以选择"主体文字"图层组，双击该图层组后面的空白处，如图8-81所示，打开"图层样式"对话框，在该对话框的左侧选中"描边"样式，对话框的右侧即可切换到该样式的设置面板。在该面板中可以对描边的大小、位置和填充类型等选项进行设置，在设置这些选项的参数值时，我们需要一边调整一边观察效果，以得到最佳视觉效果，因此它们的值并非是固定不变的，是由视觉效果决定的。最终该面板中的参数设置值如图8-82所示，文字图层组添加"描边"图层样式后的效果如图8-83所示。"夏日饮品促销海报"的最终完成效果如图8-84所示。

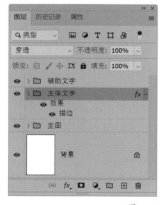

图8-81

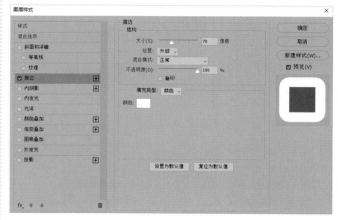

图8-82

图8-83

图8-84

下面介绍"描边"图层样式面板中常用选项的具体使用方法。

大小　用于调整描边的粗细，数值越大描边越粗。可根据视觉效果调整其值；本例设置较大的描边（70像素）使文字醒目。

位置　用于设置描边与图像边缘的相对位置。选中"外部"，描边位于图像边缘外侧；选中"内部"，描边位于图像边缘内侧；选中"居中"，描边一半位于图像边缘外侧，一半位于图像边缘的内侧。图8-85所示为将描边加粗并将文字创建为选区效果，这样可以直观地看到描边所在的位置。实际应用中可根据视觉效果的需要来选择描边是在图像边缘的外部、内部或居中位置。本例选择"外部"描边。

填充类型　默认为"颜色"，通过它设置的描边颜色为纯色，如图8-86所示；通过"渐变"可以设置描边为渐变色，如图8-87所示；通过"图案"可以设置描边为图案，如图8-88所示。本例使用的描边填充类型为"颜色"。

外部
居中
内部

图8-85

颜色描边
渐变描边
图案描边

图8-86　　　　　　　　　　　　　　　图8-87　　　　　　　　　　　　　　　图8-88

颜色　当填充类型设置为颜色时，可单击"颜色"右侧的颜色块，设置描边颜色。

不透明度　用于设置描边的不透明度，数值越小，描边越透明。如果要让描边效果透出它下方图层图像内容时，可以将描边的"不透明度"数值降低。本例使用的"不透明度"为100%，即完全不透明，这是为了突出描边效果所以不能降低透明度。

8.3.7　"斜面和浮雕"图层样式

"斜面和浮雕"样式可以让当前图层内容产生凸起的效果，它是通过为图层中的图像添加暗调和高光效果，从而使图层内容呈现出立体感。下面我们以将会员活动展板中的主题文字制作成立体效果为例，介绍"斜面和浮雕"图层样式的使用方法。

STEP 1 打开素材文件"会员活动展板",如图8-89所示。

STEP 2 选择"主体文字"图层组,在该图层组名称后面的空白处双击,如图8-90所示,打开"图层样式"对话框,在"图层样式"对话框左侧选中"斜面和浮雕",在对话框右侧设置斜面和浮雕样式的样式、方法、深度、大小等参数,如图8-91所示。设置完成后所选图层内容呈现出很好的立体效果,如图8-92所示。

图8-89

图8-90

图8-91

图8-92

下面介绍"斜面和浮雕"图层样式面板中常用选项的具体使用方法。

样式 该列表包含"外斜面""内斜面""浮雕效果""枕状浮雕""描边浮雕"5种浮雕样式。"外斜面"是在图层内容的外侧边缘创建斜面,浮雕范围会显得很宽大;"内斜面"是在图层内容的内侧边缘创建斜面,即把图层内容自身拿出一部分"削"出斜面,因此浮雕范围会显得比"外斜面"所创建的小很多;"浮雕效果"是从图层内容的边缘创建斜面,斜面范围一半位于边缘外侧,一半位于边缘内侧,使用"浮雕效果"创建的斜面范围介于"外斜面"和"内斜面"之间;"枕状浮雕"的斜面范围与"浮雕效果"相同,也是一半在外,一半在内,但是其图层内容的边缘是向内凹陷的,好比图层内容的边缘压入下层图层中产生的效果一样;"描边浮雕"是在描边上创建浮雕效果,也就是说浮雕的斜面与描边的宽度相同,如果图层中未添加描边效果,则该选项不起作用。图8-93所示为设置不同样式后的效果,本例选用的是"内斜面",让浮雕效果显得精细一些。

外斜面

内斜面

浮雕效果

枕状浮雕

描边浮雕

图8-93

方法 用来选择浮雕的边缘。选择"平滑"可以得到柔和的边缘；选择"雕刻清晰"可以得到清晰的边缘，适合表现表面坚硬的物体；选择"雕刻柔和"也可以得到清晰的边缘，但是其效果比"雕刻清晰"柔和一些。图8-94所示为以"内斜面"为例设置不同"方法"的效果对比。本例选择"雕刻清晰"。

图8-94

深度 用于设置浮雕亮面与暗面的对比度，数值越高，浮雕的立体感越强。图8-95所示为不同"深度"值的效果对比。本例把"深度"设置为200%较为适合。

图8-95

方向 用来确定高光和阴影的位置，该选项与光源的"角度"和"高度"数值有关，"角度"和"高度"不同，产生的阴影效果也不同，通常情况下这3个选项应联合起来设置并观察效果。本例"角度"设置为120度，"高度"设置为30度，"方向"设置为上，让高光位于斜上方。

大小 用来设置斜面的宽度，数值越大斜面越宽，产生的立体感越强。本例"大小"设置为27像素较为适合。

软化 用来设置浮雕斜面的柔和程度，数值越大斜面越柔和。本例"软化"设置为0像素即可。

消除锯齿 选中该选项可以消除因设置了"光泽等高线"而产生的锯齿。本例没有选中该选项，这是因为在"光泽等高线"选项中选中了"线性"，所以不产生锯齿。

高光模式/不透明度 这两个选项用来设置浮雕斜面中高光的混合模式和不透明度，后面的颜色块用于设置高光的颜色。本例采用默认设置："高光模式"为滤色，高光颜色为纯白色，"不透明度"为50%。本例文字对该项不用进行设置。

阴影模式/不透明度 这两个命令用来设置浮雕斜面中阴影的混合模式和不透明度，后面的颜色块用于设置阴影的颜色。将阴影颜色分别设置为黑色和橘红色效果，如图8-96所示。本例设置"阴影模式"为"正片叠底"，让阴影更暗一点，"阴影颜色"选择展板设计中的底色（色值为"R235 G93 B34"），这样颜色更合适一些，"不透明度"为50%以减淡正片叠底后的阴影效果。

图8-96

等高线和光泽等高线　"斜面和浮雕"图层样式中有"等高线"和"光泽等高线"两种等高线，这是特别容易混淆的，事实上这两种等高线影响的对象是完全不同的，具体区别如下。

"光泽等高线"可以改变浮雕表面的光泽形状，对浮雕的结构没有影响，而"等高线"则用来修改浮雕的斜面结构，还可以生成新的斜面。在"斜面浮雕"图层样式中选中"等高线"选项，可切换到"等高线"设置面板，如图8-97所示。

图8-97

使用3种不同的"光泽等高线"形状所产生的效果如图8-98所示，使用3种不同的等高线形状所产生的效果如图8-99所示。

图8-98

图8-99

纹理　在默认状态下，使用"斜面和浮雕"效果时，所生成的浮雕的表面光滑而平整，非常适合表现水珠、玻璃等光滑的物体。如果要表现拉丝金属、大理石或木纹等材质的表面纹理时，可以从"纹理"中选中一种图案来模拟真实的材质效果。本例未使用"纹理"效果。

在"斜面浮雕"图层样式中选中"纹理"选项，可切换到"纹理"设置面板，如图8-100所示。

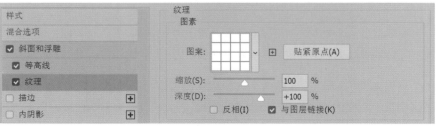

图8-100

图案　单击图案右侧的下拉按钮，在打开的下拉列表中选择一个图案，将其应用到斜面浮雕效果上，如图8-101所示，添加纹理后的效果如图8-102所示。

缩放　用来缩放图案。需要注意的是，若缩放的图案是位图，放大比例过大会使图案变模糊。

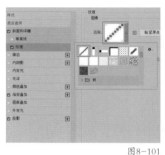 

图8-101　　　　　　　　　　　　　　　图8-102

深度　当该选项数值为正值时，图案的明亮部分凸起，暗部凹陷；当该选项数值为负值时，图案的明亮部分凹陷，暗部凸起。

8.3.8 "外发光"图层样式

"外发光"可以沿图层内容的外边缘创建发光效果。让我们继续以会员活动展板设计为例,介绍"外发光"图层样式的使用方法。

STEP 1 仍使用上一小节中添加了"斜面和浮雕"的文件,仍选择"主体文字"图层组,双击该图层组名称后面的空白处,在"图层样式"对话框的左侧选择"外发光"样式,样式栏的右侧即可切换到该样式的设置面板,在该面板中可以对"外发光"的颜色、大小和不透明度等参数进行设置,设置参数如图8-103所示。

STEP 2 添加"外发光"样式前后效果对比,如图8-104和图8-105所示。我们在此案例中可以根据需要选择是否添加该命令。

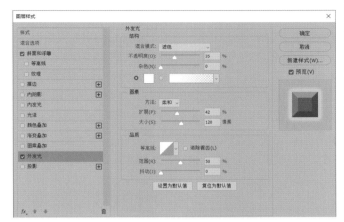

图8-103

未添加"外发光"效果

图8-104

添加"外发光"效果

图8-105

"外发光"与"投影"图层样式面板中的选项差不多,下面主要介绍面板中存在差异的几个选项。

杂色 在发光效果中添加杂色,使光晕呈现颗粒感。本实例未使用杂色。

发光颜色 单击"杂色"选项下方的颜色块用来设置发光颜色,单击颜色块可以创建单色效果的发光颜色,单击颜色条可以创建渐变色效果的发光颜色,如图8-106所示。

设置单色效果　　　　设置渐变色效果

图8-106

 在图层样式中还有一种"内发光"图层样式,该图层样式与"外发光"图层样式的使用方法刚好相反,它可以沿图层内容的边缘向内创建发光效果,由于它们的使用方法非常相似,这里不赘述。

8.3.9 "光泽"图层样式

"光泽"样式在图层的上方添加一个波浪形（或者绸缎）效果。也可以将"光泽"效果理解为光线照射下的反光度比较高的波浪形表面（比如水面）显示出来的效果。下面我们以为情人节促销海报主题文字修饰效果为例，介绍"光泽"图层样式的使用方法。

STEP 1 打开素材文件"情人节促销海报"，如图8-107所示。

STEP 2 选择"主题文字"图层，双击该图层名称后面的空白处，如图8-108所示，打开"图层样式"对话框，在"图层样式"对话框左侧选中"光泽"，在打开的"光泽"对话框中可以设置"颜色"为红色，此颜色即为光泽的颜色，"不透明度"可以调节光泽的透明程度，"角度"可以改变光泽的位置，"距离"则可以改变光泽距离的大小，调节光泽的等高线设置，可以改变光泽的呈现，设置参数如图8-109所示。

STEP 3 设置完成后所选图层内容呈现出光泽效果，再结合本章节中其他的图层样式，给主题文字设置投影等效果，最终效果如图8-110所示。

图8-107

图8-108

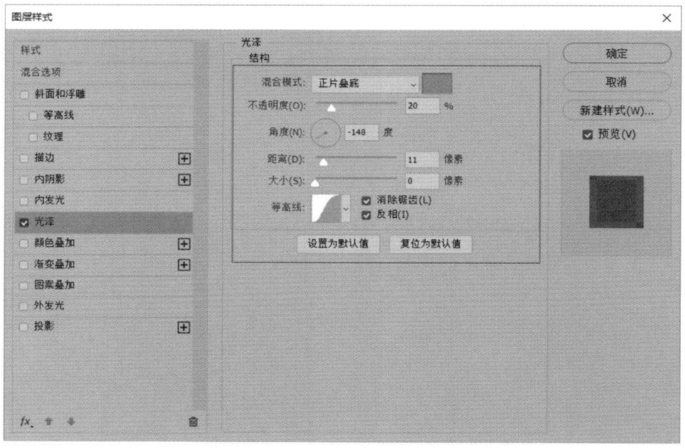

图8-109

图8-110

"光泽"图层样式面板中的选项参数与其他图层样式参数基本相同，此处就不再赘述。

8.3.10 "混合选项"图层样式

图层样式的第一项"混合选项"是制作图片效果的重要手段之一，设定不同的混合模式在图像上绘画，即可得到不同的效果。有些场景，如果不好加特效的话，混合选项往往就会在此时派上大用场。

下面介绍"混合选项"面板中常用的高级混合选项的具体使用方法。

"填充不透明度"在默认情况下，此选项只会影响层本身的内容，不会影响层的样式。因此调节这个选项可以将图层调整为透明的，同时保留层样式的效果。

"通道 RGB" 这3个多选框，去掉哪个，就相当于把对应通道填充成白色，比如去掉红色，这个图层就偏红了。（通道概念会在第11章的内容中进行详细讲解。）

挖空 方式有"深""浅""无"3种，用来设置当前层在下面的层上"打孔"并显示下面层内容的方式。注意：要想看到"挖空"效果，必须将面板中的"填充不透明度"参数设置为0或者一个小于100%的数。

将内部效果混合成组 相当于把 "内发光""颜色叠加""渐变叠加""图案叠加"等几种样式合并到图层本身中从而使这几种样式受到"填充不透明度"和"图层混合模式"的影响，并且不再遮挡上方的被剪切层。

　　将剪贴图层混合成组　选中这个选项可以将构成一个剪切组的层中最下面的那个层的混合模式样式应用于这个组中的所有的层。如果不选中这个选项，组中所有的层都将使用各自的混合模式。

　　透明形状图层　相当于把图层本身的透明部分都当作不透明部分处理，图层蒙版制造的透明效果则不受影响。

　　图层蒙版隐藏效果　可将图层效果限制在图层蒙版所定义的区域。

　　矢量蒙版隐藏效果　可将图层效果限制在矢量蒙版所定义的区域。

8.3.11　实战：制作创意婚纱海报

扫码看视频

　　下面我们以创意婚纱海报的制作为实战案例，介绍"混合选项"图层样式的使用方法。

STEP 1　打开素材文件"创意婚纱照原图"，如图8-111所示。

STEP 2　新建一个图层命名为"画框效果"，用吸管工具吸取照片中的主色调（色值为"R65 G187 B188"），将新建图层填充为该颜色。用矩形工具绘制一个大小合适的形状，颜色随意，此案例中使用的是黑色，如图8-112所示。

图8-111　　　　　　　　　　　　　　　　图8-112

STEP 3　双击该"矩形1"形状图层名称后面的空白处，在"图层样式"对话框的左侧选择"混合选项"，样式栏的右侧即可切换到该样式的设置面板，如图8-113所示。在该面板中在"挖空"选项中选择"浅"，此时会发现图像没有任何效果，如图8-114所示。此时只需将该图层的"填充不透明度"改为0%，即可看到混合后的效果，如图8-115所示。

STEP 4　再次双击"矩形1"形状图层名称后面的空白处，为该图层添加"描边"样式，设置参数及效果如图8-116所示。

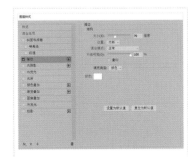

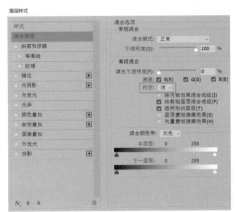

图8-114

图8-116

图8-113　　　　　　　　图8-115

STEP 5 多复制几个设置完成的图层,并根据设计需要对复制的矩形进行大小和角度的调节,效果如图8-117所示。最后为"创意婚纱海报"添加主体及辅助文字,完成海报的整体设计。最终效果如图8-118所示。

图8-117

图8-118

8.3.12 实战:制作多重剪纸风格的促销海报

多重剪纸风格的海报因设计富有创意,风格简约,近几年深受设计师和客户的喜爱,下面就结合本章节的关于图层样式的知识点,来制作一款多重剪纸风夏日促销海报,具体操作如下。

扫码看视频

STEP 1 打开素材文件"剪纸风夏日促销海报",如图8-119所示。可以看到原始文件的主体文字不突出,整体视觉效果比较平淡,我们可以在画面的中心添加一个层叠剪纸的效果来完善海报的设计,具体操作如下。我们可先将原素材中的"前景装饰"和"文字"隐藏,以便于我们在绘制层叠剪纸时能更好地观察制作效果。然后新建一个图层,重命名为"二层",如图8-120所示。在该图层上用钢笔工具勾画出创意图形,并将其填充和海报整体色调相匹配的淡蓝色,色值为"R194 G241 B255",具体效果如图8-121所示。

图8-119

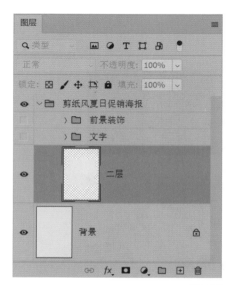
图8-120

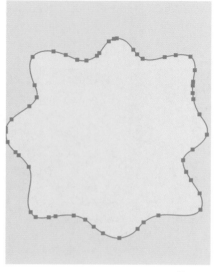
图8-121

STEP 2 双击"二层"图层名称后面的空白处，打开"图层样式"对话框，在该对话框中的左侧选择"内阴影"样式，对话框的右侧即可切换到该样式的设置面板。在该面板中可以对内阴影的大小、角度和距离等选项进行合理设置，并将阴影的颜色设置为蓝色系颜色，色值为"R33 G66 B76"，具体设置参数如图8-122所示。添加"内阴影"图层样式后，就可以看到一层剪纸叠加的效果了，如图8-123所示。

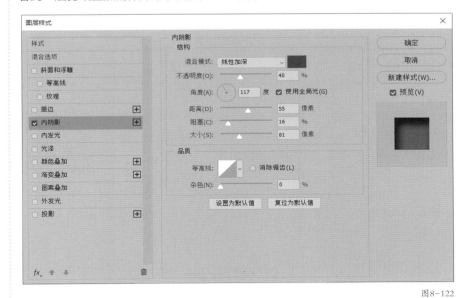

图8-122

图8-123

STEP 3 重复以上操作，可以继续绘制第三层至第五层的剪纸叠加效果，其中第三层设置颜色的色值为"R4 G193 B237"，第四层设置颜色的色值为"R84 G166 B254"，第五层为了突出效果我们可以将其填充一个渐变的颜色，具体颜色设置如图8-124所示。整体效果如图8-125所示。将原素材中的"前景装饰"和"文字"显示出来，最终效果如图8-126所示。

图8-124

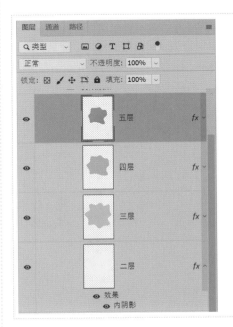

图8-125

图8-126

8.4 编辑样式

图层样式具有灵活度非常高的编辑功能，通过它不仅可以随时对参数进行修改，还可以对样式进行复制和粘贴、去除、栅格化等操作。

8.4.1 实战：复制和粘贴图层样式

通过"复制图层样式"可以制作具有相同样式的对象。当为一个图层添加好样式后，其他图层如果需要使用相同的样式，就可以使用"拷贝图层样式"功能快速为该图层添加相同的样式。在此通过一个香水促销海报的实战案例，讲解如何使用复制粘贴快速编辑图层样式。具体操作步骤如下。

扫码看视频

STEP 1 打开香水促销海报，可以看出主题文字和圆角矩形较为生硬，和整体效果不协调，如图8-127所示。下面先为文字添加"渐变叠加"样式，让文字融入版面中。

图8-127

STEP 2 选中"挚爱真我 高傲女王"文字图层，为该图层添加"渐变叠加"样式。在"渐变叠加"设置面板中为使文字左右呈现由深到浅再到深的颜色过渡效果，在渐变色条上设置了3个色标，将中间色标设置为与背景颜色相近的浅咖色，两侧的色标设置为与背景颜色相近的深咖色，这样设置渐变颜色更柔和，适合呈现柔美和优雅的气氛，将渐变"样式"设置为"线性"，渐变颜色设置如图8-128所示，"角度"设置为169度，使文字从左到右呈现适当倾斜的渐变效果。设置参数如图8-129所示，最终效果如图8-130所示。

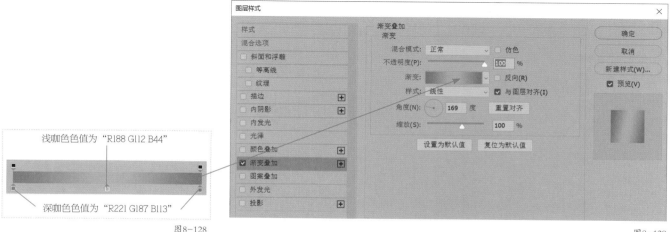

图8-128

图8-129

图8-130

STEP 3 使用鼠标右键单击"挚爱真我 高傲女王"文字图层,在弹出的快捷菜单中单击"拷贝图层样式"命令,如图8-131所示。用鼠标右键单击"圆角矩形"图层,在弹出的快捷菜单中单击"粘贴图层样式"命令,如图8-132所示。复制和粘贴图层样式后的效果如图8-133所示。

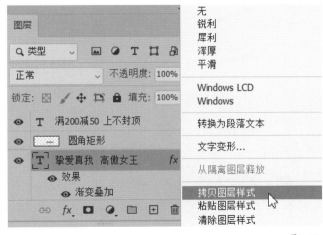

图8-131

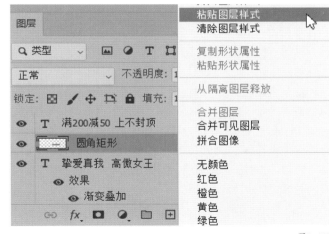

图8-132

图8-133

8.4.2 删除图层样式

如果想要删除图层上的所有图层样式效果，在"图层"面板中拖动"效果"到"删除图层"按钮 🗑 上，如图8-134所示；如果只想删除众多图层样式中的一种，选中某一图层样式并将其拖动到"删除图层" 🗑 按钮 上，就可以删除该图层样式，如图8-135所示。

删除图层上的所有图层样式

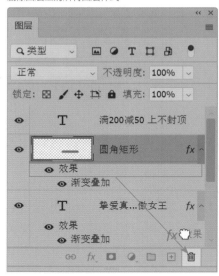

图8-134

删除图层上的单个图层样式

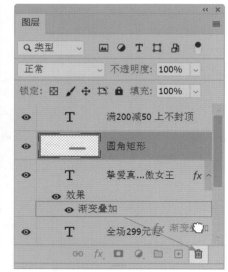

图8-135

8.4.3 栅格化图层样式

如何将添加的图层样式变为普通图层的一部分，使其可以像普通图像一样进行编辑：在"图层"面板中，用鼠标右键单击需要栅格化的图层，在弹出的快捷菜单中单击"栅格化图层样式"命令，即可将该图层添加的样式转为该图层的本身内容，如图8-136所示。如果对文字图层使用该功能它会同时将文字转为普通图像。

图8-136

8.4.4 实战：如何突出主图中的重点文字

设计网店主图，当有大量的文字、图形元素时，如何在不影响原本标题文字的最高视觉层级的情况下，使重点文字突出呢？例如从图8-137所示的"加湿器网店主图"的画面中可以看到原图中"半价！"文字在视觉效果上已经盖过主题文字。"半价！"这么具有吸引力的文字，怎样让其在视觉上既低于标题文字的层级又高于其他文字？可以通过改变"半价！"文字的颜色（与背景相搭的暖色：橙黄色），这样就能在视觉上把它的亮度层级降低下来，但是这样就不太突出了，为了在不影响标题文字的视觉层级的情况下，适当突出"半价！"文字，可以通过为该文字添加斜面和浮雕、描边、投影等效果来达到吸引注意力的目的。最后在该文字上添加光效，一是能使该文字更突出，二是能与"仅需：￥699"文字底图长条上的光效相呼应。以下是具体操作过程。

扫码看视频

STEP 1　打开素材文件"加湿器网店主图"，双击"半价"图层后面的空白处，如图8-138所示。打开"图层样式"对话框，在"图层样式"对话框左侧选中"渐变叠加"，在"渐变叠加"对话框中对渐变颜色、角度、样式等参数进行设置，设置参数如图8-139所示。设置完成后文字呈现渐变效果，如图8-140所示。

STEP 2　使用同样的操作为"半价"图层添加"斜面和浮雕"图层样式，在相应的对话框中对样式、方法、深度、大小等参数进行设置。设置完成后所选图层内容呈现出很好的立体效果，如图8-141所示。

图8-137

色值为"R255 G189 Bl02"

色值为"R252 Gl26 B52"

图8-138

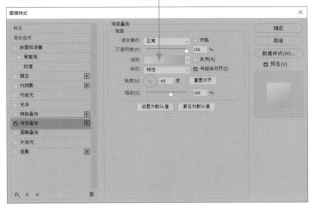

图8-139

图8-140

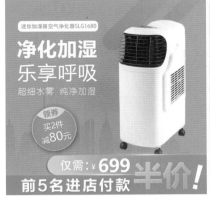

图8-141

STEP 3　为了使文字更加突出，可以对"半价"图层添加"描边"图层样式，在相应的图层中对描边的填充类型设置为"渐变"，渐变色的设置如图8-142所示，然后对大小、位置等选项进行设置，完成后可为所选文字添加一个渐变描边，如图8-143所示。

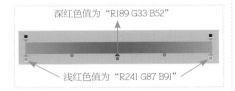

深红色值为"Rl89 G33 B52"

浅红色值为"R24l G87 B9l"

图8-142

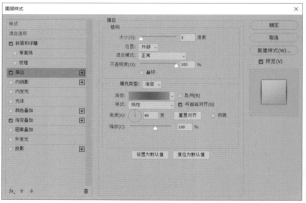

图8-143

STEP 4 为"半价"图层添加"投影"图层样式，在相应的对话框中对投影的颜色、大小、距离和角度等选项进行设置，如图8-144所示。

图8-144

STEP 5 使用鼠标右键单击"半价"文字图层，在弹出的快捷菜单中单击"拷贝图层样式"命令，用鼠标右键单击"！"图层，在弹出的快捷菜单中单击"粘贴图层样式"命令，将设置好的"半价"图层样式复制给"！"图层，效果如图8-145所示。添加光照素材，最终效果如图8-146所示。

图8-145

图8-146

8.5 使用"样式"面板

"样式"面板可用于存储样式。在"样式"面板中不仅保存了多种预设样式，还保存了一些用户自定义的常用的样式。

8.5.1 实战：为图层快速添加样式

"样式"面板中存储了多种预设样式，在其中单击需要的样式，即可将样式添加到图层中。

STEP 1 打开夏日促销海报，从图中可以看到"冰爽夏日"几个字与背景颜色顺色不够突出，选中"冰爽夏日"图层，如图8-147所示。

STEP 2 单击菜单栏"窗口">"样式"命令，打开"样式"面板，为了让文字有冰爽的感觉，可选择"玻璃"预设样式，如图8-148所示。

STEP 3 为该图层添加相应的图层样式，效果如图8-149所示。

图8-147

图8-148

图8-149

"样式"面板有许多其他预设样式，单击"样式"面板中的 ≡ 按钮，弹出子菜单，选择"旧版样式及其他"即可以将未显示在"样式"面板中的预设样式追加到"样式"面板中，如图8-150所示；将"样式"面板中的一个图层样式拖曳到"删除样式" 🗑 按钮上，即可将其删除。

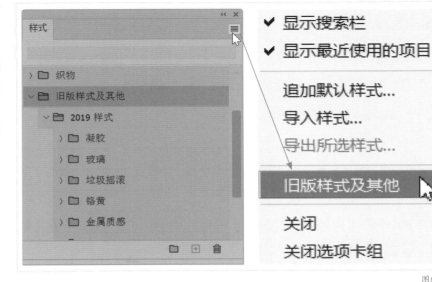

图8-150

8.5.2 保存样式

不同的设计作品中经常会用到相同的样式，特别是一些较为复杂的样式。可以在"样式"面板中将其存储起来备用。

STEP 1 以加湿器网店主图中的"半价"文字图层样式为例，在"图层"面板中可以看到该文字添加了多种样式，如图8-151所示。如果在以后的设计中需要使用同样的效果，可将其存储在"样式"面板中以备用。

STEP 2 选中需要存储样式的图层，然后单击"样式"面板中的"创建新样式"按钮，如图8-152所示。在弹出的"新建样式"对话框中为样式设置一个名称，如图8-153所示，选中"名称"下方的3个复选按钮，单击"确定"按钮后，新建的样式会保存在"样式"面板中，如图8-154所示。

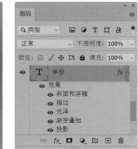

图8-151

图8-152

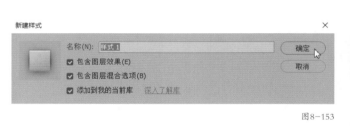

图8-153

图8-154

8.6 智能对象

在Photoshop中，智能对象是包含栅格或矢量图像中的图像数据的图层，与普通图层的区别在于，智能对象可保留图像的原始内容以及原始特性，防止用户对图层执行破坏性编辑。

8.6.1 智能对象的优势

① 智能对象的特点，也是最大的优势，就是智能对象能够对图层执行非破坏性编辑，也就是无损处理，保障图像品质。

② 智能对象可以保留非Photoshop本地方式处理的数据。例如，在嵌入Illustrator中编辑的矢量图形时，Photoshop会自动将其转换为可识别的内容。

③ 复制智能对象时，多个智能对象副本共享一个源文件，对源文件的原始内容进行编辑后，所有与之链接的副本都会自动更新。

④ 应用于智能对象的所有滤镜都是智能滤镜，智能滤镜可以随时修改参数或者撤销修改，并且不会对图像造成任何破坏。相关内容参见本书第14章。

非破坏性编辑是指在不破坏图像原始数据的基础上对其进行的编辑。在Photoshop中调整图层、填充图层，添加中性色图层、图层蒙版、矢量蒙版、剪贴蒙版、混合模式和图层样式等都属于非破坏性编辑，这些操作都有一个共同点，就是能够修改或者撤销修改，可以随时将图像恢复为原来的状态。

8.6.2 创建智能对象

在Photoshop中可以采用多种方法创建智能对象，例如使用"打开为智能对象"命令；置入文件或将文件作为嵌入对象置入；从 Illustrator等相关软件中粘贴数据；将一个或多个 Photoshop 图层转换为智能对象等。此外，还可以在图层面板中通过右键单击来创建智能对象或者通过将图像拖曳到工作区的方式来创建智能对象。下面以制作可爱生日风海报为例详细讲解创建智能对象的方法。

1. 将文件作为智能对象打开

将文件作为智能对象直接打开。

执行"文件">"打开为智能对象"命令，可以在"打开"对话框中选择一个文件作为智能对象打开，如图8-155所示。文件打开后在"图层"面板中，智能对象的缩览图右下角会显示智能对象图标 ，如图8-156所示。

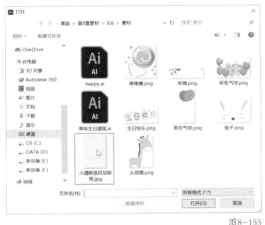

图8-155

图8-156

2. 在文件中置入智能对象

Photoshop中在文件中置入智能对象有"置入嵌入对象"和"置入链接的智能对象"两种方法，这两种方法的操作及区别如下所示。

置入嵌入对象 执行"文件">"置入嵌入对象"命令，可以将另外一个文件作为智能对象完全嵌入Photoshop文件中，嵌入的文件与来源文件没有任何关系，独立存在于Photoshop中。智能对象的缩览图右下角会显示智能对象图标 ，如图8-157所示。

置入链接的智能对象 执行"文件">"置入链接的智能对象"命令，可创建从外部图像文件引用其内容链接的智能对象，智能对象的缩览图右下角会显示智能对象链接图标 ，如图8-158所示。

　　"置入链接的智能对象"的特点是来源图像文件更改时，链接智能对象的内容也会更新，需要注意的是，如果源文件的文件位置发生变化时，在Photoshop中的智能对象图层会显示丢失文件图标 ，如图8-159所示。所以Photoshop文件与置入的链接源文件必须同时存在。

图8-157

图8-158

图8-159

> 提示　如果发现链接的智能文件丢失的情况，可在丢失文件的图层中单击鼠标右键，选择"重新链接到文件"命令，重新链接丢失的文件。

　　此案例中，采用"置入嵌入对象"的方式来置入素材图片。

　　执行"文件">"置入嵌入对象"命令，在"置入嵌入对象"对话框中找到需要置入的素材图片，如图8-160所示。置入对象以后可以通过图像四周的调整框来调整图像的大小，并移动到合适的位置，此时进行的缩放不会产生锯齿，如图8-161所示。按"Enter"键确认，即可将置入的对象创建为智能对象，如图8-162所示。

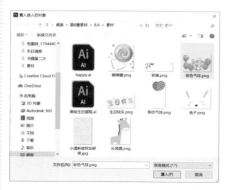

图8-160

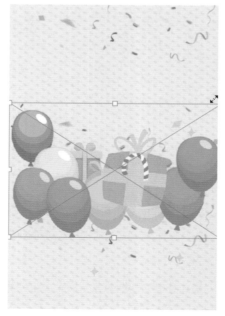

图8-161

图8-162

3. 将Illustrator中的图形粘贴为智能对象

在设计工作中，经常需要Illustrator和Photoshop两个软件结合使用，此案例中，就需要调用Illustrator绘制的"美味生日蛋糕"矢量图形素材。

在Illustrator中打开素材文件"美味生日蛋糕"，从中选择一个合适的图形对象。按" Ctrl+C"组合键复制该图像，如图8-163所示。切换到Photoshop中，按" Ctrl+V"组合键粘贴，在弹出的"粘贴"对话框中选择"智能对象"，即可以将矢量图形粘贴为智能对象，如图8-164所示，通过图像四周的调整框来调整图像的大小，旋转合适的角度，并移动到合适的位置后，效果如图8-165所示。

图8-163

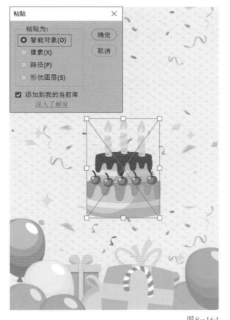

图8-164

图8-165

4. 将Illustrator或Acrobat文件拖曳到工作区的方式来创建智能对象

除了采用复制粘贴的方式将Illustrator中矢量素材在Photoshop中创建为智能对象外，还可以通过直接将Illustrator文件拖拽到Photoshop工作区的方式来创建智能对象，此方法对PDF文件同样适用。此案例中就可以使用这种方式将海报中的主题矢量文字应用到设计文件中，具体操作方法如下。

将需要使用的Illustrator矢量图形"happy"拖动到Photoshop文件中，如图8-166所示，弹出如图8-167所示的"打开为智能对象"对话框，在该对话框中选择"页面"，在"裁剪到"下拉菜单中选择"边框"，单击"确定"按钮，即可将其置入设计文件中，并创建为智能对象，如图8-168所示。

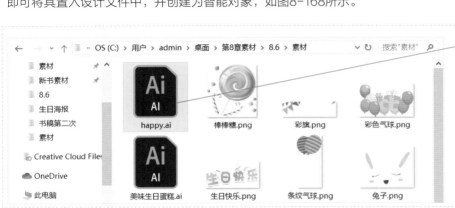

图8-166

图8-167

边框　裁剪到包含页面所有文本和图形的最小矩形区域。此选项用于去除多余的空白。

媒体框　裁剪到页面的原始大小。

裁剪框　裁剪到PDF或Illustrator文件的剪切区域（裁剪边距）。

出血框　裁剪到PDF或Illustrator文件中指定的区域，用于满足剪切、折叠和裁切等制作过程中的固有限制。

裁切框　裁切到为得到预期的最终页面尺寸而指定的区域。

作品框　裁剪到PDF文件中指定的区域，用于将PDF或Illustrator数据嵌入其他应用程序中。

图8-168

根据设计需要，为标题文字添加合适的图层样式，效果如图8-169所示，然后再添加上其他的设计元素及文字，最终设计的海报效果如图8-170所示。

图8-169

图8-170

5. 将图层中的对象创建为智能对象

在"图层"面板中选择一个或多个图层，执行"图层">"智能对象">"转换为智能对象图层"命令，或者选中图层后单击鼠标右键，在弹出菜单中选择"转换为智能对象"命令，可以将一个或多个图层转换为一个智能对象，智能对象图层的名称默认为顶层图层的名称，这样做还可以简化"图层"面板中的图层结构，如图8-171所示。

将智能对象转图层，可以在该智能图层上单击鼠标右键，选择"转换为图层"，将智能对象重新转换为图层，并自动成组，如图8-172所示。

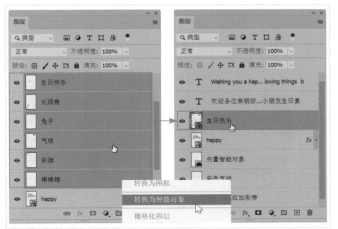

图8-171

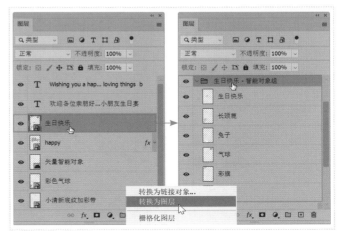

图8-172

8.6.3 实战：创建链接的智能对象

创建智能对象之后，可以选择智能对象，执行"图层">"新建">"通过拷贝的图层"命令，复制新智能对象，也被称为智能对象的实例。实例与原智能对象保持链接关系，编辑其中的任意一个，与之链接的智能对象也会同时显示出所做的修改。下面以"可爱生日风海报"中的气球为例，讲解创建链接的智能对象的使用方法。

STEP 1 将"气球"图层转换为智能图层后，复制得到一个"气球拷贝"图层，如图8-173所示。

STEP 2 双击任意一个智能图层的缩略图部分，即可将智能图层作为单独的一个文件打开，如图8-174所示。

图8-173

图8-174

STEP 3 在单独打开的智能对象文件中可以对图形进行任意编辑，此处将其中一个气球的颜色改为黄色，如图8-175所示。修改完毕后可单击"关闭"该文件，此时会弹出一个保存对话框，如图8-176所示。单击"是"按钮，即可返回到原始文件中，此时会发现实例与原智能对象颜色都发生了改变，如图8-177所示。

图8-175

图8-176

图8-177

 将智能对象拖动到"创建新图层"按钮⊞上，或者直接按"Alt"键，拖动需要复制的智能图像，都可以复制出一个与之链接的智能对象实例。

由外部软件（如Illustrator等）置入的智能对象，双击该智能对象图层的缩略图部分，将会激活该外部软件，来对文件进行修改，修改完成后保存结果，在Photoshop里的智能对象会更新相应的修改。

8.6.4 创建非链接的智能对象

如果需要复制出非链接的智能对象，可以选择智能对象图层，执行"图层">"智能对象">"通过拷贝新建智能对象"命令，如图8-178所示。新复制的智能对象与原智能对象各自独立，编辑其中任何一个，都不会影响到另外一个，如图8-179所示。非链接拷贝新建的气球改变颜色不会影响其他的智能图层。

图8-178

图8-179

8.6.5　重置智能对象

使用智能对象的替换功能可以更为快捷地调整相似素材，且不会改变其原来的位置、大小等，执行"图层">"智能对象">"替换内容"命令，或者在智能对象图层中单击鼠标右键，然后在弹出的菜单中选择"替换内容"，即可重置智能对象，如图8-180所示。

图8-180

8.6.6　实战：使用智能对象设计运动鞋促销海报

智能对象因其可以对图像进行非破坏性编辑，保证图像品质，可以方便替换素材等优点常被使用在设计系列作品中，如本例运动鞋电商促销系列海报的设计中，因为是系列海报，设计背景及主题文字基本是相同的，所需要更换的只有不同款式的运动鞋商品图像，此时把商品图像素材定义为智能对象，即可以统一调整图像，又可以方便地更换其他款式的运动鞋商品图像，而不影响已经调整好的角度和大小等构图设计。

扫码看视频

STEP 1　打开素材文件"运动鞋电商宣传背景素材"，如图8-181所示。执行"文件">"置入嵌入对象"命令，在"置入嵌入对象"对话框中找到需要置入的"绿色款"运动鞋素材图片，置入后通过图像四周的调整框调整图像的大小，旋转到合适的角度，并移动到合适的位置，按"Enter"键确认，将"绿色款"运动鞋素材创建为智能对象，如图8-182所示。复制该"绿色款"智能对象图层，同样调整合适的大小、角度和位置，完成"运动鞋电商宣传系列海报"中的绿色款运动鞋的制作，效果如图8-183所示。

图8-181

图8-182

图8-183

STEP 2　使用智能对象的替换功能，将海报中的"绿色款"运动鞋替换为"紫色款"，在任意"绿色款"智能对象图层中单击鼠标右键，在弹出菜单中选择"替换内容"，在"替换对象"对话框中找到需要替换的"紫色款"运动鞋素材图片，单击"置入"按钮，即可将海报中的"绿色款"运动鞋替换成"紫色款"运动鞋，如图8-184所示。

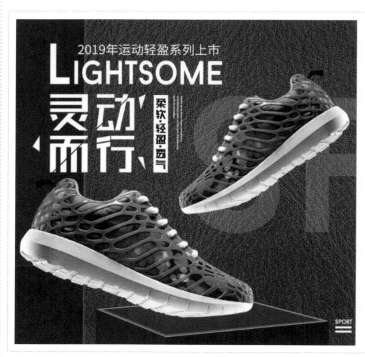

图8-184

8.6.7 智能对象转换为普通图层

选择要转换为普通的图层的智能对象，执行"图层">"智能对象">"栅格化"命令，或者在该图层中单击鼠标右键，在弹出的菜单中选择"栅格化"命令，即可以将智能对象转换为普通图层，原图层缩览图上的智能对象图标会消失，如图8-185所示。

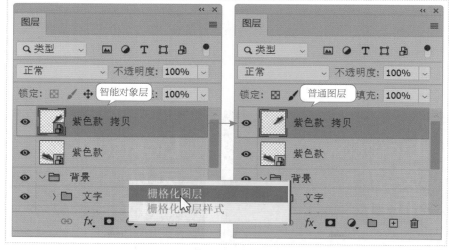

图8-185

8.6.8 导出智能对象

在Photoshop中编辑智能对象以后，可以将其按照原始的置入格式（JPEG、AI、TIF、PDF或其他格式）导出，以便其他程序使用。

在"图层"面板中选择智能对象，执行"图层">"智能对象">"导出内容"命令，或者在该图层中单击鼠标右键，在弹出的菜单中选择"导出内容"命令，即可以导出智能对象。如果智能对象是利用图层创建的，则以PSB格式导出。

第**9**章

图像的
色彩调整

本章主要讲解色彩的基础知识、配色原则以及Photoshop常用调色命令的使用方法。

通过学习本章内容，读者能掌握调色所需要的色彩基础知识和配色原则，能综合运用多种Photoshop调色命令（如亮度/对比度、色阶、曲线、自然饱和度、色相/饱和度、色彩平衡、可选颜色、黑白等）完成海报、网店首图/主图、摄影后期处理等设计中的调色工作。

9.1 掌握色彩相关知识是调色的基础

　　颜色调整也称为调色，它在平面设计、服装设计、摄影后期处理等多种设计和图像处理工作中是一道重要的环节，甚至决定着一件作品的成败。Photoshop提供了大量的颜色调整功能供用户使用，用户可以通过拖动滑块、拖动曲线、设置参数值等方式进行颜色调整，但是它并没有告诉用户该拖动多远、拖动到哪里、设置参数值为多少才能把颜色调好。调色全得凭用户的感觉来完成：感觉好，调出来的颜色就让人觉得舒服；感觉差，调出来的颜色就与整体方案不匹配。要有好的感觉，除了多看优秀的设计作品，掌握色彩的三大属性（色相、饱和度和明度）和配色原则等色彩相关知识也很重要。

9.1.1 色相及基于色相的配色原则

1. 色相

　　色相即各类色彩的相貌，它能够比较确切地表示某种颜色的名称。平时所说的红色、蓝色、绿色等，就是指颜色的色相，如图9-1所示。

|红|橙|黄|绿|青|蓝|紫|

图9-1

2. 基于单个色相的配色原则

　　不同的色彩（色相）能给人以心理上的不同影响，如红色象征喜悦，黄色象征明快，绿色象征生命，蓝色象征宁静，白色象征坦率，黑色象征压抑等。在进行设计时，要根据主题合理地选择色彩（色相），使它与主题相适应。如在产品包装设计中，绿色暗示产品是安全、健康的，常用于食品包装设计；而蓝色则暗示产品是干净、清洁的，常用于洗化产品包装设计。

　　除了了解单个色彩（色相）的表现力和影响力外，更需要了解多个色彩（色相）搭配起来的表现力和影响力。因为在设计中，绝大多数情况下画面中会包含多个色彩（色相），这时就需要对多个色彩进行合理的搭配。为了更好地理解如何进行色彩搭配，下面介绍24色相环及其应用。

3. 24色相环

　　颜色和光线有密不可分的关系。我们看到的颜色或者是感觉出的颜色，依据与光线的关系有两种分类方式。

　　第一种是光线本身所带有的颜色，在我们所看到的颜色中，红（R）、绿（G）、蓝（B）3种色光是无法被分解，也无法由其他颜色合成的，故称它们为"色光三原色"。其他颜色的光线都可以由它们按不同比例混合而成。

　　另一种就是把颜料或油墨印在某些介质上表现出来的颜色，人们通过长期的观察发现，油墨（颜料）中有3种颜色：青（C）、洋红（M）、黄（Y）。通过不同比例混合可以调配出许多颜色，而这三种颜色又不能用其他的颜色调配出来，故称它们为"印刷三原色"。

24色相环   把一个圆分成24等分，把"色光三原色"红、绿、蓝3种颜色放在3等分色相环的位置上，把相邻两色等量混合，把得到的黄色、青色和洋红色放在6等分位置上，再把相邻两色等量混合，把得到的6个复合色放在12等分位置上，继续把相邻两色等量混合，把得到的12个复合色放在24等分位置上即可得到24色相环，如图9-2所示。24色相环每一色相间距为15°（360°÷24＝15°）。

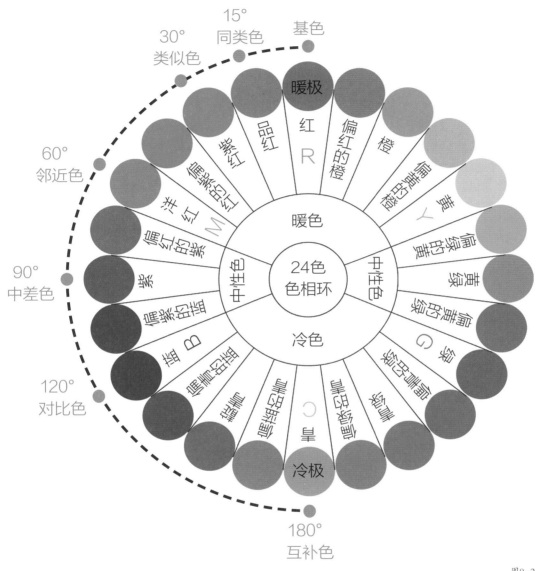

图9-2

互补色   以某一颜色为基色，与此色相隔180°的颜色为其互补色。"色光三原色"与"印刷三原色"正好是互补色。互补色的色相对比最为强烈，画面相较于对比色更丰富、更具有感官刺激性。

对比色   以某一颜色为基色，与此色间隔120°～150°的任意色均为其对比色。对比色相搭配是色相的强对比，容易给人带来兴奋的感觉。

邻近色   以某一颜色为基色，与此色相隔60°～90°的任意色均为其邻近色。邻近色对比属于色相的中对比，可保持画面的统一协调，又能使画面层次丰富。

类似色　以某一颜色为基色，与此色相隔30°的任意色均为其类似色。类似色比同类色的搭配效果要明显、丰富些，可保持画面的统一与协调，呈现柔和质感。

同类色　以某一颜色为基色，与此色相隔15°以内的任意色均为其同类色。同类色差别很小，常给人单纯、统一、稳定的感受。

暖色　从洋红色顺时针到黄色，这之间的颜色称为暖色。暖色调的画面会让人觉得温暖或是热烈。

冷色　从绿色顺时针到蓝色，这之间的颜色称为冷色。冷色调的画面可让人感到清冷、宁静。

中性色　去掉暖色和冷色后剩余的颜色称为中性色。中性色调的画面给人以平和、优雅、知性的感觉。

4. 基于多个色相的配色原则

我们在做设计时，基本的配色原则是一个设计作品中不要超过三种颜色（色相），被选定的颜色从功能上划分为主色、辅色和点缀色，它们之间是主从关系。其中，主色的功能是决定整个作品风格，确保正确传达信息；辅色的功能是帮助主色建立更完整的形象，如果一种颜色已和形式完美结合，辅色就不是必须存在的，判断辅色用得好不好的标准：去掉它，画面不完整，有了它，主色更具优势；点缀色的功能通常体现在细节处，多数是分散的，并且面积比较小，在局部起一定的牵引和提醒作用。

5. 认识色相环的好处

认识色相环的好处就是，当我们根据主题思想、内涵、形式载体及行业特点等决定了作品的主色后，可按照冷色调、暖色调、中性色调，或同类色相、类似色相、邻近色相、对比色相以及互补色相的原则快速找到辅色和点缀色。

9.1.2 饱和度及基于饱和度的配色原则

1. 饱和度

饱和度是指色彩的鲜艳程度，也称色彩的纯度。饱和度取决于该色中含色成分和消色成分（黑、灰色）的比例。消色成分含量少，饱和度就高，图像的颜色就鲜艳，如图9-3所示。

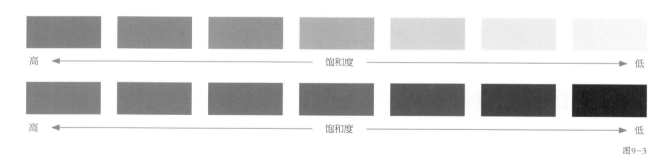

图9-3

2. 基于饱和度的配色原则

饱和度的高低决定画面是否有吸引力。饱和度越高，色彩越鲜艳，画面越活泼，越引人注意或冲突性强；饱和度越低，色彩越朴素，画面越典雅、安静或温和。因此常用高饱和度的色彩作为突出主题的色彩，用低饱和度的色彩作为衬托主题的色彩，也就是高饱和度的色彩可做主色，低饱和度的色彩可做辅色。

9.1.3　明度及基于明度的配色原则

1.明度

　　明度是指颜色（色相）的深浅和明暗程度。颜色的明度有两种情况，一是同一颜色的不同明度，如同一颜色在强光照射下显得明亮，而在弱光照射下显得较灰暗、模糊，如图 9-4 所示；二是各种颜色有不同的明度，各颜色明度从高到低的排列顺序是黄、橙、绿、红、青、蓝、紫，如图 9-5 所示。另外，颜色的明度变化往往会影响饱和度，如红色加入黑色以后明度降低了，同时饱和度也降低了；如果红色加入白色则明度提高，而饱和度却降低了。

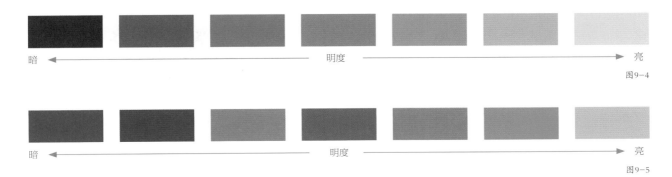

暗　◄━━━━━━━━━━━━━━━　明度　━━━━━━━━━►　亮
图9-4

暗　◄━━━━━━━━━━━━━━━　明度　━━━━━━━━━►　亮
图9-5

2.不同明度给人不同的感受

　　颜色明度不同所产生的不同的明暗调子，可以使人产生不同的心理感受。如高明度给人明朗、华丽、醒目、通畅、洁净或积极的感觉；中明度给人柔和、甜蜜、端庄或高雅的感觉；低明度给人严肃、谨慎、稳定、神秘、苦闷或沉重的感觉。

3.基于明度和饱和度的配色原则

　　在使用邻近色配色的画面中，常通过增加明度和饱和度的对比，来丰富画面效果，这种色调上的主次感能增强配色的吸引力；在使用类似色配色的画面中，由于类似色搭配效果相对较平淡和单调，可通过增强颜色明度和饱和度的对比，来达到强化色彩的目的；在使用同类色配色的画面中，可以通过增强颜色明度和饱和度的对比，来加强明暗层次，体现画面的立体感，使其呈现出层次更加分明的画面效果。

9.1.4　Photoshop 中的色彩体系

1.在Photoshop中了解颜色的三个属性

　　通过观察 Photoshop 中的拾色器（拾色器使用方法参见本书第 5 章的内容），可以清晰地了解到Photoshop 中的色彩体系正是基于色彩的三大属性（色相、饱和度和明度）原理设置的，具体如图9-6所示。

2. 了解图像颜色模式

颜色模式是用数值记录图像颜色的方式，它将自然界中的颜色数字化，这样就可以通过数码相机、显示器、打印机、印刷机等设备呈现颜色。颜色模式分为：RGB 颜色模式、CMYK 颜色模式、HSB 模式、Lab 颜色模式、位图模式、灰度模式、索引颜色模式、双色调模式和多通道模式。下面就来认识几种常用的图像模式。

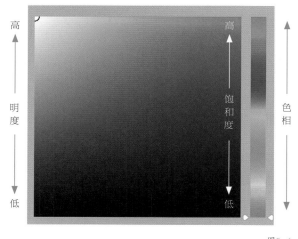

图9-6

RGB颜色模式 是以"色光三原色"为基础建立的颜色模式，针对的媒介是显示器、电视屏幕、手机屏幕等显示设备，它是屏幕显示的最佳颜色模式。RGB 指的是红色（Red）、绿色（Green）和蓝色（Blue），它们按照不同比例混合，即可在屏幕上呈现自然界各种各样的颜色，如图 9-7 所示。

"RGB"数值代表的是这三种光的强度，它们各有 256 级亮度，用数字表示为 0、1、2……255。256 级的 RGB 颜色总共能组合出约 1678 万种（256×256×256）颜色。当三种光都关闭时，强度最弱（R、G、B 值均为0），便生成黑色；三种光最强时（R、G、B 值均为 255），便生成白色。

通常，在RGB 颜色模式下调整图像颜色。

色光三原色

图9-7

CMYK颜色模式 是以"印刷三原色"为基础建立的颜色模式，针对的媒介是油墨，它是一种用于印刷的颜色模式。

和"RGB"类似，"CMY"指的是三种印刷油墨色——青色（Cyan）、洋红色（Magenta）和黄色（Yellow）英文名称的首字母。从理论上来说，只需要"CMY"三种油墨就足够了，它们三个等比例加在一起就应该得到黑色。但是，由于目前制造工艺的限制，厂家还不能造出高纯度的油墨，"CMY"三种颜色相加的结果实际是深灰色，不足以表现画面中最暗的部分，因此"黑色"就由单独的黑色油墨来呈现。黑色（Black）使用其英文单词的末尾字母"K"表示，这是为了避免与蓝色（Blue）混淆，如图 9-8 所示。

CMYK 数值以百分比形式显示，数值越高，颜色越深；数值越低，颜色越亮。

因为RGB 颜色模式的色域（颜色范围）比CMYK 颜色模式的广，所以在RGB 颜色模式下设计出来的作品在CMYK 颜色模式下印刷出来时，色差是无法避免的。为了减少色差，一是使用专业的显示器，二是要对显示器进行颜色校正（通过专业软件）。

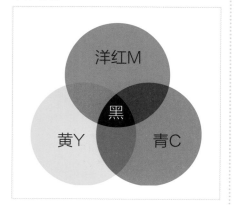

印刷三原色

图9-8

需要注意的是，在CMYK 颜色模式下，Photoshop 中的部分命令不能使用，这也是为什么需要在RGB 颜色模式下调整图像颜色的原因之一。

Lab颜色模式　类似RGB 颜色模式，Lab 颜色模式是进行颜色模式转换时使用的中间模式。Lab 颜色模式的色域最宽，它涵盖了RGB 颜色模式和CMYK 颜色模式的色域，也就是当需要将RGB 颜色模式转换为CMYK 颜色模式时，可以先将RGB 颜色模式转换为Lab 颜色模式，再转换为CMYK 颜色模式，这样做可以减少颜色模式转换过程中的色彩丢失。在Lab 颜色模式中，"L"代表亮度，范围是 0（黑）~100（白）；"a"表示从红色到绿色的范围；"b"表示从黄色到蓝色的范围。

灰度模式　不包含颜色，彩色图像转换为该模式后，色彩信息都会被删除。使用该模式可以快速获得黑白图像，但效果一般，在制作要求较高的黑白影像时，最好使用"黑白"命令，因为该命令的可控性更好。

3. 更改颜色模式

在 Photoshop 中可以实现颜色模式的相互转换，例如使用RGB 颜色模式调整完照片后，如果要将调整后的照片拿去印刷，此时就需要将RGB颜色模式转为CMYK 颜色模式。

单击菜单栏"图像"＞"模式"命令，可以将当前的图像颜色模式更改为其他颜色模式，如图9-9 所示。

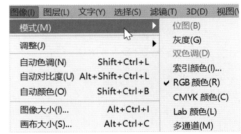

图9-9

9.1.5　调整图像色彩的方式

在Photoshop中调整图像颜色共有两种方式：一种是使用调整命令，另一种是使用调整图层。

单击菜单栏"图像"＞"调整"命令，调整命令子菜单中几乎包含了Photoshop 中所有的图像调整命令，如图 9-10 所示。

调整图层存放于一个单独的面板中，即"调整"面板。单击菜单栏"窗口"＞"调整"即可打开"调整"面板，如图9-11 所示。

图9-10

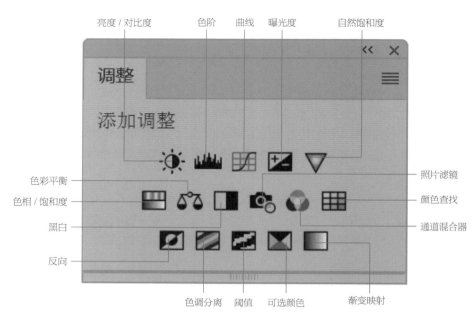

图9-11

调整命令与调整图层的使用方法以及达到的调整效果大致相同，不同之处在于：调整命令直接作用于图像，该调整方式无法修改调整参数，适用于对图像进行简单调整并且无须保留调整参数的情况；调整图层是在图像的上方创建一个调整图层，其调整效果作用于它下方的图像，使用调整图层调整图像后，可随时返回调整图层进行参数修改，适用于摄影后期处理。

第一种方式 打开图9-12所示的照片素材，单击菜单栏"图像" > "调整" > "色彩平衡"命令，在打开的"色彩平衡"对话框中进行设置，如图9-13所示，设置完成后画面的颜色被更改了，如图9-14所示。需要注意的是这种调色方式不可修改。

图9-13

图9-12

图9-14

　　第二种方式　在"调整"面板中单击"创建新的色彩平衡调整图层"按钮 ，即可在背景图层上方创建一个"色彩平衡"调整图层，在弹出的属性面板中可以看到这两种方式创建的"色彩平衡"的设置选项是相同的。在"色彩平衡"调整图层的属性面板中设置相同的参数，如图9-15所示，效果如图9-16所示。此时可以看到使用两种方式调整后的效果也完全相同，但使用此种方式调整色彩的好处是，如果想要修改调整图层参数，双击调整图层前方的缩览图，即可在弹出的调整图层属性面板中进行修改。

图9-15

图9-16

9.2 图像的明暗调整

　　对色调灰暗、层次不分明的图像，可使用针对色调、明暗关系的命令进行调整，增强图像的层次感。Photoshop中图像明暗调整使用的主要命令有"色阶""曲线""亮度/对比度"等。

9.2.1 通过直方图判断曝光是否准确

　　曝光是摄影最重要的要素之一，是指相机通过光圈大小、快门时间长短以及感光度高低控制光线，并投射到感光元件形成影像的过程，即按动快门形成影像的过程。只有获得正确的曝光，才能拍摄出令人满意的作品。

　　直方图就是用于判断照片影调和曝光是否正常的重要工具。多数中高档数码相机的LCD（显示屏）上都可以显示直方图，我们在拍摄完照片以后，可以在相机的液晶屏上查看照片，通过观察它的直方图来分析曝光参数是否准确，再根据情况修改参数重新拍摄。

　　在Photoshop中处理照片时，可以打开"直方图"面板，根据直方图形态和照片的实际情况，采取具有针对性的方法，调整照片的影调和曝光。

　　Photoshop的直方图用图形表示了图像的每个亮度级别的像素数量，展现了像素在图像中的分布情况，通过观察直方图，我们可以判断出照片的阴影、中间调和高光中包含的细节是否充足，以便对其做出正确的调整。

1. 认识直方图面板

打开一张照片，如图9-17所示。执行"窗口">"直方图"命令即可打开"直方图"面板，如图9-18所示。单击"直方图"面板上的▤图标，可以改变面板的显示方式，如图9-19所示。

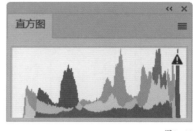

图9-17   图9-18   图9-19

紧凑视图 默认的显示方式，它显示的是不带统计数据或控件的直方图，如图9-18所示。

扩展视图 显示的是带有统计数据和控件的直方图，如图9-20所示。

全部通道视图 显示的是带有统计数据和控件的直方图，同时还显示每一个通道的单个直方图（不包括Alpha通道、专色通道和蒙版），如图9-21所示。

用原色显示通道 可以用彩色方式查看通道直方图，如图9-22所示。

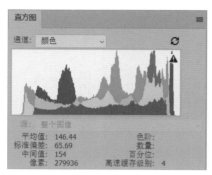

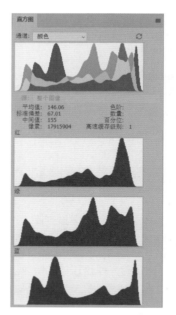

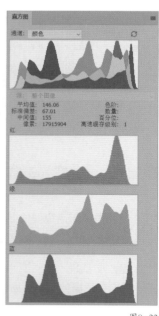

图9-20   图9-21   图9-22

高速缓存数据警告 ⚠ 使用"直方图"面板时，Photoshop会在内存中高速缓存直方图，也就是说，最新的直方图是被Photoshop存储在内存中，而并非实时显示在"直方图"面板中，此时直方图的显示速度较快，但并不能及时显示统计结果，面板中就会出现⚠图标，单击该图标，就可以刷新直方图。

不使用高速缓存的刷新 🔄 单击该按钮可以刷新直方图，显示当前状态下最新的统计结果。

通道　在下拉列表中包含RGB、红、绿、蓝、颜色通道和明度通道，选择一个通道后面板中即会显示该通道的直方图，如图9-23所示。

"RGB" 通道

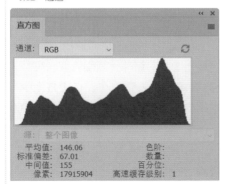

"红" 通道

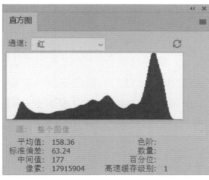

"绿" 通道

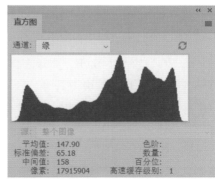

"蓝" 通道

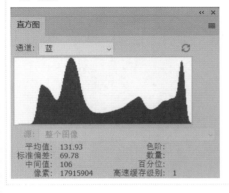

"明度" 通道

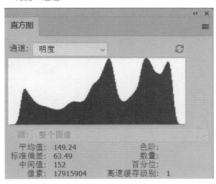

"颜色" 通道

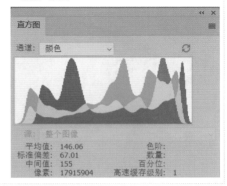

图9-23

以"扩展视图"和"全部通道视图"显示"直方图"面板时，可以在面板中查看统计数据。如果在直方图中框选出一部分区域，则可以显示所选范围内的数据信息，如图9-24所示。

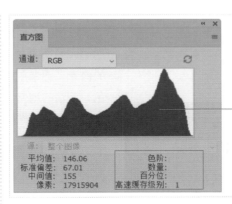
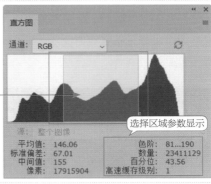

选择区域参数显示

图9-24

平均值　显示了像素的平均值亮度（0至255之间的平均亮度）。通过观察该值，可以判断出图像的色调类型。

标准偏差　显示了亮度值的变化范围，该值越高，说明图像的亮度变化越剧烈。

中间值　显示了亮度值范围内的中间值，图像的色调越亮，它的中间值越高。

像素　显示了用于计算直方图的像素总数。

色阶　显示了鼠标指针所指区域的亮度级别。

数量　显示了相当于鼠标指针所指区域亮度级别的像素总数。

百分位　显示了鼠标指针所指的级别或该级别以下的像素累计数。如果对全部色阶范围取样，则该值为100；对部分色阶取样，显示的则是取样部分占总量的百分比。

高速缓存级别　显示了当前用于创建直方图的图像高速缓存的级别。

2. 通过直方图判断曝光是否准确

在直方图中，左边代表了图像的阴影区域，中间代表了中间调，右侧代表了高光区域，从阴影（黑色，色阶0）到高光（白色，色阶255）共有256级色调。

直方图中的山脉代表了图像的数据，山峰则代表了数据的分布方式，较高的山峰表示该区域所包含的像素较多，较低的山峰则表示该区域所包含的像素较少。

曝光准确的照片　打开一张曝光准确的照片，曝光准确的照片色调均匀，明暗层次丰富，亮部不丢失细节，暗部也不会漆黑一片。从直方图中可以观察到，山峰基本在中心，并且从左（色阶0）到右（色阶255）每个色阶都有像素分布，如图9-25所示。

图9-25

曝光过度的照片　曝光过度的照片，画面色调较亮，人物的皮肤、衣服等高光区域都失去了层次。在直方图中，可以观察到山峰整体都向右偏移，阴影缺少像素，如图9-27所示。

图9-27

曝光不足的照片　曝光不足的照片画面色调非常暗。直方图中山峰分布在直方图左侧，中间调和高光都缺少像素，如图9-26所示。

图9-26

反差过小的照片　反差过小的照片灰蒙蒙的，在直方图中，两个端点出现空缺，说明阴影和高光区域缺少必要的像素，图像中最暗的色调不是黑色，最亮的色调不是白色，该暗的地方没有暗下去，该亮的地方也没有亮起来，所以照片是灰蒙蒙的，如图9-28所示。

图9-28

暗部缺失的照片　暗部缺失的照片中头发的暗部漆黑一片，没有层次也看不到细节。直方图中，一部分山峰紧贴直方图左端，它们就是全黑的部分（色阶为0），如图9-29所示。

高光溢出的照片　高光溢出的照片中衣服的高光区域完全变成了白色，没有任何层次。直方图中，一部分山峰紧贴直方图右端，它们就是全白的部分（色阶为255），如图9-30所示。

图9-29

图9-30

提示　对于一些高调或者是低调照片，即使直方图极端向右偏或向左偏，照片效果也是正常的，此时不必对图形整体分布趋势过于敏感，只需要确认是否有暗部缺失或高光溢出等必要信息就可以了。

9.2.2　实战：利用色阶让灰蒙蒙的照片变清晰

扫码看视频

"色阶"命令主要用于调整画面明暗程度，它是通过改变照片中的像素分布来调整照片明暗程度的，通过它可以单独对画面的阴影、中间调和高光区域进行调整。此外，"色阶"还可以对各个颜色通道进行调整以实现图像色彩调整的目的。下面通过对一张偏灰照片的调整，介绍"色阶"命令的使用方法。

STEP 1　打开素材文件，如图9-31所示，可以看到照片发灰、不通透，下面使用"色阶"命令进行调整。

STEP 2　单击菜单栏"图像">"调整">"色阶"命令，打开"色阶"对话框，如图9-32所示。"色阶"对话框中的设置选项较多，先看"输入色阶"选项组，该组的3个滑块分别用于控制画面的阴影、中间调和高光。阴影滑块位于色阶0处，它所对应的像素是纯黑；中间调滑块位于色阶128处，它所对应的像素是50%灰；高光滑块位于色阶255处，它所对应的像素是纯白。向右拖动"阴影"滑块可以压暗暗调；向左拖动"高光"滑块可以提亮亮调；拖动"中间调"滑块，当数值大于1时，提亮中间调，当数值小于1时，压暗中间调。

图9-31

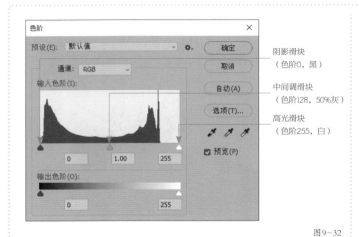

图9-32

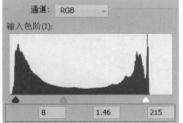

图9-33

STEP 3 画面偏灰可以考虑调整阴影和高光增强画面的明暗对比。先向右拖动"阴影"滑块压暗暗调区域，然后向左拖动"高光"滑块提亮高光区域，此时画面明暗对比增强解决了画面偏灰的问题，但大部分区域仍存在偏暗的情况，向左拖动"中间调"滑块，提亮画面。在拖动滑块的时候我们需要一边调整一边观察效果，以达到视觉效果最佳为准。设置参数如图9-33所示，效果如图9-34所示。

原图

整个画面灰暗

拖动阴影滑块和高光滑块后效果

拖动中间调滑块后效果

原来暗部区域变亮

图9-34

STEP 4 如果想要使用"色阶"命令对画面颜色进行调整，可以在"通道"选项中选择某个颜色通道，然后对该通道进行明暗调整。使某个通道变亮，画面则会更倾向于该颜色，反之，变暗则会减少画面中该颜色成分，而使画面倾向于该通道的补色（红色与青色、绿色与洋红、蓝色与黄色互为补色）。如本例画面偏蓝，选中"蓝"通道，向右拖动"中间调"滑块即可减少蓝色，设置参数如图9-35所示，效果如图9-36所示。

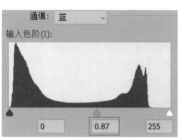

图9-35

图9-36

STEP 5 再看"输出色阶"选项组，通过该组的黑色和白色两个滑块可以对画面中最暗和最亮区域进行控制，来抑制暗部和高光的溢出。在"通道"选项中选择某个颜色通道时，向右拖动"黑色"滑块，画面暗部区域倾向于该颜色，向左拖动"白色"滑块，画面亮部区域则会减少画面中该颜色成分，而使画面倾向于该通道的补色。因此，要减少高光处的蓝色，需选中"蓝"通道，在"输出色阶"选项组中向左拖动"白色"滑块可以减少蓝色，设置如图9-37所示，效果如图9-38所示。照片调色完成后，通常可以搭配一组文字，为画面增添意境，形成一幅完整的作品，如图9-39所示。

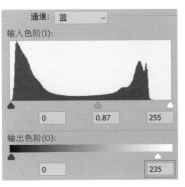

图9-37

图9-38

图9-39

9.2.3 实战：用曲线让照片变得通透

通透是摄影中常用的词汇，和通透相对的是发灰、发闷、不清晰，不通透的照片像是被蒙上了一次雾。导致照片不通透的原因主要有：画面亮度不够、画面层次反差过小、画面整体缺乏和谐的色彩搭配与合理的色彩分布、画面缺少细节等。

那么如何让照片变得通透呢？常用方法有以下几种。

① 提高亮度和对比度。9.2.2小节所介绍的"色阶"与本节介绍的"曲线"都可用于图像的明暗和对比度调整，使画面明亮起来的同时增强图像中光影的反差，从而得到合理的光影分布。

② 提高饱和度。9.3.1小节和9.3.3小节介绍自然饱和度与饱和度的调节方法，可增强图像的色彩鲜艳程度。

③ 色彩调节。色彩是体现图像层次感的重要手段，使用曲线可校正画面偏色以及调整出独特的色调效果，具体内容见9.3.4小节。

④ 锐化和还原细节。通透和清晰是分不开的，锐化和细节还原可提高图像的清晰度。

扫码看视频

STEP 1 打开"人像摄影原图"照片文件，可以看到照片偏暗、不够通透，整体颜色不统一，如图9-40所示。下面通过"曲线"功能对照片的明暗进行调整。

图9-40

STEP 2 本例需要先对照片的明暗进行调整，这个过程需要设置多个参数，像这种相对复杂的调色可以考虑使用调整图层曲线的方式进行调色。使用这种方式可以对一些调整过程中不确定的色彩进行修改。单击"调整"面板中的"创建新的曲线调整图层"按钮，创建"曲线"调整图层，如图9-41所示。

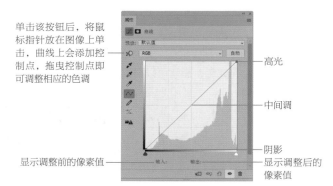

单击该按钮后，将鼠标指针放在图像上单击，曲线上会添加控制点，拖曳控制点即可调整相应的色调

高光

中间调

阴影

显示调整前的像素值

显示调整后的像素值

图9-41

在"曲线"属性面板中的曲线上有两个端点，左端点控制阴影区域，右端点控制高光区域，曲线中间位置控制中间调区域。按住左端点向上拖动可提亮阴影，向右拖动则压暗阴影；按住右端点向左拖动可提亮高光，向下拖动则压暗高光。在曲线的中间位置添加控制点可以调整中间调，向左上角拖动可提亮中间调，向右下角拖动则压暗中间调；在高光和中间调之间添加控制点可以控制图像的亮调；在阴影和中间调之间添加控制点可以控制图像的暗调。调整图像前首先要了解常见的调整图像明暗的曲线形状：C 形曲线——改变整体画面的明暗；S 形曲线——增强明暗区域的对比度，如图 9-42 所示。

正C曲线提亮画面

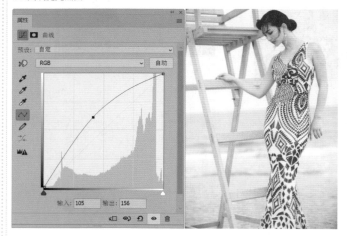

反C曲线压暗画面

正S曲线增加对比度

反S曲线降低对比度

图9-42

STEP 3 本例照片整体偏暗，但高光和阴影处并没有太大问题，因此可以考虑调整中间调。在曲线的中间位置单击添加一个控制点，向左上角拖动提亮画面的中间调，"输入"值为121，调整后"输出"值为153，如图9-43所示，此时画面的亮度基本合适，如图9-44所示。

使用"曲线"命令还可以选择某个颜色通道，对画面颜色进行调整，具体操作将在9.3.4小节中进行讲解。

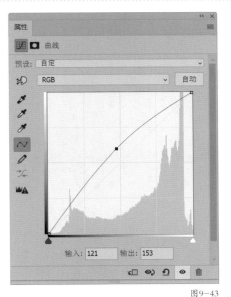

图9-43

图9-44

9.2.4　实战：调整亮度／对比度使海报中的文字更清晰

"亮度／对比度"是对照片整体亮度和对比度的调整。

在设计过程中，有许多元素需要使用三维软件来创建更炫酷的效果，然后再使用 Photoshop 进行图像的处理和合成，多个软件共同来实现设计的想法与创意。下面通过对三维软件中输出的一张偏暗的图片的调整，来介绍"亮度／对比度"的使用方法。

STEP 1 打开素材文件"开学季宣传海报"，可以看到三维文字"开学季"的颜色偏灰，与背景的对比较弱，如图9-45所示。下面使用"亮度/对比度"命令对三维文字"开学季"进行调整。

图9-45

STEP 2 选中三维文字"开学季"，单击菜单栏"图像"＞"调整"＞"亮度/对比度"命令，打开"亮度/对比度"对话框。该对话框包含两个选项："亮度"用于设置图像的整体亮度，"对比度"用于设置图像明暗对比的强烈程度。在该对话框中，分别向左拖动滑块可降低亮度和对比度，向右拖动滑块可增加亮度和对比度（即当数值为负值时表示降低图像的亮度和对比度，当数值为正值时表示提高图像的亮度和对比度）。例图中的三维文字"开学季"偏暗，因此需要提亮画面，增强画面的对比度，设置参数如图9-46所示，效果如图9-47所示。

图9-46　　　　　　　　　　　　　　　　　　　　　　　　　　　　图9-47

9.2.5　局部明暗调整工具

　　"色阶"和"曲线"命令是对选择的图像的明暗色调进行整体的调整，而在设计中，很多效果需要对图像的局部明暗来进行细节的调节，在传统摄影技术中，摄影师通过减弱光线，以使照片中的某个区域变暗（加深），或增加曝光度使照片中的区域变亮（减淡），来调节照片特定区域曝光度，而 Photoshop 中的减淡工具和加深工具，正是基于这种技术来处理照片的局部曝光，这两个工具的使用方式和工具选项栏都是相同的，下面以加深工具为例，来讲解图像的局部色调调节。

STEP 1 打开素材文件"人像摄影"，如图9-48所示。可以看到照片中模特妆容比较淡雅，如果想要加深模特妆容，加强装饰物和脸部的对比度，此时就可以使用加深工具对需要加深的部位进行局部处理。

STEP 2 使用工具栏中的加深工具，它的使用方法与普通画笔的方法基本是相同的，使用前需要调整好画笔的形状、大小和硬度等，在图9-49所示的工具栏中设置其他的相关参数，在画面中需要加深的部位进行涂抹，此案例中主要对模特的唇部、眼部和头部装饰进行了加深处理。最终效果如图9-50所示。

图9-49

　　范围　可以选择要修改的色调。选择"阴影"，可以处理图像中的暗色调；选择"中间调"，可以处理图像中的中间调；选择"高光"则处理图像的亮部色调。

　　曝光度　可以为减淡工具或加深工具指定曝光，该值越高效果越明显。

　　喷枪　单击该按钮，可以为画笔开启喷枪功能。

　　画笔角度　设置画笔角度。

　　保护色调　可以保护图像的色调不受影响。通常情况为激活状态。

　　压感控制　配合数位板使用，按下时感应笔刷大小的压力。

图9-48

图9-50

在使用加深工具或者减淡工具进行涂抹调整画面时，需根据绘制的需要随时调整画笔的大小、范围类型、曝光度等参数。

9.3 图像的色彩调整

色彩在图像修饰中是十分重要的，它可以产生对比效果，使图像更加绚丽。所以，对色彩的调整是做好图像处理的重中之重，Photoshop中图像的色彩调整的主要命令有"自然饱和度""色相/饱和度""色彩平衡""可选颜色""渐变映射""颜色查找""替换颜色"等。

9.3.1 实战：调整自然饱和度使图像色彩更鲜艳

"自然饱和度"用于控制整体图像的色彩鲜艳程度，该功能包含"自然饱和度"和"饱和度"两个选项。下面通过对一张美食照片的调整，介绍"自然饱和度"的使用方法。

STEP 1 要把一张美食照片调整得让人看后更有食欲，主要需要调整图片的饱和度，让颜色鲜艳一些，再适当调整一下明暗度即可。打开美食海报文件，可以看到海报中的意大利面较暗淡，如图9-51所示。下面对意大利面进行调整。

STEP 2 选中意大利面所在的图层，单击菜单栏"图像">"调整">"自然饱和度"命令，打开"自然饱和度"对话框，如图9-52所示。

图9-52

图9-51

该对话框包含两个选项："自然饱和度"是在保护已饱和颜色的前提下增加其他颜色的鲜艳度，它将饱和度的最高值控制在溢出之前；"饱和度"不具备保护颜色的功能，它用于提高图像整体颜色的鲜艳度，其调整的程度比"自然饱和度"更强一些，图9-53所示为分别将"自然饱和度"和"饱和度"设置为+100时的效果。此外，这两个命令在降低饱和度方面也有一点区别，将"自然饱和度"值降到-100，画面中的鲜艳颜色会保留，只是饱和度有所降低；将"饱和度"值降到-100，画面中彩色信息被完全删除，得到黑白图像，如图9-54所示。

"自然饱和度"值为+100　　　"饱和度"值为+100

图9-53

"自然饱和度"值为-100　　　"饱和度"值为-100

图9-54

STEP 3 通常使用"自然饱和度"调整图像时，设置较大的"自然饱和度"数值和较小的"饱和度"数值，两个选项结合使用可得到一个较为合适的效果。在"自然饱和度"对话框中分别向左拖动滑块可以降低图像的自然饱和度与饱和度，向右拖动可以增加图像的自然饱和度与饱和度。本例设置"自然饱和度"值为+75，"饱和度"值为+15，如图9-55所示，效果如图9-56所示。本例图片亮度合适，无须进行亮度调整。

图9-55

图9-56

9.3.2 实战：通过色彩平衡解决海报偏色问题

扫码看视频

"色彩平衡"用于照片的色调调整，可快速纠正图片出现的偏色问题，通过它可以对阴影区域、中间调和高光区域中的颜色分别做出调整。下面通过对一个化妆品海报中偏色的图片的调整，来介绍"色彩平衡"的使用方法。

STEP 1 打开素材文件"润肤露"，从画面中可以看到"润肤露瓶"偏色，如图9-57所示。下面对"润肤露瓶"进行调整。

STEP 2 选中"润肤露瓶"所在的图层，单击菜单栏"图像">"调整">"色彩平衡"命令，打开"色彩平衡"对话框。调整时，首先选择要调整的色调（阴影、中间调、高光），然后拖曳滑块进行调整，滑块左侧的3个颜色是"印刷三原色"，滑块右侧的三个颜色是"色光三原色"，每一个滑块两侧的颜色都互为补色。滑块的位置决定了添加了什么样的颜色到图像中，当增加一种颜色时，位于另一侧的补色就会相应地减少。本例"润肤露瓶"整体偏色，可以先选择"中间调"进行调整。由于图像偏蓝色，因此应该减少蓝色，向左拖曳黄色与蓝色滑块减少蓝色；为了使"润肤露瓶"颜色与画面整体协调，向右拖曳青色与红色滑块增加红色，向右拖曳洋红与绿色滑块增加绿色，设置参数如图9-58所示，调整过程的效果如图9-59所示。

图9-57

图9-58

中间调（减蓝色）

中间调（加红色）

中间调（加绿色）

图9-59

STEP 3 对"中间调"调整后，"润肤露瓶"偏色情况基本上得到纠正，但图像中的阴影部分仍偏一点蓝。选择"阴影"减少阴影中的蓝色。设置参数如图9-60所示，"润肤露瓶"调整完成后的对比效果如图9-61所示。

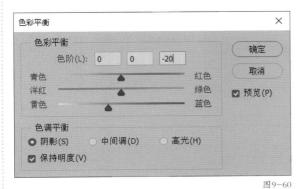

图9-60

调整前　　　　　　　　　调整后

图9-61

STEP 4 为了使画面更柔和，更突出"润肤露"的主题，可以在"调整"面板中单击"创建新的色彩平衡调整图层"按钮 ，即可在背景图层上方创建一个"色彩平衡"调整图层，在弹出的属性面板中设置参数如图9-62所示，最终效果如图9-63所示。

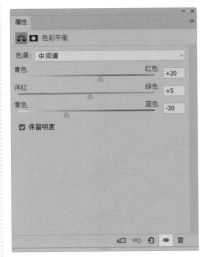

图9-62

图9-63

9.3.3 实战：调整图像的色相／饱和度

　　"色相／饱和度"是基于色彩三要素，即色相、饱和度和明度，对不同色系颜色进行的调整，与"自然饱和度"相比，使用它所获得的调色效果更加丰富。"色相／饱和度"不仅可以对整体图像色彩进行调整，也可以针对特定的色彩进行单独调整。下面以一个网店首页图中吊坠项链图片的调整为例，介绍"色相／饱和度"的使用方法。

扫码看视频

STEP 1 打开素材文件，可以看到画面中金色的首饰暗淡并且存在偏色问题，选中它们所在的图层，如图9-64所示。

图9-64

STEP 2 单击菜单栏"图像">"调整">"色相/饱和度"命令，打开"色相/饱和度"对话框，如图9-65所示。该对话框包含3个主要设置选项："色相"选项用于改变颜色；"饱和度"选项可以使颜色变得鲜艳或暗淡；"明度"选项可以使色调变亮或变暗。在该对话框"预设"下方的选项中显示的是"全图"，这是默认的选项，表示调整操作将影响整个图像的色彩。

STEP 3 "吊坠项链"轻微地偏蓝色，拖动"色相"滑块将图像调整到偏金黄色的位置，如图9-66所示，效果如图9-67所示。

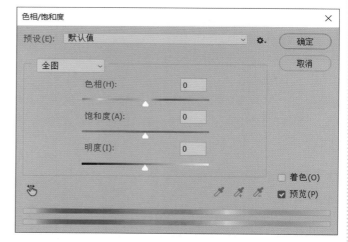

图9-65

图9-66

图9-67

STEP 4　适当增加"饱和度"，如图9-68所示，可以看到金色的效果增强，如图9-69所示。

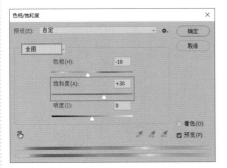

图9-68

图9-69

STEP 5　除了全图调整外，也可以针对特定颜色进行单独调整。单击"全图"选项后的按钮打开下拉列表框，其中包含"色光三原色"红、绿和蓝以及"印刷三原色"青、洋红和黄。选中其中的一种颜色，可单独调整它的色相、饱和度和明度。本例如果要继续增加"吊坠项链"的金色，可以选中"黄色"选项，增加它的饱和度让金色更鲜亮一些，如图9-70所示，效果如图9-71所示。

图9-70

图9-71

9.3.4　实战：用曲线打造流行色调

　　使用"曲线"对画面颜色进行调整，可以选择某个颜色通道，然后对该通道进行明暗调整。使某个通道变亮，画面则会更倾向于该颜色，反之，变暗则会减少画面中该颜色成分。如本例要调出淡紫色的滤镜效果，调整思路是：先调整"红"和"绿"通道，让画面偏红一些，然后调整"蓝"通道在画面中增加蓝色，最终使画面呈现淡紫色的效果。

扫码看视频

STEP 1　打开9.2.3小节中使用的图片素材，在"曲线"调整图层的"属性"面板中，选择"红"通道，在曲线上的亮调区域添加控制点，向上拖曳，增加红色，"输入"值为176，调整后"输出"值为188；在调整亮调的同时也修改了暗调颜色，为了避免暗调被同时影响，在暗调区域添加控制点，向下拖动，减少红色，"输入"值为68，调整后"输出"值为62，如图9-72所示，效果如图9-73所示。

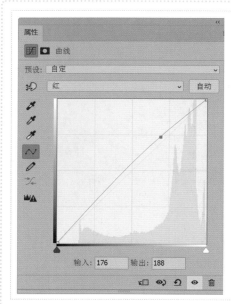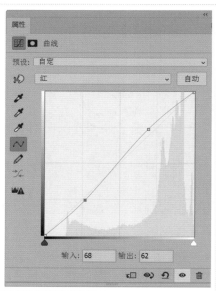

图9-72　　　　　　　　　　　　　　　　　　　　　　　　图9-73

STEP 2　选择"绿"通道，在曲线上的亮调区域单击添加控制点，向上拖动，增加绿色，"输入"值为152，调整后"输出"值为157；在暗调区域单击添加控制点，向下拖动，减少绿色，"输入"数值为50，调整后"输出"值为38，减少绿色（绿色和洋红色为互补色，减少绿色也就是增加洋红色），如图9-74所示，效果如图9-75所示。

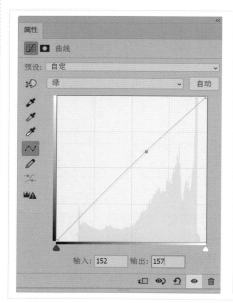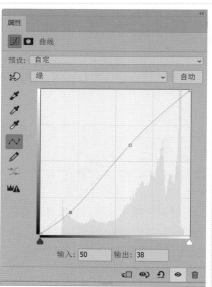

图9-74　　　　　　　　　　　　　　　　　　　　　　　　图9-75

STEP 3　选择"蓝"通道，在曲线上的中间调区域单击添加控制点，向上拖动，增加一点蓝色，"输入"值为118，调整后"输出"值为122；在暗调区域单击添加控制点，向上拖动，增加蓝色（蓝色和洋红色互为相邻色，增加蓝色会使洋红色偏紫色）"输入"值为52，调整后"输出"值为61，如图9-76所示，最终完成人像照片色调调整，如图9-77所示。

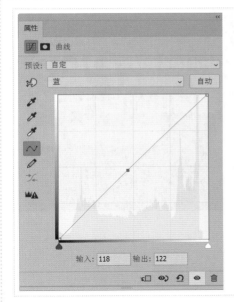
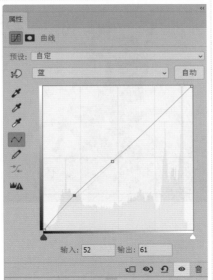

图9-76

图9-77

使用"曲线"调整图像时，如果不知道该在曲线的哪一位置添加控制点，如何解决？此时单击对话框中的 按钮，然后将鼠标指针放在图像上，曲线上会出现一个空的圆形，它代表了鼠标指针处的色调在曲线上的位置，如图 9-78 所示，在画面中单击即可添加控制点，拖动控制点调整相应的色调，如图 9-79 所示。

在曲线上如何删掉已经添加的控制点？使用鼠标在控制点上单击并拖动出曲线操作界面，即可删掉不需要的控制点。

图9-78

图9-79

9.3.5　实战：使用可选颜色命令调整海报的色彩

　　"可选颜色"的调整基于颜色互补关系的相互转换原理，通过它可以修改图像中每个主要原色成分中印刷色的含量。下面通过对一张图片中的天空和地面的调整，介绍"可选颜色"的使用方法。

扫码看视频

STEP 1 打开"自行车比赛宣传海报",可以看到画面中天空发灰,地面的光感不足,如图9-80所示。下面对该图片进行调整。

图9-80

STEP 2 选中人物所在的图层,单击菜单栏"图像">"调整">"可选颜色"命令,打开"可选颜色"对话框。印刷色的原色是青、洋红、黄和黑四种。在"可选颜色"对话框可以看到这四种颜色的选项,如图9-81所示。如果要调整某种颜色中的油墨数量,可以在"颜色"下拉列表中选中这种颜色,然后拖动下方的滑块进行调整。"青色""洋红""黄色"滑块向右移动时,可以增加相应的油墨数量;向左移动,则油墨数量会减少,与此同时其补色"红色""绿色""蓝色"会增加。

STEP 3 处理天空的颜色让画面变得通透。影响蓝色的颜色是青色和蓝色,在"颜色"选项中选中"青色",向右拖动"青色"滑块使天空变蓝,向左拖动"黄色"滑块减少黄色(增加蓝色),设置参数如图9-82所示,效果如图9-83所示。

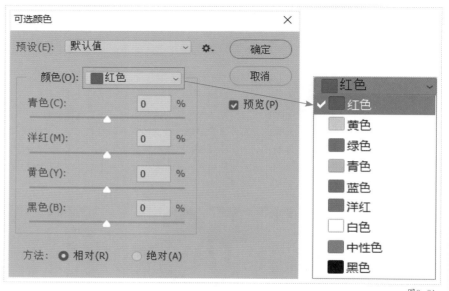

图9-81

图9-82

图9-83

STEP 4 如果希望图像更蓝更透亮一些,可以在"颜色"选项中选中"蓝色",在该选项下增加青色、减少黄色。本例调整"青色"选项后天空蓝基本合适,未对"蓝色"选项进行设置。

STEP 5 处理地面的颜色，从画面看影响地面颜色的是红色，在"颜色"选项中选中"红色"，向左拖动"青色"滑块减少蓝色，增加红色，向右拖动"黄色"滑块增加黄色，设置参数如图9-84所示，效果如图9-85所示。

图9-84　　　　　　　　　　　　　　　　　　　　　　　　　　　　　　　　　　图9-85

 "可选颜色"对话框最下方"方法"选项的用法：选中"相对"选项可以按照总量的百分比修改现有的青色、洋红、黄色和黑色的含量，例如从50%的青色开始添加10%，结果为55%的青色（50%+50%×10%=55%）；选中"绝对"选项，则采用绝对值调整颜色，例如，从50%的青色开始添加10%，则结果为60%的青色。

 使用可选颜色调整红色、绿色和蓝色的调色规律：红色=洋红+黄色，绿色=青色+黄色，蓝色=青色+洋红。

9.3.6　替换颜色

　　"替换颜色"命令可以选中图像中的特定颜色，然后修改其色相、饱和度和明度。该命令包含了颜色选择和颜色调整两种选项，颜色选择方式与"色彩范围"命令基本相同，颜色调整方式则与"色相/饱和度"命令十分相似。下面以"日系文艺小清新的旅行写真集相册内页"设计中梦幻照片处理为例，来讲解该命令的使用方法。

STEP 1 打开素材文件，如图9-86所示。可以看到画面整体感觉比较平淡，此时可以利用"替换颜色"命令将图像快速调整为小清新风格。

STEP 2 为了防止原图像被破坏，可以使用"Ctrl+J"组合键，复制一个图层，重命名为"替换颜色"，如图9-87所示。单击菜单栏"图像">"调整">"替换颜色"命令，打开"替换颜色"对话框，使用对话框中的吸管工具 ，在画面中单击绿色树林部分，对画面中的绿色部分进行取样，如图9-88所示。此时在"替换颜色"对话框中的"颜色"会显示为选取的绿色。

图9-86

STEP 3 拖动"颜色容差"滑块，选中画面中的绿色部分（对话框中"颜色容差"选项下图像的白色部分代表了选中的内容），拖动"色相""饱和度""明度"滑块，即可调整画面中的绿色部分，对话框中具体参数设置如图9-89所示，调整后的效果如图9-90所示。

图9-87

图9-88

图9-89

图9-90

STEP 4 选中"替换颜色"图层，单击"图层"面板中的"添加图层蒙版"按钮，添加蒙版，如图9-91所示，将图像中不需要替换颜色的人物和道路部分用黑色画笔进行涂抹，最终效果如图9-92所示。（关于蒙版的具体操作详见本书第11章内容）

吸管工具 吸管工具在图像上点击，可以选择要修改替换的色调；用添加到取样工具在图像中单击，可以添加新的颜色，用从取样中减去工具在图像中单击，可以减少颜色。

本地化颜色簇 如果在图像中选择相似且连续的颜色，可勾选该选项，使选择范围更加精确。

颜色容差 用来控制颜色的选择精度，该值越高，选中的颜色范围越广。

选区/图像 选中"选区"选项，可在预览区中显示代表选区范围的蒙版

图9-91

（黑白图像），其中，黑色代表未选择区域，白色代表选中区域，灰色代表了被部分选择的区域。选中"图像"选项，则会显示图像内容，不显示选区。

色相/饱和度/明度 与"色相/饱和度"的3个选项相同，可以调整选定颜色的色相、饱和度和明度。

图9-92

9.3.7　颜色查找

"颜色查找"命令预设了各种调色效果，使用该命令可以通过选择"3DLUT文件""摘要""设备链接"实现对图像的高级色彩调整。

STEP 1　继续上一小节的操作，单击菜单栏"图像">"调整">"颜色查找"命令，或者单击"图层"面板中的"创建新的填充或调整图层"按钮，在弹出的下拉菜单中选择"颜色查找"命令，如图9-93所示，即打开"颜色查找"对话框。

图9-93

STEP 2　在"颜色查找"对话框中有"3D LUT文件""摘要""设备链接"3个选项，每一个选项都有部分类似预设的调色效果，也可以载入相关预设，单击该预设即可看到调色效果，用键盘上下键即可查看各种预设。此案例中选择的是"设备链接"下的"TealMagentaGold"预设选项，如图9-94所示，调整后的效果如图9-95所示。

图9-94

图9-95

3DLUT文件　单击可以选择3D光源文件。选择不同的光域网可以实现不同的图像效果。用户可以选择默认的文件，也可以单击选择外部的文件。

摘要　在右侧的预设下拉列表中单击选择一种预设效果配置文件。选择不同的配置文件实现不同的图像效果。用户可以单击选择外部的配置文件。

设备链接　单击可选取或载入显示器或打印机设备链接ICC配置文件，用来实现对图像颜色的调整。用户可以单击选择设备链接配置文件。

　3D LUT广泛用于电影生产工业，是电影领域的调色概念。LUT其实就是Lookup Table的缩写，而3D LUT即三维LUT，其每一个坐标方向都有RGB通道，这使得我们可以映射并处理所有的色彩信息。

9.3.8 使用颜色替换工具

在 Photoshop 中除了使用"替换颜色"和"查找颜色"命令来对图像色调进行调节外，还可以通过使用颜色替换工具，在图像中的特定颜色区域中进行涂抹，可以使用设置的颜色替换原有的颜色。具体操作如下所述。

STEP 1 在9.3.7小节调整完整体色调的照片中，人物帽子部分的黑色装饰带比较突兀，如图9-96所示。怎样能既改变装饰带的颜色，又能保留原有装饰带的光泽和质感？此时就可以使用画笔工具组里的颜色替换工具来替换颜色。

STEP 2 选择画笔工具组里的颜色替换工具，在图9-97所示的工具栏中可设置其相关参数。此案例需要帽子的装饰带的颜色与人物袜子的颜色相呼应，所以可先按"Alt"键在画面中选择想要替换的颜色，即画面中袜子的颜色，将前景色定义为"R55 G175 B176"（也可以不在画面中取样颜色，而是根据自己的需要调整前景色）。

图9-97

图9-96

STEP 3 在图像中需要更改颜色的地方涂抹，即可将其替换为前景色。不同的绘图模式会产生不同的替换效果，常用的模式为"颜色"。在涂抹时根据画面需要调整画笔的大小，调整方式与普通的画笔调整方式完全相同，替换后的效果如图9-98所示。最终完成的日系文艺小清新的旅行写真集相册内页设计效果如图9-99所示。

连续 在拖动时对颜色连续取样。使用"连续"方式将在涂抹过程中不断以鼠标指针所在位置的像素颜色作为基准色。

一次 只替换第一次单击的颜色所在区域中的目标颜色，使用"一次"方式将始终以涂抹开始时的颜色为基准色。

背景色板 只替换包含当前背景色的区域。

图9-98

限制 取样选项可以选择替换颜色的方式："不连续"方式将替换鼠标指针所到之处的颜色；"邻近"方式替换鼠标指针邻近区域的颜色；"查找边缘"方式将重点替换包含样本颜色的相连区域，这种方式可以更好地保留形状边缘的锐化程度。

容差 该选项用于控制替换的颜色范围（百分比值范围为 1~100）。数值越小，可以替换与单击区域颜色相似的颜色越少；数值越大，可以替换与单击区域颜色相似的颜色越多。

对画笔应用程序消除锯齿 为所校正的区域定义平滑的边缘。

图9-99

9.3.9 实战：使用渐变映射制作波普风格的促销海报

"渐变映射"首先会将图像转变为灰度图像，从明度的角度分为：暗部、中间调和亮部。在"渐变映射"中有一个颜色渐变条，这个颜色渐变条从左到右对应的就是照片的暗部、中间调和亮部。也就是说如果我们把这个渐变条填充上两个颜色，越靠近左边的颜色将是照片暗部的颜色，越靠近右边的颜色将是照片亮部的颜色，而中间过渡区域则是中间调的颜色。下面以波普风格促销海报设计中人物素材的处理为例，来讲解该命令的使用方法。

STEP 1 打开素材文件"人物素材"，如图9-100所示。使用魔棒工具 中的"选择主体"功能选择出人物主体，按"Ctrl+J"组合键，将选择的人物主体复制到一个新的图层中，如图9-101所示。

图9-100

图9-101

STEP 2 为了符合波普设计的风格，对人物素材进行渐变映射处理。单击菜单栏"图像">"调整">"渐变映射"命令，可打开"渐变映射"对话框，如图9-102所示。在"灰度映射所用的渐变"下拉菜单中可以选择预设好的渐变颜色，如图9-103所示。 也可以单击渐变条，进行自定义渐变颜色设置，本例中应用了自定义渐变颜色，颜色设置如图9-104所示。添加渐变映射后的效果如图9-105所示。

图9-102

图9-103

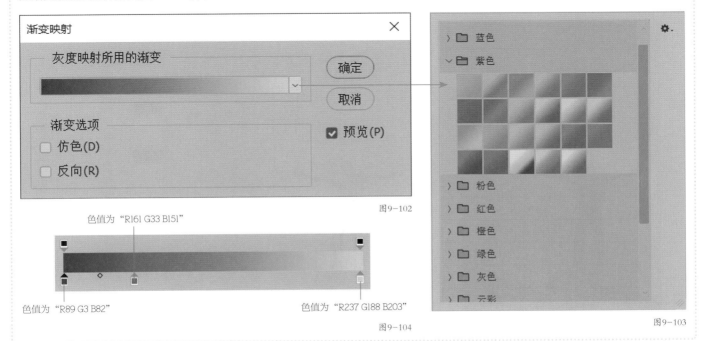

图9-104

仿色 可以添加随机的杂色来平滑渐变填充的外观，减少带宽效应，使渐变效果更加平滑。

反相 可以反转渐变颜色的填充方向。

图9-105

STEP 3 将应用渐变映射的人物图像添加到波普风格的海报中，为了突出人物主体，可以给"人物素材"图层添加一个"描边"的图层样式，描边颜色设为白色，最终的波普风格的海报设计效果如图9-106所示。

图9-106

9.3.10 匹配颜色

"匹配颜色"命令可匹配多个图像之间、多个图层之间或者多个选区之间的颜色。还可通过更改亮度和色彩范围以及中和色痕来调整图像中的颜色。需要注意的是"匹配颜色"命令仅适用于 RGB 模式。下面以户外运动健身海报设计为例，来讲解该命令的使用方法。

STEP 1 打开素材文件"运动人物"，如图9-107所示，使用移动工具将其拖动到"户外运动健身海报"文件中，命名为"运动人物"，如图9-108所示。

图9-107

图9-108

STEP 2 观察发现，运动人物放到背景中显得比较突兀，为了让人物与背景更好地融合，这时就可以使用"匹配颜色"功能来使两者的颜色相匹配。单击菜单栏"图像">"调整">"匹配颜色"命令，打开"匹配颜色"对话框，在"源"中选择"户外运动健身海报.psd"，在"图层"中选择"云"，适当调整"渐隐"的参数值，具体设置如图9-109所示，匹配颜色后的效果如图9-110所示。

STEP 3 在运动人物上方新建一个图层并命名为"蓝色"，为该图层填充蓝色（色值为"R175 G197 B233"），设置图层混合模式为"颜色加深"，加强画面中的蓝色，完成户外运动健身海报设计，如图9-111所示。

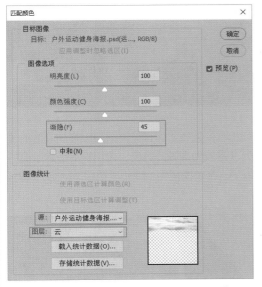

图9-109

图9-110

图9-111

目标 显示了被修改的图像的名称和颜色模式。

应用调整时忽略选区 如果当前图像中包含选区，勾选该选项，可忽略选区，将调整应用于整个图像；未勾选该选项，则只影响选中的图像。

明亮度 可以增加或减小图像的亮度。

颜色强度 用来调整色彩的饱和度。该值为1时，则生成灰度图像。

渐隐 用来控制应用于图像的调整量，该值越高，调整强度越弱。

中和 勾选该项，可以消除图像中出现的偏色。

使用源选区计算颜色 如果在源图像中创建了选区，勾选该选项，可使用选区中的图像匹配当前图像的颜色；未勾选该选项，则会用整幅图像进行匹配。

使用目标选区计算颜色 如果在目标图像中创建了选区，勾选该选项，可使用选区中的图像匹配当前图像的颜色；未勾选该选项，则会用整幅图像中的颜色进行匹配。

源 可选择要将颜色与目标图像中的颜色相匹配的源图像。

存储统计数据 单击该按钮，可保存当前的设置。

载入统计数据 单击该按钮，可载入已存储的设置。使用载入的统计数据时，无须在Photoshop中打开源图像，就可以完成匹配当前目标图像的操作。

9.3.11 实战：将海报中的部分图像处理为黑白效果

"黑白"命令是非常强大的制作黑白图像的命令，它可以控制"色光三原色"（红、绿、蓝）和"印刷三原色"（青、洋红、黄）在转换为黑白时，每一种颜色的色调深浅。例如，红、绿两种颜色在转换为黑白时，灰度非常相似，很难区分，影调的层次感就会被削弱，使用"黑白"命令就可以分别调整这两种颜色的灰度，将它们的层次区分开。下面通过将一个运动饮料

海报设计中的彩色人物转为黑白图像，介绍"黑白"命令的使用方法。

STEP 1 打开素材文件"运动饮料宣传海报设计"，如图9-112所示。从画面中可以看到"饮料"与"人物"在版面中所占的比重差不多，不能凸显出"饮料"，此时可以考虑将人物转为黑白图像，这样就可以从色彩上突出"饮料"。下面介绍调整步骤。

图9-112

STEP 2 将"人物"转为黑白图像前，先将人物衣服上的橘红色边调整为与左侧相应的蓝色。这样处理既可以增加画面的设计感，又可以使版面左右的图像相呼应。为"橘红色衣服边"创建选区（此处为获得较为准确的选区，采用钢笔工具绘制并创建选区，钢笔工具的使用方法见6.4节），按"Ctrl+J"组合键，将其单独复制到一个新图层中，使用"色相/饱和度"调整该图层的颜色，设置参数如图9-113所示，效果如图9-114所示。

图9-113

图9-114

STEP 3 将"人物"转为黑白图像。选中"人物"所在的图层，单击菜单栏"图像">"调整">"黑白"命令，打开"黑白"对话框，如图9-115所示，此时画面自动转为黑白效果，如图9-116所示。

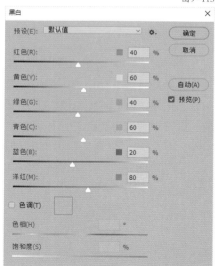

图9-115

图9-116

STEP 4 如果要对某种颜色进行单独调整，可以选中并拖动该颜色滑块进行设置，向右拖动可以将颜色调亮，向左拖动可以将颜色调暗。如图9-117所示，将"黄色"滑块向左拖动至合适位置，此时画面中黄色相应的区域被调暗，如图9-118所示。

图9-117

图9-118

9.3.12　去色

在 Photoshop 中除了"黑白"命令可以用来制作黑白图像外，在需要使用灰度图片时，还可以将图片的颜色进行"去色"处理。

单击菜单栏"图像">"调整">"去色"命令，或按"Shift+Ctrl+U"组合键，都可以将彩色素材图片转换为灰度的黑白图片，效果如图 9-119 所示。

原图

去色后的效果图

图9-119

提示 "去色"命令与"黑白"命令的区别："去色"命令只能简单地去掉所有颜色，只保留原图像中单纯的黑白灰关系，并且将丢失很多细节；而"黑白"命令则可以通过参数的设置调整各个颜色在黑白图像中的亮度，这是"去色"命令不能够做到的。所以如果想要制作高质量的黑白照片，则需要使用"黑白"命令。

9.3.13　实战：调整海报中偏色的衣物

在设计洗衣液海报时，为了展示洗衣液洗涤后洁净的效果，可以为画面添加一个"白色衣物"素材，但画面中的"白色衣物"偏黄，给人脏、旧的感觉，如何调整让"白色衣物"看起来更洁净呢，具体操作步骤如下，效果对比如图 9-120 所示。

扫码看视频

原图　　　　　　　　　　　　　　　　　　　效果图

图9-120

STEP 1　打开素材文件，选中"衣物"图层，单击"调整"面板中的"创建新的色彩平衡调整图层"按钮，即可在"衣物"图层的上方创建"色彩平衡"调整图层。使用调整图层调整图像时，会影响到它下方的所有图层，要对"衣物"进行单独调整，就需要先将"色彩平衡"调整图层剪切到"衣物"图层中。单击"色彩平衡"调整图层下方的 按钮，如图9-121所示，此时该图层以剪贴蒙版的方式剪切到"衣物"图层中（关于剪贴蒙版的使用方法见第11章），如图9-122所示。

图9-121

图9-122

STEP 2　图片整体偏黄，可以在"中间调"进行调整，向右拖动黄色与蓝色滑块，减少图片中的黄色，图片偏黄的现象基本得到校正，但这个白色衣物处于蓝色背景上，为了让画面的色调更统一，可以让阴影处衣物稍微偏向蓝色一些，选中"阴影"选项，向左拖动青色与红色滑块，增加青色，向右拖动黄色与蓝色滑块，增加蓝色，如图9-123所示。此时白色衣物的颜色倾向没什么问题了，但颜色较深，如图9-124所示。

图9-123

图9-124

STEP 3　选中"衣物"图层，单击"调整"面板中的"创建新的曲线调整图层"按钮 ⊞，即可在"衣物"图层的上方创建"曲线"调整图层，如图9-125所示。在曲线的中间位置单击，添加一个控制点，向左上角方向拖动控制点，提亮画面中间调，"输入"值为125，调整后"输出"值为163；在曲线的中间调和阴影之间添加一个控制点，向下拖动到直线处，"输入"值为71，调整后"输出"值为68，这样操作可以保持画面暗部颜色不变，提亮画面的亮部，如图9-126所示，此时白色衣物的颜色基本合适了，效果如图9-127所示。

图9-125

图9-126

图9-127

第 **10** 章

图像的
变形与修饰

　　本章内容分为变形和修饰两大部分。变形是使用透视剪裁工具、内容识别命令对图像进行拉伸或变形操作。图像修饰主要指修饰瑕疵，可使用的工具有污点修复画笔工具、修补工具、仿制图章工具等。

　　通过学习本章内容，读者可以制作宽幅照片，校正透视畸变照片，还可以去除人物面部的痘痘、皱纹及服装上的多余褶皱，去除背景杂物，修改穿帮画面等。

10.1 图像裁剪与变形

受拍摄用的镜头的类型、成像质量，以及拍摄时的角度等因素的影响，成像与肉眼见到的场景相比会有一定程度的变形，例如用广角或超广角镜头拍摄会造成建筑物变形，用鱼眼镜头拍的照片除了画面中心其他部分都有夸张的畸变。拍摄角度的选择也会引起变形，例如采用仰视拍摄，高大的建筑物会往中间倾斜。在Photoshop中，对图像进行校正或变形处理的功能有很多，这一节中，我们主要学习对图像进行处理需要掌握的校正功能和方法。

10.1.1 使用裁剪工具进行二次构图

当画面中存在碍眼的杂物、画面倾斜、主体不够突出等情况时，就需要对画面进行二次构图。可以使用工具箱中的裁剪工具 🔪，来快速裁剪掉画面中多余的图像或者调整倾斜的画面，来实现完美的画面构图。

1. 基本裁剪工具的使用

裁剪工具可以快速裁剪掉画面中多余的图像，从而得到合适的画面构图，具体操作如下所述。

STEP 1 打开一张需要裁剪的花卉照片，单击工具箱中的裁剪工具，在图像窗口中可以看到照片上自动添加了一个裁剪框，如图10-1所示。图10-2所示为该工具的选项栏。

图10-1

图10-2

比例 用于设置裁剪的约束比例，通过该选项可以4种方式进行裁剪操作。

① 该选项的下拉列表框中可以选择预设的比例或尺寸进行裁剪，如图10-3所示。原始比例：选中该项后，裁剪框始终会保持图像原始的长宽比例。预设的长宽比/预设的裁剪尺寸："1:1（方形）""5:7"等选项是预设的长宽比；"4×5英寸300ppi""1024×768像素 92ppi"等选项是预设的裁剪尺寸。

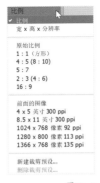

图10-3

② 如果想按照特定比例裁剪，可以在该下拉列表框中选择"比例"选项，然后在右侧文本框中输入比例数值，如图10-4所示。

图10-4

③ 如果想按照特定的尺寸进行裁剪，可以在该下拉列表框中选择"宽×高×分辨率"选项，然后在右侧文本框中输入宽、高和分辨率的数值，如图10-5所示。

图10-5

④ 如果想要进行自由裁剪，可以在该下拉列表框中选择"比例"选项，然后单击 清除 按钮将约束比例数值清空，如图10-6所示。

图10-6

STEP 2 将鼠标指针移动到裁剪框四边的节点处，鼠标指针呈 ↕ 或 ↔ 形状，此时拖动鼠标，即可调整裁剪框的宽度或高度；将鼠标指针移动到裁剪框四角处，鼠标指针呈 ↖ 形状，此时按住"Shift"键同时拖动鼠标，即可等比例调整裁剪框，如图10-7所示。

调整裁剪框宽度

调整裁剪框高度

等比例裁剪框宽度和高度

图10-7

STEP 3 完成裁剪框调整后，单击工具选项栏中的"提交当前裁剪操作"按钮 ✓ 或按"Enter"键确认裁剪，即可将裁剪框之外的图像裁掉，在图像窗口中可以查看裁剪后的效果。图10-8所示是裁剪前后的画面，可以看到裁剪后画面主体更为突出。

按"原始比例"裁剪画面

裁剪后画面效果

图10-8

2. 使用技巧

使用裁剪工具，还可以进行旋转裁剪，具体操作如下。

STEP 1 打开一张画面倾斜的照片，单击裁剪工具，如图10-9所示。

STEP 2 将鼠标指针移至裁剪框的外侧，当它变为带双向箭头的弧线 ↻ 时，拖动鼠标即可旋转画布，如图10-10所示。

图10-9

图10-10

STEP 3　调整四周边界框到合适位置后，按"Enter"键确认裁剪。

STEP 4　如果在工具选项栏中选中"内容识别"选项，如图10-11所示，则会自动补全由于裁剪造成的画面局部空缺，如图10-12所示。

图10-11　　　　　　　　　　　　　　　　　　　　　　　图10-12

 在图像中创建裁剪框后，如果要将裁剪框移动到画面中的其他位置，可以将鼠标指针移至裁剪框内，当鼠标指针变为实心的黑色箭头形状 ▶ 时，拖动鼠标即可移动图像裁剪区域。

 如果要彻底删除被裁剪的图像，可选中裁剪工具选项栏中的"删除裁剪的像素"选项。否则，Photoshop会将裁掉的图像保留在文件中（使用移动工具拖动图像，可以将隐藏的图像内容显示出来）。

10.1.2　实战：制作 2 寸电子证件照

报名参加考试，需要2寸（准确地说应该是2英寸，人们习惯称之为2寸）正面电子证件照。下面以将一张半身正面照制作成符合要求的标准2寸证件照为例，来讲解裁剪工具的使用。

扫码看视频

STEP 1　打开一张半身正面照片，如图10-13所示。单击工具箱中的裁剪工具，在工具选项栏中选择"宽×高×分辨率"选项，然后在右侧文本框中输入宽、高和分辨率的数值，设置参数如图10-14所示。

图10-13

| 宽 x 高 x 分... ∨ | 35 毫米 | ⇄ | 45 毫米 | 300 | 像素/英寸 ∨ | 清除 |

图10-14

STEP 2 将鼠标指针移动到裁剪框四边的节点处，调整合适的照片构图，如图10-15所示。单击工具选项栏中的"提交当前裁剪操作"按钮 ✓ 或按"Enter"键确认裁剪，即可裁切出标准的2寸证件照，效果如图10-16所示。

图10-15

图10-16

10.1.3　实战：校正照片的水平线

在拍摄照片时，经常会拍出一些水平线或垂直线倾斜的照片，下面通过让照片的水平线恢复水平状态为例，来讲解裁剪工具中"拉直" 🖼 按钮的使用技巧。

扫码看视频

STEP 1 打开一张水平线倾斜的风景照片，如图10-17所示，首先找到画面上可以作为参考的地平线、水平面或建筑物等，整个画面将以它为校正线。

STEP 2 在工具箱中单击裁剪工具，在其工具选项栏中单击"拉直"按钮，拖曳鼠标在画面中拉出一条直线来校正水平线，如图10-18所示。

图10-17

水平参考线

图10-18

3 释放鼠标后，倾斜即刻被校正，并且随之出现一个裁剪框，裁剪框外的像素是因校正产生的多余像素，此时可以通过调整裁剪框大小或位置使照片的效果更加完美，调整后按"Enter"键直接确认校正，如图10-19所示。图10-20所示为使用"拉直"选项校正后的图像。

图10-19

图10-20

10.1.4　实战：透视畸变照片的平面化处理

使用透视剪裁工具 ▣ 可以使具有透视畸变的照片平面化，可用于对画展上拍摄的字画、翻拍的证件等畸变照片的处理。这里以影展上翻拍的摄影作品为例进行讲解，读者只要遇到类似情况，都可以利用此方法对畸变照片进行平面化处理。

扫码看视频

STEP **1** 打开影展翻拍的照片，如图10-21所示，这是一张在影展中翻拍的作品，由于展品悬挂位置过高或其拍摄位置不佳，导致拍摄出的画面产生畸变。

STEP **2** 单击透视裁剪工具 ▣ ，在画框四个角的位置单击（以十字中心为基点），在操作过程中会出现辅助网格线以及辅助点，完成点与四角对齐的操作，如图10-22所示。

图10-21

图10-22

STEP **3** 如果4个点的定位不够精准，可以移动网格的点或线做进一步调整，以确保网格与边框严密贴合，如图10-23所示。这时只需在画面中双击鼠标即可进行确认操作，完成的平面化效果如图10-24所示。

图10-23

图10-24

虽然我们通过透视剪裁处理了透视畸变问题，但画面的边框不够平直，下面使用"变形"命令手动拉直画框边角。

STEP 4 在对画面进行变形操作之前，需在背景图层上双击，将背景层转换为普通图层，如图10-25所示。此时才可以执行"变形"操作。

STEP 5 单击菜单栏"编辑">"变换">"变形"命令，在图像窗口中可以看到照片上自动添加了一个变换框，在工具选项栏中将网格设置为"3×3"，此时变换框将照片分成了9个图像区域，在拖动鼠标指针的同时就可对相关区域的图像进行变形，在变换框上拖动图像，使画面边框变平直，如图10-26所示。

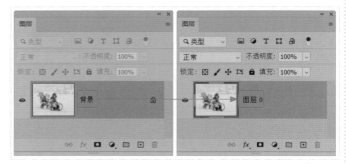

图10-25

STEP 6 按"Enter"键确认操作，调整后的效果如图10-27所示。

图10-26

图10-27

实战：调整照片透视效果

在Photoshop中可以通过透视变形工具轻松调整图像的透视效果。通过调整透视效果，达到调整角度、创建广角效果、快速匹配透视效果等目的。此功能对于包含直线和平面的图像（例如，建筑物图像和房屋图像）尤其有用。下面将通过调整建筑图像的透视效果来讲解该命令的应用。

扫码看视频

STEP 1 打开素材文件"建筑摄影"，如图10-28所示。通过运用透视变形工具可以改变照片的透视效果，在调整之前，必须在图像中定义结构的平面，单击菜单栏"编辑">"透视变形"命令，屏幕上会出现操作提示，将其关闭后在画面中单击会显示调整网格，如图10-29所示。沿图像中的建筑物的左侧面调整四边形网格，如图10-30所示。

图10-28

图10-29

图10-30

STEP 2 调整完图像左部平面后，可以在画面中单击，在右侧面创建一个调整网格，如图10-31所示。选择网格左上角的控制点，将其移动到左侧面网格右上角的控制点，此时将要重合的网格边线会加粗显示，松开鼠标，两个边线就会自动重合，两个网格形成整体，如图10-32所示。继续利用网格控制点覆盖建筑物右侧面，结果如图10-33所示。

图10-31

图10-32

图10-33

STEP 3 建筑物两侧网格调整完成后，在"透视变形"选项栏中由"版面"切换为"变形"。"透视变形"选项栏如图10-34所示。切换后的效果如图10-35所示。

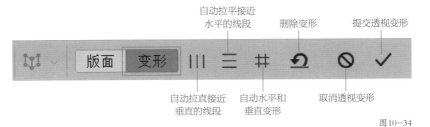

图10-34

STEP 4 此时可以移动控制点来调整变形效果，但单独调整控制点，容易产生错误的透视关系，所以应保持中线垂直，这样有利于变形操作，可按住"Shift"键单击中线，这样中线两端点就可以连接起来，并显示为高亮的黄色，只要移动其中一点，另外一点也会保持垂直地移动，如图10-36所示。可根据需要调整合适的透视角度。调整完成后，单击"提交透视" ✓ 按钮或者直接按"Enter"键完成透视变形。调整完成后通过裁剪工具将多余边缘剪掉，如图10-37所示。最终效果如图10-38所示。

图10-35

图10-36

图10-37

图10-38

10.1.6 实战：普通画幅照片变为宽幅照片

想要将普通画幅照片变成宽幅照片，如果使用普通缩放命令直接拉宽画幅会使画面变形，那么此时可以使用"内容识别缩放"命令。这个命令不会影响重要可视内容区域中的像素，在缩放图像时，画面中的人物、建筑、动物等不会变形。例如，在设计旅游画册内页时，根据版式要求需要一张宽幅海边人物照片，但手头只有一张常规尺寸的风景人物照片，如何将它处理成宽幅照片呢？具体操作步骤如下。

扫码看视频

STEP 1 打开素材文件"风景人物"和"旅游画册内页"，如图10-39和图10-40所示。

图10-39

图10-40

STEP 2　将风景人物照片添加到旅游画册内页中并以剪贴蒙版的方式置入灰色矩形，使用"变换"命令将风景人物照片调整到矩形的高度，并将风景人物照片和矩形同时选中，执行"左对齐"操作，如图10-41所示。

图10-41

STEP 3　将普通画幅照片变宽幅。先尝试使用"自由变换"命令拉伸画面。选择风景人物所在的图层，按"Ctrl+T"组合键，为图像添加一个变换框，按住"Shift"键向右拖动变换框将画幅拉宽，可以看到自由变换操作对图像所有区域的拉伸是均匀的，照片中的人物已经变形，如图10-42所示，因此不能使用该命令拉伸照片。

图10-42

STEP 4　按"Esc"键，取消自由变换操作，将图像恢复到未拉伸状态。单击菜单栏"编辑">"内容识别缩放"命令，此时图像出现变换框，按住"Shift"键向右拖曳变换框将画幅拉宽，可以看到作为主体的人物未发生形状改变，而背景的天空和水面被自然地拉伸成了宽幅，如图10-43所示。按"Enter"键确认操作，效果如图10-44所示。

图10-43

图10-44

10.1.7　实战：自动裁剪多张扫描的照片

在设计中经常会使用一些冲洗出来的老照片作为素材，首先需要通过扫描仪将照片扫描到电脑中，通常为了提高扫描效率会将多张照片扫描在一个文件中，然后我们就可以在软件中使用"裁剪并拉直照片"命令方便快捷地自动将各张照片裁剪为单独的图像文件。

扫码看视频

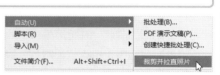

图10-46

STEP 1　打开扫描或者多照片排版的文件，如图10-45所示。

图10-47

STEP 2　单击菜单栏"文件">"自动">"裁剪并拉直照片"命令，如图10-46所示，即可以将各个照片分离为单独的文件，如图10-47和图10-48所示。最后，单击菜单栏"文件">"存储为"命令，可将分离的图片文件分别单独保存。

图10-45

图10-48

10.1.8　使用"裁切"命令裁剪透明像素

有些图像四周会有多余的边框或者透明像素，除了使用裁剪工具对构图进行修正外，还可以使用"裁切"命令把多余的部分快速去掉。该命令多用于文件的批量自动处理。下面以去掉图像四周的透明像素为例来讲解该命令的使用。

图10-51

STEP 1　打开素材文件，可以发现图片因调整完大小以后，四周有多余的透明像素，如图10-49所示。

图10-49

STEP 2　单击菜单栏"图像">"裁切"命令，打开"裁切"对话框，选择"透明像素"，并勾选"裁切"选项组内的全部选项，如图10-50所示，然后单击"确认"按钮即可将图像四周的透明像素快速裁掉，效果如图10-51所示。

图10-50

透明像素　删除图像边缘的透明区域，留下包含非透明像素的最小图像。

左上角像素颜色　从图像中删除左上角像素颜色的区域。

右下角像素颜色　从图像中删除右下角像素颜色的区域。

裁切　用来设置要修整的区域。

10.2 图像瑕疵修饰

风景照片中多余的干扰物，人物照片面部的痘痘、斑点等瑕疵，以及衣服的褶皱等，这些都可以在Photoshop中轻松处理。Photoshop提供了大量的照片修复工具，下面就来讲解一些常用修饰工具的使用方法。

10.2.1 实战：使用污点修复画笔工具去除污点

使用污点修复画笔工具 ✐，可以消除图像中较小面积的瑕疵，例如去除人物皮肤的斑点、痣，或者画面中细小的杂物。使用该工具直接在瑕疵上单击即可将其去除，修复后的区域会与周围图像自然融合，包括颜色、明暗、纹理等。下面通过为杂志封面人像去除斑点、痣，详细介绍污点修复画笔工具的使用方法。

STEP 1 打开素材文件"封面人物"，如图10-52所示。从图中可以看到人物颈部有一些斑点。下面使用污点修复画笔工具将人物颈部斑点去除。先复制一个图层，在复制的图层上进行修饰，这样可以不破坏原始图像。图10-53所示为放大的细节图。

图10-52

图10-53

STEP 2 单击工具箱中的污点修复画笔工具，在选项栏中选择一个柔角笔尖，将"类型"设置为"内容识别"，设置合适的笔尖大小，在人物颈部斑点处单击，即可去除斑点，如图10-54所示。对于不规则的斑点也可以使用污点修复画笔工具（像使用画笔涂抹一样），拖动鼠标指针进行涂抹，涂抹后的地方将智能化地与周边皮肤进行融合。

图10-54

STEP 3 继续使用污点修复画笔工具，对人物皮肤上的较小斑点和痣依次单击或涂抹去除，去除后效果如图10-55所示。

由于污点修复画笔工具适合对一些细小瑕疵进行修饰，对于一些较大瑕疵使用该工具修饰后，将照片放大到100%查看，会发现有时候纹理细节效果并不理想，此时可以考虑使用Photoshop中的修补工具。

图10-55

10.2.2 实战：使用修补工具去除污点

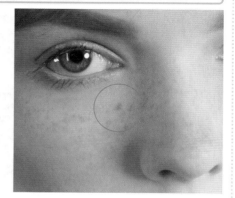

修补工具 ⚙ 常用于修饰图像中较大的污点、穿帮画面、人物面部的痘印等。修补工具是利用其他区域的图像来修复选中的区域，它与污点修复画笔工具一样，可以智能地使修复后的区域与周围图像自然融合。继续使用上一例图，在使用污点修复画笔工具修复的基础上，使用修补工具去除人物面部较大斑点。

STEP 1 将上一案例的图片放大，并调整到合适的画面位置，如图10-56所示。

图10-56

STEP 2 单击工具箱中的修补工具，将鼠标指针移至斑点处，按住鼠标左键沿斑点边缘拖动绘制（在选区与斑点边缘稍微让出一点距离，以便图像的融合），松开鼠标得到一个选区，将鼠标指针放置在选区内，向与选区内纹理相似的区域拖动（选区中的像素会被拖动位置的像素替代），如图10-57所示。移动到目标位置后松开鼠标，即可查看修补效果，如图10-58所示。

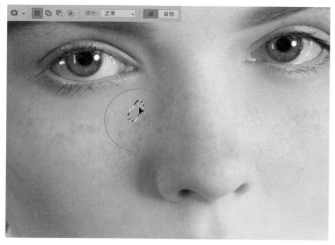

图10-57

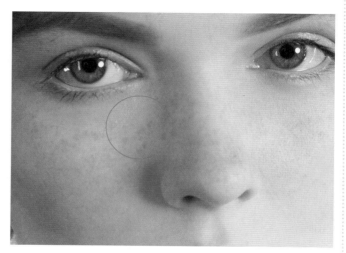

图10-58

STEP 3　继续使用修补工具，去除人物皮肤上的其他斑点，修复完后的效果如图10-59所示。将修复好的人物素材图片添加上封面相关文字后的最终效果如图10-60所示。

图10-59

图10-60

10.2.3　实战：使用仿制图章工具去除杂物

仿制图章工具 ▲ 是照片修饰中相当重要的工具，该工具常用于处理人物皮肤或去除一些与主体较为接近的杂物。使用仿制图章工具能用取样位置的图像覆盖需要修复的地方。如果使用仿制图章工具修复后的效果看起来不自然，可以设置不透明度或流量来进一步处理。下面通过去除人物背景处的干扰物，详细介绍仿制图章工具的使用方法。

STEP 1　打开素材文件"人像照片"，如图10-61所示。从图中可以看到背景中建筑物的装饰柱与人物面部重叠。下面使用仿制图章工具将干扰人物面部的装饰柱精确地去除。为了避免原始图像被修改，应在复制的图层上进行修饰。

STEP 2　单击工具箱中的仿制图章工具，设置合适的笔尖大小，在需要修复位置的附近按住"Alt"键单击，拾取像素样本，如图10-62所示。接着将鼠标指针移动到画面中需要修复的位置，按住鼠标左键进行涂抹覆盖（沿背景纹理进行涂抹覆盖，并可进行多次覆盖操作），效果如图10-63所示。

图10-61

样本拾取

图10-62

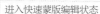

单击覆盖　　　　　　　　多次覆盖

图10-63

STEP 3 去除面部、发丝处的干扰物。此处不能直接使用仿制图章工具，因为使用该工具容易使边界错位以致修补到不该修补的区域。要修补这种干扰物与主体太近的区域时，可以先将需要修补的区域创建为选区（基于选区的特性，选区内的图像能进行修改，选区外的图像会被保护），然后进行修补操作。使用快速蒙版创建选区（使用柔边笔尖绘制并创建羽化效果的选区，可以使修补的边缘自然过渡），如图10-64所示。

进入快速蒙版编辑状态

蒙版转为选区

图10-64

STEP 4 使用仿制图章工具，顺着背景纹理将选区内的干扰物覆盖掉，效果如图10-65所示。

　　将与人物面部重叠的装饰柱去除后，可以继续使用仿制图章工具去除上半段装饰柱，但使用该工具修补此处会费时费力。此时可以考虑使用"内容识别"命令，它可以快速去除大面积的干扰物。

图10-65

10.2.4　实战：使用"内容识别"命令去除杂物

　　当画面中有较大面积的杂乱场景需要修复时，如果使用仿制图章工具或修补工具去除，不但费时费力，还容易出现过渡不自然的痕迹。使用"内容识别"命令对图像的某一区域进行覆盖填充时，Photoshop会自动分析周围图像的特点，将图像进行拼接组合后填充在该区域并进行融合，从而呈现无缝拼接的效果，配合选区的操作，可以一次性去除多个画面元素。继续使用上一例图，在使用仿制图章工具修复的基础上，使用"内容识别"命令去除上半段干扰物。

STEP 1　打开上一案例的图像继续编辑。使用"内容识别"命令前要在需进行内容识别填充的区域创建选区，此处使用套索工具以上半段干扰物为中心创建选区（选区要比需去除的区域大一些，以便预留出融合空间），如图10-66所示。

图10-66

STEP 2　单击菜单栏"编辑"＞"填充"命令或按"Shift+F5"组合键，打开"填充"对话框，在"内容"选项中选中"内容识别"，其他为默认设置，如图10-67所示。单击"确定"按钮执行内容识别填充，如果一次填充效果不理想，可以做多次填充，效果如图10-68所示。

图10-67

图10-68

10.2.5　实战：完美去除海报中的文字

在设计中我们通常需要使用多种图片格式的设计素材，但有时素材中会有一些多余的元素，如图10-69所示的图片中，我们只想使用图片的图像部分，而不需要文字部分，如何能快速地去除文字，并得到完美的图片背景呢？

扫码看视频

STEP 1　打开素材文件"海报"，如图10-69所示。我们需要将文字部分去除，只保留图像部分。为了避免原始图像被修改，应在复制的图层上进行修改。

STEP 2　单击菜单栏"选择"＞"色彩范围"命令，打开"色彩范围"对话框，此时鼠标指针变为吸管图标，在画面中的字体颜色处单击，即可对文字颜色进行取样，在"色彩范围"对话框中调整合适的容差值，具体设置如图10-70所示。单击"确定"按钮即可将与取样颜色相同的区域定义为选区，效果如图10-71所示。

图10-69

图10-70

图10-71

STEP 3 可以观察到由于画面上有些部位的色值与字体的色值相近，所以也被作为选区载入了，此时可以使用工具栏中的套索工具 ⊘，按住"Alt"键将图像中多余的选区减掉，如图10-72所示。

图10-72

STEP 4 为了使去除文字范围更准确，可单击菜单栏"选择">"修改">"扩展"命令，打开"扩展选区"对话框，在此对话框中将扩展量设为6像素，具体设置如图10-73所示。单击"确定"按钮即可将原有选区扩出6像素的大小，效果如图10-74所示。

图10-73

图10-74

STEP 5 单击菜单栏"编辑">"填充"命令或按"Shift+F5"组合键，打开"填充"对话框，在"内容"选项中选中"内容识别"，其他为默认设置，如图10-75所示。单击"确定"按钮执行内容识别填充，即可看到海报中的文字被去除了，效果如图10-76所示。

图10-75

图10-76

STEP 6　按"Ctrl+D"组合键，取消选区，如果文字有些许残留，可利用前面学习的图像瑕疵修饰的方法进行微调修饰即可，最终效果如图10-77所示。

图10-77

10.2.6　实战：使用内容感知移动工具复制图片中的热气球

内容感知移动工具 ✕ 可以去除或复制图片中的文字或图像，同时还会根据图像周围的环境与光源自动计算和修复移除或复制的部分，从而实现更加完美的图像合成效果。

打开素材文件，如图10-78所示，看到画面比较单调，可以通过内容感知移动工具 ✕ 复制几个热气球，使画面更加充实饱满，具体操作如下所述。

STEP 1　单击内容感知移动工具 ✕，在工具选项栏的"模式"下拉菜单中选择"扩展"选项，如图10-79所示。使用内容感知移动工具勾选出热气球的轮廓，如图10-80所示，然后将选择的热气球移动到合适的位置，同时可以通过四周的调整框来调整复制的热气球的大小，如图10-81所示。

图10-78

图10-79

图10-80

图10-81

STEP 2 按"Enter"键，确认复制结果后，会看到复制的热气球完美地和背景融合到了一起，效果如图10-82所示。使用同样的方法，可以再复制一个大小合适的热气球，使画面更饱满充实，最终效果如图10-83所示。

图10-82

图10-83

在内容感知移动工具选项栏的"模式"下拉菜单中选择"移动"选项，可以将选定的图像移动到指定位置，同时将原有位置中的图像移除。具体操作及效果如图10-84所示。

选择目标图像

将图像移动到合适位置

移动后的效果

图10-84

结构 输入1~7的值，指定修补应达到的近似程度。如果输入7，则修补内容将严格遵循现有图像的图案。如果输入1，则修补内容将不必严格遵循现有图像的图案。

颜色 输入 0~10 的值，指定 Photoshop 在多大程度上对修补内容应用算法颜色混合。如果输入 0，则将禁用颜色混合。如果"颜色"的值为 10，则将应用最大颜色混合。

投影时变换 启用该选项后，可以对刚刚已经移动到新位置的那部分图像进行缩放。只需针对已经移动的那部分图像，调整用于控制大小的句柄即可。

10.2.7 实战：一键替换天空

STEP 1 替换天空图案，可单击菜单栏"编辑">"天空替换"命令，如图10-85所示。

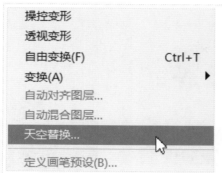

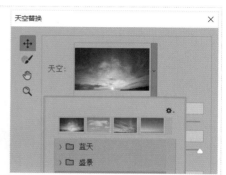

图10-85

STEP 2　在弹出的"天空替换"对话框中选择要替换的天空图案，如图10-86所示。若想更贴合背景，可在"天空替换"对话框中的"天空调整"中进行亮度和色温的调整。

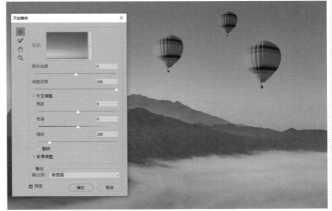

图10-86

10.2.8　实战：完美去除照片中的杂物

处理人像照片时，通常要对画面的细节进行修饰，例如人物面部瑕疵、衣服褶皱、画面背景的杂物等。本例需要去除人物面部的痣、痘印，墙面的污点、插座，地面污点等。

扫码看视频

STEP 1　打开图10-87所示的素材文件。仔细观察可以看到图片中有很多瑕疵，可以使用本章所学的命令将图片修复完美。首先放大人物脸部，使用污点修复画笔工具 将人物面部暇斑去除，如图10-88所示。同样的操作也可以去除掉地面的污斑。

使用污点修复画笔工具

修复后的效果

图10-87

图10-88

STEP 2 使用修补工具 ⬚ 框选出地板瑕疵部分，并配合污点修复画笔工具 ⬚，将地板残缺部分修补完整。效果如图10-89所示。

修复后的效果

图10-89

STEP 3 使用套索工具选中墙面插座，单击菜单栏中的"编辑">"填充"命令或按"Shift+F5"组合键，打开"填充"对话框，在"内容"选项中选中"内容识别"，单击"确定"按钮执行内容识别填充，将插座删除，效果如图10-90所示。

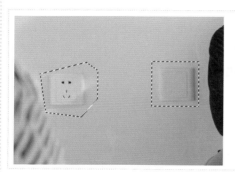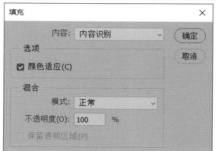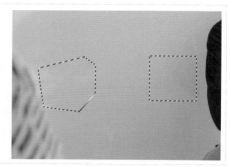

图10-90

STEP 4 可以灵活运用常用修饰工具，对画面中不完美的部分进行细致修复，最终效果如图10-91所示。

原图　　　　　　　　　　　　　　　　　　修复后的效果图

图10-91

第11章

蒙版与通道

本章主要讲解蒙版与通道的原理以及它们在实际工作中的具体应用。通过学习本章内容，读者可以借助图层蒙版对图像进行合成，在该过程中可以轻松地隐藏或显示图像的部分区域；可以通过剪贴蒙版将图像限定在某个形状中；可以通过快速蒙版快速创建选区。读者还可以利用通道与选区的关系抠取人像、有毛发的动物、薄纱或水等较为复杂的对象，以及利用通道进行调色。

11.1 关于蒙版

蒙版用于图像的修饰与合成，它本身不包含图像数据，只是对图层的部分数据起遮挡作用，当对图层进行操作处理时，被遮挡的数据将不会受影响。主要可用来抠图、做图的边缘淡化效果和融合图层。

例如在创意合成的过程中，经常需要将图片的某些部分隐藏，以显示特定的内容，如果直接删掉或擦除图片的某些部分，被删除的部分将无法复原。而借助蒙版功能就能够在不破坏图片内容的情况下，轻松地实现隐藏或复原图片的某些部分。Photoshop中的蒙版分为4种：图层蒙版、剪贴蒙版、快速蒙版和矢量蒙版。

11.2 图层蒙版

"图层蒙版"通过遮挡图层内容，使其隐藏或透明，从而控制图层中显示的内容，并且不会删除图像。

"图层蒙版"应用于某一个图层上，为某一个图层添加图层蒙版后，可以在图层蒙版上绘制黑色、白色或灰色，通过黑、白、灰来控制图层内容的显示或隐藏。以"化妆品主图"中的化妆品瓶身图像处理为例，在图层蒙版中显示黑色的部分，图层中的内容就被完全隐藏；显示灰色的部分，图层中的内容呈半透明状态；显示白色的部分，图层中的内容完全显示，如图11-1所示。

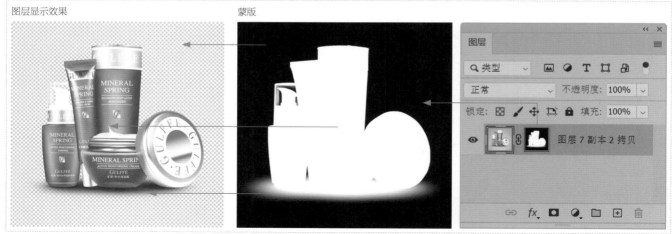

图11-1

11.2.1 创建图层蒙版

创建图层蒙版有两种方式：① 在图像中没有选区的情况下，可以创建空白蒙版；② 在图像中包含选区的情况下创建图层蒙版，选区以内的图像会显示，选区以外的图像则被隐藏。

1. 直接创建图层蒙版

下面以处理"杂志封面"文件中的主图与杂志标题的关系为例，来讲解直接创建图层蒙版的方法。

STEP 1 打开素材文件"杂志封面"，从画面中可以看到刊名"FANTASY"遮挡住了人物头发，如图11-2所示。下面我们为"刊名"图层创建图层蒙版，将挡在头发处的文字隐藏起来。

STEP 2　单击"刊名"图层，单击"图层"面板中的"添加图层蒙版"按钮，如图11-3所示，在该图层缩览图的右边会出现一个图层蒙版缩览图标，如图11-4所示。

图11-2　　　　　　　　　　　图11-3　　　　　　　　　　　图11-4

 在"图层"面板中选中要创建蒙版的图层，直接单击"添加图层蒙版"按钮，可为图层添加白色图层蒙版；按住"Alt"键并单击"添加图层蒙版"按钮，可为图层添加黑色图层蒙版。

　　在默认状态下，添加图层蒙版时会自动填充白色，因此，蒙版不会对图层内容产生任何影响。如果想要隐藏某些内容，可以将蒙版中相应的区域涂抹为黑色；想让其重新显示，将其涂抹为白色即可；想让图层内容呈现半透明效果，可以将蒙版涂抹为灰色。这些就是使用图层蒙版时的编辑思路。

　　画笔工具或渐变工具非常适合在图层蒙版上使用。画笔工具灵活度高，可以控制任意区域的透明度，渐变工具可以快速创建平滑渐隐的过渡效果。

STEP 3　创建图层蒙版后，使用画笔工具对蒙版进行编辑。选用一个柔边圆画笔，将前景色填充为"黑色"，选择图层蒙版缩览图，使用画笔工具在画面的人物头发处的刊名的"NTA"上进行涂抹，将人物头发显示出来，效果如图11-5所示。

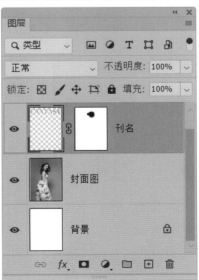

图11-5

进入蒙版编辑状态 对蒙版进行编辑时，如果需要在图像窗口中直接对蒙版里面的内容进行编辑，可以按住"Alt"键的同时单击该蒙版的缩览图，即可选中蒙版并在图像窗口中显示该蒙版的内容，如图11-6所示。使用该方法也可以查看蒙版的涂抹情况。

退出蒙版编辑状态 再次按住"Alt"键的同时单击该图层蒙版缩览图，即可退出蒙版编辑状态，在图像窗口中可以预览修改蒙版后的图像。

图11-6

> **提示** 为图层添加蒙版后，图层中既有图像，又有蒙版。进行编辑时，如果要对图像进行编辑，就要选择图像缩览图；如果要对蒙版进行编辑，就需要选择蒙版缩览图。如何知道Photoshop处理的是哪种对象呢？可以观察缩览图，哪一个四角上有边框，就表示哪一个被选中。

2. 基于选区创建图层蒙版

在Photoshop中可以基于选区直接创建图层蒙版。例如，在对图像进行抠图操作时，将画面中需要提取的图像创建为选区，如果不想删除原图背景，此时可以使用"蒙版"将背景隐藏，完成抠图操作。

STEP 1 使用钢笔工具将画面中需要提取的图像创建成路径并转换为选区（具体操作方法见第7章），如图11-7所示。

STEP 2 选择该图层，单击"图层"面板中的"添加图层蒙版"按钮 ■，可以看到选区以内的图像显示，选区以外的图像被隐藏，如图11-8所示。

从蒙版中载入选区 按住"Ctrl"键的同时单击图层蒙版缩览图，如图11-9所示，即可从蒙版中载入选区，如图11-10所示。

图11-7   图11-8

图11-9   图11-10

11.2.2 蒙版属性面板

　　蒙版"属性"面板用于调整选定的滤镜蒙版、图层蒙版或矢量蒙版的不透明度和羽化范围，单击"图层"面板中的蒙版再执行"窗口"＞"属性"命令或双击蒙版，即可打开"属性"面板，如图11-11所示。

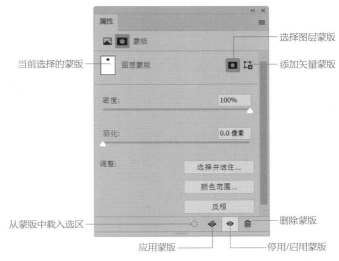

图11-11

　　当前选择的蒙版　显示"图层"面板中选择的蒙版类型，此时可以在"蒙版"面板中对其进行编辑。

　　选择图层蒙版　单击该按钮 ，选择操作界面为图层蒙版。

　　添加矢量蒙版　单击该按钮，可以为当前图层添加矢量蒙版。

　　密度　拖动该选项滑块控制蒙版的不透明度，也就是蒙版遮盖图像的强度。

　　羽化　拖动该选项滑块可以柔化蒙版的边缘。数值越大，蒙版边缘越柔和；数值越小，蒙版边缘越生硬。

　　选择并遮住　单击该按钮，可以切换到"选择并遮住"操作界面，在该界面中集合了快速选择工具、调整边缘画笔工具、画笔工具、对象选择工具、套索工具等可用来调整和修改蒙版边缘的工具。该选项只有在图层蒙版下才可以使用。

　　颜色范围　单击该按钮，弹出"色彩范围"对话框，通过在图像中取样并调整颜色容差可以修改蒙版范围。该选项在矢量蒙版下不可用。

　　反相　单击该按钮，可以反转蒙版的遮盖区域。该选项在矢量蒙版下不可用。

　　从蒙版中载入选区　单击该按钮，可以载入蒙版中所包含的选区。或者按"Ctrl"键单击蒙版的缩览图，也可以载入蒙版的选区。

　　停用/启用蒙版　单击该按钮，或按住"Shift"键单击蒙版缩览图，可以停用或重新启用蒙版。停用蒙版时，蒙版缩略图上会出现一个红色的"×"符号，如图11-12所示。

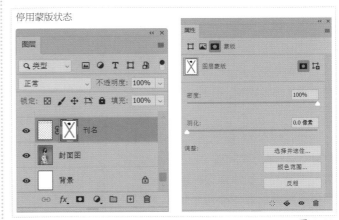

图11-12

　　删除蒙版　单击该按钮，可以删除当前选择的蒙版。在"图层"面板中，将蒙版缩览图拖至"删除图层"按钮上，也可以将其删除。

　　应用蒙版　单击该按钮，可以将蒙版应用到图像中，同时删除蒙版遮盖的图像。该选项在滤镜蒙版下不可用。

11.2.3 编辑图层蒙版

在图层上添加蒙版后，除了使用蒙版"属性"面板对蒙版进行编辑外，还可以在"图层"面板中对蒙版进行停用蒙版、启用蒙版、删除蒙版和复制图层蒙版等操作。这些操作对于矢量蒙版同样适用。

1. 停用图层蒙版

停用图层蒙版可使加在图层上的蒙版不起作用。使用该功能可方便地查看蒙版使用前后的对比效果。右键单击图层蒙版缩览图，在弹出的快捷菜单中单击"停用图层蒙版"命令，即可停用图层蒙版，使原图层内容全部显示出来，如图11-13和图11-14所示。

2. 启用图层蒙版

在"图层蒙版"停用的状态下，单击图层蒙版缩览图可以恢复显示图层蒙版效果；或者右键单击图层蒙版缩览图，在弹出的快捷菜单中单击"启用图层蒙版"命令，也可以恢复显示图层蒙版效果（该方法适合矢量蒙版使用）。

3. 删除图层蒙版

在Photoshop中可以通过两种方法来删除图层蒙版，得到的结果是有差异的。

第一种方法 要删除图层蒙版，右键单击图层蒙版缩览图，在弹出的快捷菜单中单击"删除图层蒙版"命令，即可删除图层蒙版，如图11-15和图11-16所示。

第二种方法 如果既要删除图层蒙版，又要保留蒙版的效果，可以选择蒙版将其拖曳到图层面板中的"删除"按钮 🗑 上，如图11-17所示，此时会弹出提示对话框如图11-18所示，可在该对话框中单击 应用 按钮，即可在删除蒙版的同时，将蒙版应用到图层上，效果如图11-19所示。

图11-13

图11-14

图11-15

图11-16

图11-17

图11-18

图11-19

11.2.4 实战：制作商品海报

扫码看视频

在Photoshop中处理图像时经常需要将一个图层上的蒙版复制到另一个图层上。下面通过使用调整图层功能调整图片颜色，来讲解复制图层蒙版的使用方法。

图11-20

STEP 1 打开素材文件"网店女包首屏海报"，如图11-20所示，从画面中可以看到"手提包"的颜色与实物差异较大，颜色偏灰暗。下面使用调整图层对其进行校色调整。

STEP 2 选中"手提包"所在的图层并为其创建选区（载入当前图层选区），如图11-21所示。单击"调整"面板中的"创建新的亮度/对比度调整图层"按钮，创建"亮度/对比度1"调整图层（调整图层自带图层蒙版），此时该调整图层选区之外的区域被蒙版遮盖，调整效果只对"手提包"产生影响，如图11-22所示。

图11-21

图11-22

STEP 3 在"亮度/对比度1"调整图层的属性面板中，设置"亮度"值为20，提亮手提包，"对比度"值为10，增加手提包的明暗对比，如图11-23所示。效果如图11-24所示，此时"手提包"的亮度合适，但"手提包"颜色与实物仍有差异，整体颜色偏黄不够粉嫩。下面使用"色彩平衡"进行调整，让"手提包"呈现粉色。

图11-23

图11-24

STEP 4 单击"调整"面板中的"创建新的色彩平衡调整图层"按钮，创建"色彩平衡1"调整图层，如图11-25所示，此时该调整图层对它下方的所有图层都起作用。为了使色彩平衡的调整效果只对手提包产生影响，需将"亮度/对比度1"的图层蒙版复制到"色彩平衡1"调整图层上，方法是按住"Alt"键将"亮度/对比度1"的图层蒙版拖动到"色彩平衡1"调整图层上，然后单击"是"按钮，如图11-26所示。

图11-25 | 图11-26

STEP 5 在"色彩平衡1"的属性面板中，选中"中间调"。向右拖动黄色与蓝色滑块增加蓝色，色值为+15，向右拖动青色与红色滑块增加红色，色值为+20，使"手提包"呈粉色，如图11-27所示。调整效果如图11-28所示。

图11-27 | 图11-28

11.2.5 实战：制作汽车挑战赛海报

设计一幅汽车挑战赛海报，需要将赛车的素材图片完美、自然地融合到海报的设计中，此时就可以使用图层蒙版来实现。图层蒙版属于位图图像，几乎所有的绘画工具都可以用来编辑蒙版，例如使用渐变工具编辑蒙版，可以让当前图像产生由透明到不透明的过渡效果，使图像逐渐融入另一个图像中，图像之间的融合效果自然。而本案例中可以使用柔角画笔来修改赛车素材的图像边缘，使其与设计背景产生逐渐淡出的过渡效果。

扫码看视频

STEP 1 打开素材文件"赛车素材"，将其拖放到"汽车挑战赛海报背景"中，调整到合适的大小和位置，如图11-29所示。本设计的最重要的一步，是需将赛车素材中多余的部分去除掉，只保留赛车主体，同时又不能使赛车在海报中过于生硬，此时就可以利用"图层蒙版"的特性，对设计图像进行完美的处理。

STEP 2 单击赛车图像所在的"图层"面板中的"添加图层蒙版"按钮 ▣ ，给该图层添加一个图层蒙版，然后使用画笔工具对蒙版进行编辑。选用一个柔角画笔，将前景色填充为"黑色"，选择图层蒙版缩览图，使用画笔工具在赛车素材画面的背景上进行涂抹，将背景中不需要的部分隐藏掉，再将前景色填充调整为"灰色"，在靠近赛车主体处进行涂抹，使赛车边缘与海报背景产生逐渐淡出的过渡效果，蒙版效果如图11-30所示，蒙版处理完的图像效果如图11-31所示。

赛车素材

海报背景

初步合成效果

图11-29

图11-31

图11-30

STEP 3 为调整好的赛车图像创建"色阶1"剪贴图层，微调一下图像的色彩对比，并将该图层的"图层模式"设置为"强光"，如图11-32所示。然后为海报添加主题文字及辅助文字，最终的"汽车挑战赛"海报设计效果如图11-33所示。

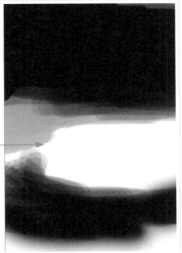

图11-32

图11-33

11.3 剪贴蒙版

剪贴蒙版是通过一个对象的形状来控制其他图层的显示区域，将该形状之内的区域显示出来，而该形状之外的区域则被隐藏。

剪贴蒙版由两个及两个以上的图层组成，整个组合叫作剪贴蒙版，最下面一层叫基底图层（它的图层名称带有下划线），也叫遮罩，其他图层叫作剪贴图层（图层缩览图前带有 ↓ 状图标），如图11-34所示。修改基底图层的形状会影响整个剪贴蒙版的显示区域；而修改某个剪贴图层，则只会影响本图层而不会影响整个剪贴蒙版。

图11-34

11.3.1 实战：合成中国风美食海报

扫码看视频

剪贴蒙版主要用于合成图像。下面以制作一幅中国风美食海报为例，介绍剪贴蒙版的使用方法。

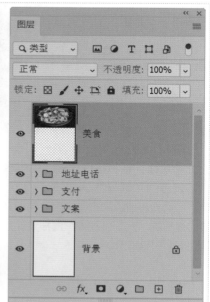

STEP 1 打开素材文件"美食海报"，如图11-35所示，可以看到将美食照片直接放置在画面上，显得呆板，此时可以通过一个水墨素材，将美食图片以剪贴蒙版的形式置入水墨素材，制作出"中国风美食海报"。

图11-35

STEP 2 打开素材文件"水墨"，如图11-36所示，使用移动工具将"水墨"拖入美食海报并将该图层名称改为"水墨"，如图11-37所示。

图11-36

图11-37

STEP 3 由于剪贴图层位于基底图层的上方，因此在"图层"面板中需要将"美食"图层移至"水墨"图层的上方，如图11-38所示。选中"美食"图层，单击菜单栏"图层">"创建剪贴蒙版"命令或者使用"Ctrl+Alt+G"组合键，将该图层与它下面的"水墨"图层创建成一个剪贴蒙版组，如图11-39所示。创建剪贴蒙版后的画面效果如图11-40所示。

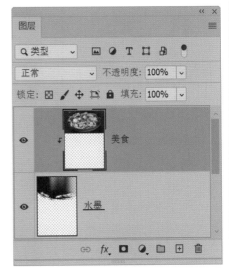

图11-38

图11-39

图11-40

提示 创建剪切蒙版时也可以按住"Alt"键，待要创建剪切蒙版的两图层中间出现 ↓□ 图标后单击鼠标左键，即可快速创建剪切蒙版，如图11-41所示。

图11-41

11.3.2 编辑剪贴蒙版组

1. 将多个图层内容创建剪贴蒙版

在剪贴蒙版中，基底图层只能有一个，而在其上的剪贴图层则可以有多个。下面介绍如何将多个图层创建到一个剪贴蒙版组中。打开本书配套素材文件，如图11-42所示，如果要将"人物1"和"人物2"图层同时置入它下方的"矩形"图层中，选中这两个图层，然后在图层名称的后方单击鼠标右键，在弹出的快捷菜单中单击"创建剪贴蒙版"命令，即可将它们创建到一个剪贴蒙版组中，如图11-43所示。

图11-42　　　　　　　　　　　　　　　　　　图11-43

2. 将图层移出或移入剪贴蒙版组

将图层拖动到基底图层的上方，可将其加入剪贴蒙版组，如图11-44所示；将图层拖出剪贴蒙版组则可释放该图层，如图11-45所示。

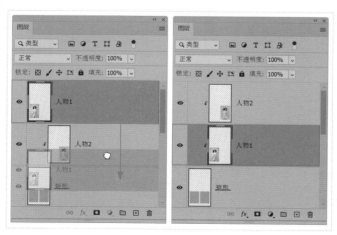

图11-44　　　　　　　　　　　　　　　　　　图11-45

3. 释放剪贴蒙版组

选中基底图层上方的剪贴图层，单击鼠标右键，选择"释放剪贴蒙版"命令，如图11-46所示，可以解散剪贴蒙版组，释放所有图层，如图11-47所示。

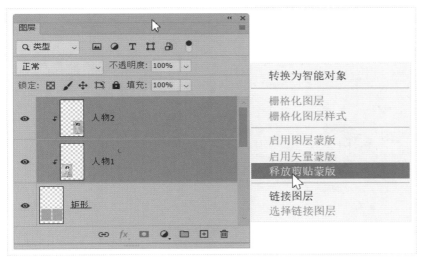

图11-46

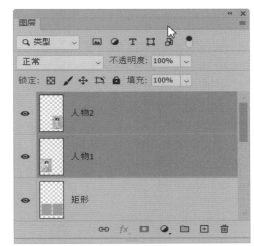

图11-47

11.3.3 实战：制作招聘广告

　　招聘海报要设计得很有创意，令人眼前一亮，才能吸引求职者。而招聘海报能否达到这样的吸睛效果，关键在于其色彩是否够吸引人、文案是否够独辟蹊径！从图11-48所示的招聘海报中可以看到，黑色的主题文字在画面中显得比较沉闷，没有足够的视觉吸引力，此时就可以利用剪贴蒙版来制作出纹理丰富的主题文字及其他设计元素。

STEP 1　打开素材文件"彩色底纹"，使用移动工具将"彩色底纹"拖入招聘海报并将该图层名称改为"文字剪贴1"，将其移动到合适的位置，完全覆盖文字部分，如图11-49所示。

图11-48

图11-49

STEP 2 选中"文字剪贴1"图层，单击菜单栏"图层">"创建剪贴蒙版"命令或者使用"Ctrl+Alt+G"组合键，将该图层与它下面的"主题文字"图层创建成一个剪贴蒙版组，如图11-50所示。创建剪贴蒙版后的画面效果如图11-51所示。创建完剪贴蒙版后，仍可以通过调整"文字剪贴1"图层的位置及大小等来完善文字的效果。

图11-50

图11-51

STEP 3 打开素材文件"水彩底纹"，使用移动工具将"水彩底纹"拖入招聘海报并将该图层名称改为"文字剪贴2"，将其移动到"文字剪贴1"图层上方，将其图层颜色改为"强光"，如图11-52所示。选中"文字剪贴2"图层，单击菜单栏"图层">"创建剪贴蒙版"命令或者使用"Ctrl+Alt+G"组合键，将该图层与它下面的图层创建成一个剪贴蒙版组，如图11-53所示。

图11-52

图11-53

STEP 4 观察创建剪贴蒙版后的效果会发现，"文字剪贴2"对"文字剪贴1"图层影响较大，文字显示不完全，单击"文字剪贴2"的"图层"面板中的"添加图层蒙版"按钮，给该图层添加一个图层蒙版，然后使用画笔工具对蒙版进行编辑。选用合适的画笔，选择图层蒙版缩览图，使用画笔工具在画面的背景上进行涂抹，涂抹过程中根据需要改变画笔颜色的深度，将所需要的文字显示出来，如图11-54所示。

STEP 5 使用相同的方式，利用"剪贴蒙版"绘制出招聘海报中的其他设计文字和图像元素，最终效果如图11-55所示。

图11-54

图11-55

11.4 矢量蒙版

　　矢量蒙版是由钢笔工具、自定义形状等矢量工具创建的蒙版，它与分辨率无关，无论怎样缩放都能保持光滑的轮廓，因此，常用来制作Logo、按钮或其他Web设计元素。矢量蒙版将矢量图形引入蒙版中，为我们提供了一种可以在矢量状态下编辑蒙版的特殊方式。

11.4.1 实战：创建矢量模板

　　矢量蒙版可以在图层上创建锐边形状，当想要添加边缘清晰的图像时就可以使用矢量蒙版，下面就以面包店促销宣传海报设计为例，讲解矢量蒙版的使用。

扫码看视频

STEP 1 打开素材文件"面包1"，如图11-56所示，将其移动到如图11-57所示的"面包店促销宣传海报"设计图像中，并调整合适的大小和位置，效果如图11-58所示。

图11-56

图11-57

图11-58

STEP 2 选择圆角矩形工具 ◻，设置参数如图11-59所示。在画面中单击并拖曳鼠标绘制路径，如图11-60所示。

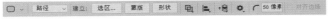
图11-59

图11-60

STEP 3 单击菜单栏"图层">"矢量蒙版">"当前路径"命令，如图11-61所示，或者按"Ctrl"键并单击"添加图层蒙版"  按钮，即可以基于当前路径创建矢量蒙版，路径区域外的图像会被蒙版遮盖，效果如图11-62所示。

图11-61

图11-62

STEP 4 使用同样的操作方法，将另外两种面包产品的图片添加到海报中去，再绘制其他的设计元素，最终效果如图11-63所示。

图11-63

提示：创建为矢量蒙版后，可以向该图层应用一个或多个图层样式。通常在需要重新修改的图像的形状上添加矢量蒙版，就可以随时修改蒙版的路径，从而达到修改图像形状的目的。

11.4.2 将矢量蒙版转为图层蒙版

选择矢量蒙版所在的图层，单击菜单栏"图层">"栅格化">"矢量蒙版"命令，或者在矢量蒙版上直接单击鼠标右键，在弹出的快捷菜单中直接选择"栅格化矢量蒙版"命令，可将其栅格化，使之转换为图层蒙版，如图11-64所示。

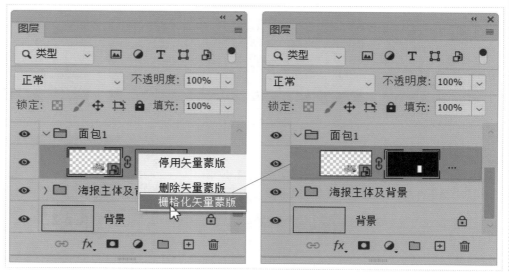

图11-64

图层蒙版和矢量蒙版同时存在的情况下，在"图层"面板中矢量蒙版的图标排在图层蒙版的图标之后。图层蒙版被蒙住的地方是全黑的，矢量蒙版被蒙住的地方是灰色的。矢量蒙版的优点是可以用路径工具对蒙版进行精细调整，就是对外形的精确调整，但没有灰度（透明度）。具体如图11-65所示。

矢量蒙版

图层蒙版

图11-65

11.5　快速蒙版

快速蒙版是一种特殊的临时蒙版，它的作用就是创建选区。在使用快速蒙版工具时需要结合画笔工具进行。

快速蒙版通常在摄影后期处理中，需对照片进行局部处理时使用。例如，在对人像照片调色时，为了达到最佳的处理效果，需要对局部进行处理，使用快速蒙版可以把这些需要处理的局部区域快速创建成选区，以便进行单独调整。

实战：使用快速蒙版调亮人物的面部

下面通过对一张人像照片的人物面部进行明暗调整，介绍快速蒙版的使用方法。

STEP 1 打开"人像照片"，由于逆光拍摄，人物面部显得较暗，需要将面部适当调亮。单击工具箱底部的"以快速蒙版模式编辑"按钮 或者按"Q"键，该按钮将变为"以标准模式编辑"按钮 ，表明已经处于快速蒙版编辑状态，如图11-66所示。

扫码看视频

STEP 2 设置前景色为黑色。单击工具箱中的画笔工具，使用一个柔边圆画笔，在工具选项栏中将"不透明度"和"流量"选项值均设置为100%，在人物面部涂抹，此时画面显示半透明的红色覆盖效果（这是默认蒙版颜色），涂抹时按"["和"]"键可调整笔尖大小。涂抹完成后的效果如图11-67所示。

图11-66

图11-67

STEP 3 单击"以标准模式编辑"按钮 切换回正常模式，此时画笔工具所涂抹的区域转换为选区，如图11-68所示。

快速蒙版编辑模式下只能使用黑、白、灰颜色进行绘制，使用黑色画笔绘制的部分在画面中呈现出被半透明的红色覆盖的效果；使用白色画笔可以擦掉快速蒙版。

图11-68

快速蒙版转为选区时，有时会在蒙版涂抹区域之外创建选区。这是由于在"快速蒙版选项"对话框中选中了"被蒙版区域"。在工具箱中双击"以快速蒙版模式编辑"按钮，可以打开"快速蒙版选项"对话框，如图11-69所示。在该对话框中选中"所选区域"，即可在蒙版涂抹区域之内创建选区。

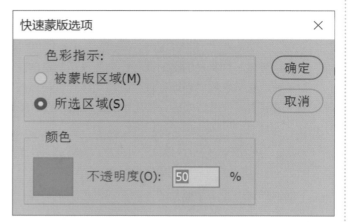

图11-69

STEP 4 复制一个图层，在新复制的图层上单击菜单栏"图像">"调整">"曲线"命令，打开"曲线"对话框，由于面部整体偏暗，在曲线的中间位置添加一个控制点并向左上方拖动，提亮画面的中间调，"输入"值为128，调整后"输出"值为147，如图11-70所示，最终效果如图11-71所示。

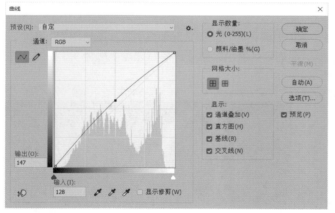

图11-70

图11-71

将快速蒙版转为选区后，如果还需要在快速蒙版上编辑，可以单击工具箱底部的"以快速蒙版模式编辑"按钮 🔲 ，进入蒙版编辑状态。

11.6 图框工具

图框工具能够帮助我们在设计中对图片进行编辑，并可以随时替换图片，特别适合做图文混排，画册排版等。使用方法简单，处理快速，且可逆的修改更新，能够有效地提高工作效率。

11.6.1　实战：根据已有模板制作相册内页

制作相册集往往要用到风格相似或者一致的相册内页，但是如果每页制作都需要将照片处理成一样的版式，不仅增加了工作量还有可能出现版式混乱的现象。那么如何高效制作一本相册呢？使用图框工具绘制图框，然后向图框里嵌入不同照片就是一个省时省力的好办法。

扫码看视频

1. 创建图框

STEP 1　打开相册内页模板，如图11-72所示。单击工具箱中的图框工具 ⊠，在图11-73所示的工具选项栏中，单击使用鼠标创建新的椭圆画框工具 ⊗，在画面中合适的位置创建圆形图框，如图11-74所示。此时图层面板会添加一个"图框1"图层，如图11-75所示。

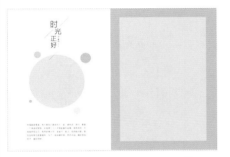

图11-72

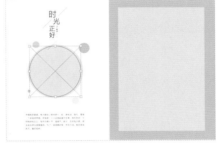

图11-74

画框缩览图

指示画框图层缩览图

图11-75

图11-73

STEP 2　单击菜单栏"文件">"置入嵌入对象"命令，可选择准备好的图片置入图框中，或者直接拖曳图片到图框中，如图11-76所示，直接将图片以"智能对象"的形式置入图框中，如图11-77所示。在"风景 图框"图层中选择"内容缩览图"，按"Ctrl+T"组合键，可以将置入的图像调整到合适的大小和位置，图片不会脱离所创建的图框，并且可以随意调整需要的图片范围，如图11-78所示。效果如图11-79所示。

图11-76

图11-77

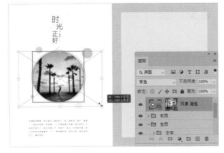

图11-78

图11-79

2. 将现有形状或文字转换为图框

STEP 选择相册模板的右侧已绘制好的"浅蓝形状"图层，如图11-80所示，在图层缩览图的右侧单击鼠标右键，在弹出的下拉菜单中选择"转换为图框"命令，如图11-81所示，会弹出"新建帧"对话框，在该对话框中，单击"确定"按钮，如图11-82所示，即可将已有的形状图层转换为图框，如图11-83所示（此操作同样可应用于文字图层，效果与"剪切蒙版"类似）。此时可以使用步骤2中的操作，将图片置入相册模板中，效果如图11-84所示。

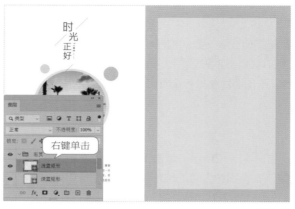

图11-80

图11-81

图11-82

图11-83

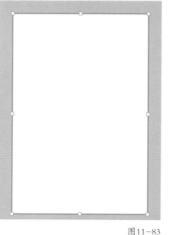

图11-84

3. 替换图框内容

STEP 使用图框工具最大的优势是可以随时替换图片，在"图层"面板中右键单击图框，在弹出的快捷菜单中选择"替换内容"命令，即可打开"替换文件"对话框，选中其中的一张图片，单击"置入"按钮即可替换图片，如图11-85所示。效果如图11-86所示。

图11-85

图11-86

11.6.2　在现有图像上绘制图框

　　打开一张图片，双击背景图层，将背景转换成可以编辑的图层，如图11-87所示。选择画框工具，直接在图像中拖曳，即可以绘制出类似剪切蒙版的效果，将图片需要的部分保留，不需要的部分隐藏，如图11-88所示。

图11-87

图11-88

11.7　关于通道

　　通道的主要用途是保存图像的色彩信息和选区。可利用通道进行调色，也可通过通道进行抠图。

11.7.1　通道与颜色

　　打开一个图像文件，Photoshop会在"通道"面板中自动创建它的颜色通道，如图11-89所示。通道记录了图像内容和颜色的信息。修改图像内容或调整图像颜色，颜色通道中的灰度图像就会发生相应的改变。

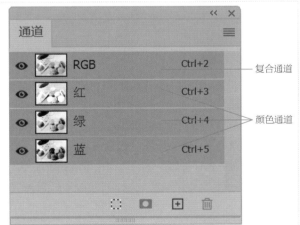

图11-89

　　复合通道　它是以彩色显示的，位于"通道"面板的最上层位置。在复合通道下可以同时预览和编辑所有颜色通道。

颜色通道 它们位于复合通道的下方，通道中的颜色通道取决于该图像中每种单一色调的数量，并以灰度图像性质来记录颜色的分布情况。单击"通道"面板中的某个通道即可选中该通道，文件窗口中会显示所选通道的灰度图像，这里选中"红"通道，如图11-90所示。按住"Shift"键单击多个通道，可以将它们同时选中，此时窗口中会显示所选颜色通道的复合信息，例如图11-91所示为同时选中"红"和"绿"通道。单击复合通道，可以重新显示所有颜色通道。

图11-90

图11-91

在不同的图像模式下，通道也是不一样的，图11-92和图11-93所示为分别将该图像转换为CMYK颜色模式和Lab颜色模式后的通道。

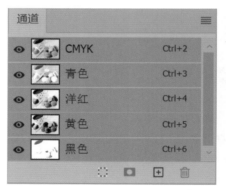

图11-92

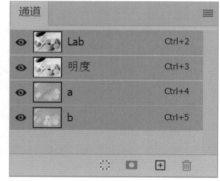

图11-93

11.7.2 实战：将照片调成淡色调

在Photoshop中可以使用通道进行调色。使用通道调节色调非常快捷，尤其是使用通道替换法，很容易就可以实现色彩的转换，后期稍微调整一下整体颜色即可得到想要的效果。在设计画册封面时，用做封面的图像通常需要调整一下色调，以符合主题文字的内容。下面就以一张旅行画册的封面图的调色操作为例，来介绍使用通道调色的方法。

扫码看视频

图11-94

STEP 1 打开本书配套文件中用于排版的"封面照片"（如图11-94所示），以及"旅行画册封面图素材"（如图11-95所示）。

图11-95

STEP 2 从画册封面文字可以看出画册带有怀旧的意境，因此可以考虑将图片处理成柔美的带有怀旧风格的色调。打开素材文件中用于封面排版的照片，选择"图像"＞"模式"＞"Lab颜色"命令，将照片由RGB颜色模式转换为Lab颜色模式，该操作目的是利用Lab颜色模式的"明度"通道与背景混合，降低图片饱和度，如图11-96所示。

图11-96

STEP 3 单击"通道"面板，单击"明度"通道缩览图，进入明度通道状态，此时照片变为黑白色。按"Ctrl+A"组合键，选中整个画面，然后按"Ctrl+C"组合键，复制明度通道信息至剪贴板备用，如图11-97所示。

STEP 4 单击菜单栏"图像"＞"模式"＞"RGB颜色"命令，将Lab颜色模式转换为RGB颜色模式，恢复原始的色彩模式状态。在"图层"面板中，按"Ctrl+V"组合键，粘贴第2步中复制的Lab颜色模式的"明度"通道信息，获得"图层 1"图层。将"图层 1"的"不透明度"值设置为25%，使画面在不损失细节、不降低明度的前提下，成功降低照片的色彩饱和度，完成淡色调制作，如图11-98所示。

图11-97

图11-98

STEP 5 单击"调整"面板中的"创建新的色彩平衡调整"按钮，创建"色彩平衡"调整图层。选中"中间调"，向左拖动黄色与蓝色滑块增加黄色，色值为-60，如图11-99所示，使画面呈现柔美的怀旧色调，如图11-100所示。

图11-99　　　　　　　　　　　　　　　　　　　　图11-100

STEP 6 打开旅游画册文件，如图11-101所示。合并封面图的调整效果，使用移动工具将封面图移动到画册"矩形 1"图层的上方，选中"封面人物"图层，单击菜单栏"图层">"创建剪贴蒙版"命令，将该图层与它下面的"矩形 1"图层创建成一个剪贴蒙版组，如图11-102所示。使用"变换"命令，调整封面图到适当大小，完成封面制作，效果如图11-103所示。

图11-101　　　　　　　　图11-102　　　　　　　　　　　　　　图11-103

11.7.3　通道与选区

在"通道"面板中选中任何一个颜色通道，然后单击"通道"面板下方的"将通道作为选区载入"按钮，即可载入通道选区，通道中白色的部分为选区内部，黑色部分为选区外部，灰色区域为羽化区域，如图11-104所示。颜色通道是灰度图像，排除了色彩的影响，更容易进行明暗调整。通过通道转换为选区功能，就可以进行一些较为复杂的抠图操作。

图11-104

11.7.4　实战：抠取设计化妆品海报需要的图片

通道抠图是一种比较专业的抠图方法，能够抠出使用其他抠图方式无法抠出的对象。对于人像、有毛发的动物、薄纱或水等一些比较特殊的对象来说，都可以尝试使用通道进行抠图。下面以一张化妆品模特水中摄影图为例，将水花与人物从背景中分离出来，用于化妆品海报设计，来介绍使用通道抠图的方法。

扫码看视频

图11-105

STEP 1 打开图片素材，如图11-105所示，由于产品模特摄影图的白色背景无法与化妆品海报的背景融合，因此需要将产品模特和水花抠取出来便于图像的合成。

STEP 2 打开"通道"面板，分别单击红、绿、蓝通道，观察窗口中的图像找到主体与背景反差最大的颜色通道，可以看到本例蓝通道中人物与背景的明暗对比最清晰，如图11-106所示。

红通道

绿通道

蓝通道

图11-106

STEP 3 选中"蓝"通道并拖动到"创建新通道"按钮 回 上复制蓝通道（不要在原通道上进行操作，否则会改变图像的整体颜色），得到"蓝 拷贝"通道，如图11-107所示。按"Ctrl+L"组合键弹出"色阶"对话框，在"输入色阶"选项组中，向右拖动"黑色"滑块至45，调暗阴影区域，向右拖动"灰色"滑块至0.10，调暗中间调，将人物和水花压暗，如图11-108所示，效果如图11-109所示。

图11-107

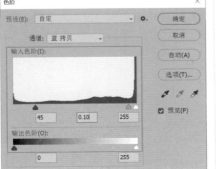

图11-108

图11-109

STEP 4 使用画笔工具，将"前景色"设置为黑色，在人物处涂抹，然后降低画笔工具的"不透明度"数值，在水花处涂抹，使水花呈现半透明状态，如图11-110所示。

STEP 5 单击"通道"面板下方的"将通道作为选区载入"按钮 ，如图11-111所示，将"蓝 拷贝"通道创建为选区，如图11-112所示，按"Ctrl+Shift+I"组合键反选选区，选中人物和水花，如图11-113所示。

图11-110

图11-111

图11-112

图11-113

STEP 6 单击"RGB"复合通道，返回"图层"面板，如图11-114所示，按"Ctrl+J"组合键，将选区中的图像创建一个新图层，完成抠图操作，图11-115所示为将背景图层隐藏后的效果。

图11-114

图11-115

图11-116

STEP 7 此时可以将抠取出的图像应用到化妆品海报中，如图11-116所示。

11.7.5 Alpha 通道

创建的选区越复杂，创建时花费的时间也就越长。为了避免因失误丢失选区，或者为了方便以后继续使用或修改，应该及时把选区存储起来。Alpha通道就是用来保存选区的。将选区保存到Alpha通道后，使用"文件">"存储为"命令保存文件时，选择PSB、PSD、PDF或TIFF等格式就可以保存Alpha通道。

Alpha通道有三种用途：一是用于保存选区；二是可以将选区存储为灰度图像，这样就能够用画笔编辑Alpha通道来修改选区；三是可以载入选区。在Alpha通道中，白色代表了选区内部，黑色代表了选区外部，灰色代表了羽化区域。用白色涂抹Alpha通道中的图像可以扩大选区范围；用黑色涂抹Alpha通道中的图像可以收缩选区；用灰色涂抹Alpha通道中的图像可以增加羽化范围。

以当前选区创建Alpha通道 该功能相当于将选区储存在通道中，需要使用的时候可以随时调用。而且将选区创建Alpha通道后，选区变成可见的灰度图像，对灰度图像进行编辑即可达到对选区形态进行编辑的目的。当图像中包含选区时，如图11-117所示，单击"通道"面板底部的"将选区存储为通道"按钮 ，即可得到一个Alpha通道，如图11-118所示，选区会存入其中。

图11-117

图11-118

将Alpha通道转为灰度图像 在"通道"面板中将其他通道隐藏，只显示Alpha通道，此时画面中显示灰度图像，这样就可以使用画笔工具对Alpha通道进行编辑。

将Alpha通道转为选区 单击"通道"面板下方的"将通道作为选区载入"按钮 ，即可载入存储在通道中的选区。

11.7.6 实战：制作梦幻烟雾效果

烟雾是透明的对象，在通道中如果处理得太清楚，效果会非常生硬；如果处理得太模糊，选取后会丢失细节。要把握好处理的度绝非易事，需要视情况多做尝试。本例将使用通道抠取烟雾，并为其添加梦幻的背景效果，步骤如下。

扫码看视频

STEP 1 打开烟雾素材文件，在"通道"面板中查看各通道的烟雾效果，如图11-119所示。可以看出，蓝色通道中的烟雾清晰轻薄，质感最好。

图11-119

STEP 2 选中蓝通道并拖动到"创建新通道"按钮 上复制（如图11-120所示），得到"蓝 拷贝"通道。单击"将通道作为选区载入"按钮，如图11-121所示，选区效果如图11-122所示。

图11-120

图11-121

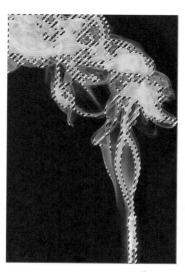

图11-122

STEP 3 在"图层"面板中单击"添加图层蒙版"按钮，如图11-123所示，抠得的素材如图11-124所示。打开背景图层，将抠出的烟雾拖曳进来，如图11-125所示。

图11-123

图11-124 图11-125

STEP 4 调整烟雾素材的大小位置，效果如图11-126所示。

图11-126

第**12**章

综合实例

本章为综合实例练习，通过常见的设计，如海报、UI界面、网店美工、杂志、包装和创意合成等综合案例，介绍各类设计的特点以及应注意的事项。本章实例用到的工具、命令多，技术也比较全面，在实例练习过程中，需要结合前面章节所学知识，总结规律，融会贯通，从而锻炼我们整合应用Photoshop功能的能力。

通过学习本章内容，读者可以尝试设计各种类型的广告，有助于积累实战经验，为就业做好准备。

12.1 摄影后期实战

　　无论是使用相机还是手机完成拍摄以后，照片难免会有一些遗憾或不尽如人意的地方，如照片的曝光不准，缺少色调层次，美丽的风景中有多余的视觉元素，人物脸上的痘痘和雀斑影响美观、皮肤粗糙发黄暗淡、身材不够苗条、脸型不够完美，照片色彩风格不符合拍摄主题思想等，这些都可以进行后期修饰。当我们对照片进行后期处理时，调整前，首先要有一个明确的思路，即预设后期效果，不同风格的照片需要运用对应的调色思路，建议大家多看看优秀摄影作品，形成自己的一种对色调的感觉，有助于提高后期色调处理能力。为了达到预设的效果，修图过程中可能很多步骤不能立即见效，但是每一步操作都是为最后效果的呈现作基础的。

12.1.1 实战：淡青色调人像照片

　　本例的原图画面颜色较平淡，很难体现人物的青春活力，下面将这张照片处理成一种当下比较流行的色调——淡青色调，处理前后的对比效果如图 12-1 所示。淡青色调以淡色为主，处理之前适当把图片调亮一点，这样画面更柔和，然后给图片背景部分增加一些淡青或淡蓝色。本例后期处理的核心思路是增加画面的明暗对比，降低饱和度，然后调配协调颜色，把色调调成淡青色，使画面通透、干净、自然淡雅，调色时要同时兼顾人物肤色来做处理，具体操作步骤如下。

扫码看视频

原图

效果图

图12-1

STEP 1 打开素材文件，如图12-2所示，可以看到画面光照效果较平淡，人物立体感不足。

STEP 2 使用"色阶"压暗中间调、提亮高光，增加画面光感效果。创建"色阶"调整图层，在其"属性"面板中，向右拖动"中间调"滑块压暗中间调，向左拖动"高光"滑块提亮高光，如图12-3所示，调整后效果如图12-4所示。

图12-2

图12-3　　　　　　　　　　　　　　　　　　　　　　　　　　　　　图12-4

STEP 3　降低人物肤色的饱和度和明度，使画面色调均衡柔和。在进行调整之前，先要确认好目标色，然后调整。人物的肤色以红色和黄色为主，因此需要调整红色和黄色。创建"色相/饱和度"调整图层，在它的"属性"面板中，选中"红色"选项，向左拖动"饱和度"和"明度"滑块，降低红色的饱和度和明度；选中"黄色"选项，向左拖动"饱和度"和"明度"滑块，降低黄色的饱和度和明度。设置如图12-5所示，照片效果如图12-6所示。

图12-5　　　　　　　　　　　　　　　　　　　　　　　　　　　　　图12-6

STEP 4　调整画面色调，让画面偏一点蓝色。创建"色彩平衡"调整图层，在它的"属性"面板中，选中"中间调"选项，向右拖动黄色与蓝色滑块增加蓝色，人物头发不易偏蓝，向右拖动青色与红色滑块增加红色，减弱头发中的蓝色含量；选中"高光"选项，向左拖动青色与红色滑块增加青色，向右拖动黄色与蓝色滑块增加蓝色，从而增加画面高光处蓝色的含量。设置如图12-7所示，照片效果如图12-8所示。

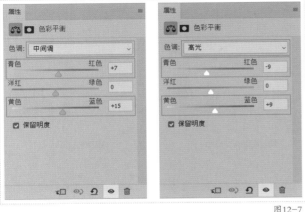

图12-7　　　　　　　　　　　　　　　　　　　　　　　　　　　　　图12-8

STEP 5 使用可选颜色针对个别颜色进行调整，使画面色调更协调。创建"可选颜色"调整图层，在它的"属性"面板中，选中"蓝色"选项，向左拖动洋红色滑块减少洋红色，如图12-9所示，使画面呈现淡蓝色。分别选中"红色"和"黄色"选项进行调整，将人物的肤色调暗，通过控制明暗使照片层次分明，突出主体，在调整时要注意把握人物肤色与画面整体色调的协调性，设置参数如图12-10所示。选中"洋红"选项，向左拖动洋红色滑块减少洋红色，设置参数如图12-11所示。选中"白色"选项，向右拖动青色滑块增加青色，向左拖动黄色减少黄色；选中"黑色"选项，向右拖动青色滑块增加青色，向左拖动黄色滑块减少黄色，设置参数如图12-12所示。调整后照片效果如图12-13所示。

图12-9

图12-10

图12-11

图12-12

图12-13

STEP 6 使用色阶增加画面明暗对比，并单独调整部分颜色通道使画面色调更协调。创建"色阶"调整图层，在"RGB"选项中向右拖动"阴影"滑块压暗暗调区域，向左拖动"高光"滑块提亮高光，通过明暗对比增加画面的光感效果，如图12-14所示。选中"红"通道在"输出色阶"中向左拖动"白色"滑块，如图12-15所示，减少画面中的红色，而使画面倾向于该通道的补色青色。选中"绿"通道在"输出色阶"中向右拖动"黑色"滑块，如图12-16所示，增加画面中的绿色。选中"蓝"通道向左拖动"高光"滑块让画面中的高光区域偏蓝一些；在"输出色阶"中向右拖动"黑色"滑块，让画面中的阴影区域偏蓝一些，向左拖动白色滑块，减少高光处的蓝色含量，如图12-17所示。效果如图12-18所示。

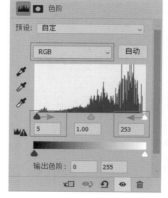

图12-14

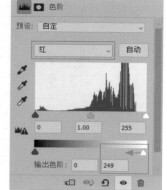

图12-15

图12-16　　　　　　　　　　　　　　　图12-17　　　　　　　　　　　　　　　　　　　　　　　图12-18

STEP 7 创建"调整亮度/对比度"调整图层，在它的"属性"面板中向右拖动"对比度"滑块增加画面的明暗对比，如图12-19所示，完成本例操作，照片效果如图12-20所示。

图12-19

图12-20

12.1.2　实战：让暗淡景色变得绚丽

暗淡的照片不但无法突出画面的整体效果，而且还会让观者无法透过照片感受到自然之美，对于这类照片的处理，通常需要改善照片亮度并提取画面色彩，常用如"色阶""曲线""色相/饱和度""可选颜色"等命令修饰画面，让暗淡的景色绚丽多彩。下面通过一张色彩暗淡照片的修饰，来学习如何处理照片中的色彩。处理前后的对比效果如图12-21所示。

扫码看视频

原图

效果图

图12-21

STEP 1 打开素材文件，可以看到原照片色彩发灰、发暗。下面先在Camera Raw中对照片的亮度和色彩进行基本调整。选择"背景"图层并将其转为智能对象，然后单击"滤镜">"Camera Raw滤镜"命令，如图12-22所示，进入Camera Raw界面进行调整。

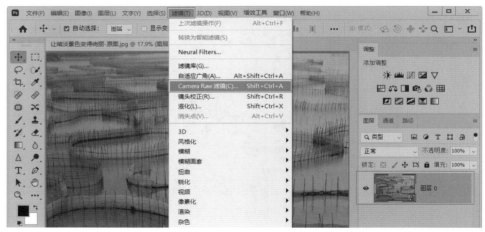

图12-22

 Camera Raw是Photoshop中专门为编辑RAW格式照片、实现照片无损调整而设计的插件。在Camera Raw中可以调整照片色温、修正曝光、强化色彩、锐化细节等，具体使用方法见电子书"使用Camera Raw处理照片"。

STEP 2 在"基本"面板中，向右拖动"高光"和"白色"滑块，提亮画面，改善发灰问题。增加"自然饱和度"值，增加画面色彩，如图12-23所示，设置完成后单击"确定"按钮，返回Photoshop界面，效果如图12-24所示。

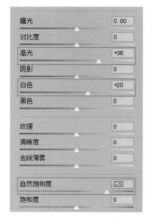

图12-23

图12-24

STEP 3 创建"色相/饱和度"调整图层，在其"属性"面板中，选择"全图"选项，向右拖动"饱和度"滑块增加画面整体色彩；选择"绿色"选项，向右拖动"饱和度"滑块增加绿色；选择"红色"选项，向右拖动"饱和度"滑块增加红色；选择"洋红"选项，向右拖动"饱和度"滑块增加洋红色，设置如图12-25所示，效果如图12-26所示。

图12-25

图12-26

STEP 4 创建"曲线"调整图层，在其"属性"面板中，选择"红"通道，向下拖动曲线上的右端点（❶），"输入"值为255，设置"输出"值为238；在曲线上的亮调区域添加控制点（❷），"输入"值为208，设置"输出"值为220，增加红色；在暗调区域添加控制点（❸），"输入"值为63，设置"输出"值为56，减少红色。选择"蓝"通道，在曲线上的中间调区域单击添加控制点（❹），"输入"值为149，设置"输出"值为156，增加蓝色；在暗调区域添加控制点（❺），"输入"数值为35，设置"输出"值为45，增加绿色。设置如图12-27所示，效果如图12-28所示。

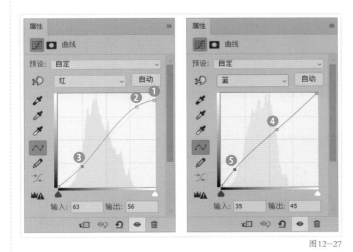

图12-27

图12-28

STEP 5 创建"可选颜色"调整图层，在它的"属性"面板中，选择"绿色"选项，向右拖动"青色"滑块增加青色；选择"青色"选项，向右拖动"洋红"滑块增加洋红色；选择"蓝色"选项，向右拖动"青色"滑块增加青色，向右拖动"洋红"滑块增加洋红色。设置如图12-29所示，效果如图12-30所示，加强了画面中的绿色和蓝色。

图12-29

图12-30

STEP 6 创建"色阶"调整图层，在"色阶"的"属性"面板中，选择"红"通道，向右拖动"灰色"滑块减少画面中间调区域的红色，向左拖动"白色"滑块使画面高光区域偏红一些；选择"蓝"通道，在"输出色阶"中，向右拖动"黑色"滑块使画面阴影区域偏蓝一些。设置如图12-31所示，效果如图12-32所示。

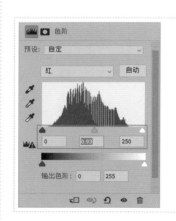 

图12-31

图12-32

STEP 7 创建"亮度/对比度"调整图层，在它的"属性"面板中，向右拖动"亮度"滑块，提亮画面；向右拖动"对比度"滑块，增强图像对比度。设置如图12-33所示，效果如图12-34所示。

图12-33

图12-34

STEP 8 使用"蒙版"调整局部色彩。创建曲线调整图层，在其"属性"面板中，选择"红"通道，在曲线上的亮调区域添加控制点，"输入"值为211，设置"输出"值为229，增加亮调区域红色，如图12-35所示，为"蒙版"填充黑色，使用白色画笔在画面左上角涂抹，打造阳光洒在水上的效果，如果效果太强可以降低该图层的"不透明度"，这里设置为50%，设置如图12-36所示，效果如图12-37所示。

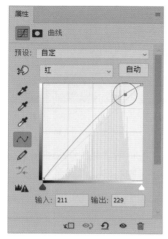

图12-35

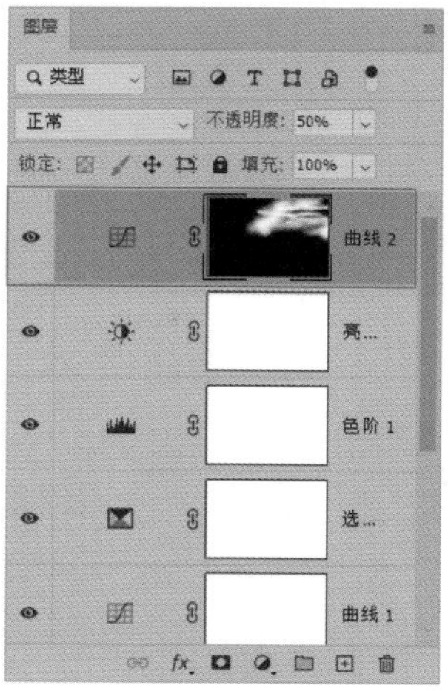

图12-36

图12-37

STEP 9　使用"色彩平衡"调整局部色彩，使阳光洒落的色彩效果更自然。创建"色彩平衡"调整图层，在其"属性"面板中选择"中间调"，向右拖动青色与红色滑块增加红色，向左拖动黄色与蓝色滑块增加黄色，如图12-38所示。编辑蒙版，为蒙版填充黑色，使用白色画笔涂抹阳光洒落的区域，如图12-39所示，完成的最终效果如图12-40所示。

图12-38

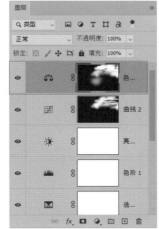

图12-39

图12-40

12.1.3　实战：打造夕阳下的温情海面

通过夕阳黄调，来表现夕阳下的温情海面，打造黄昏时的环境色，让照片呈现金色、黄色，多用于风光照片的渲染。例图有光感、有意境、线条优美、极具生活气息，但缺乏色彩渲染。本例将通过 Camera Raw 中的"色温"与"颜色分级"选项将照片处理成金黄色、暖色调，让整个画面显得温情，更加具有艺术感染力。实例处理前后对比效果如图 12-41 所示。

扫码看视频

原图

效果图

图12-41

STEP 1 打开素材文件，从画面上看，这是一张在日落时分拍摄的剪影作品，画面色彩暗淡、缺乏层次。选择"背景"图层并将其转为智能对象，然后单击"滤镜">"Camera Raw滤镜"命令，如图12-42所示，进入Camera Raw界面进行调整。

图12-42

STEP 2 "色温"在后期修片应用中，既可以校正偏色，又可以为照片打造特殊色调，下面使用该选项改变画面色调。在"基本"选项卡中，设置"色温"值为"+50"，使画面偏暖一些，调整后画面呈现黄色调，如图12-43所示。

图12-43

STEP 3 在"基本"选项卡中校正曝光，增加饱和度。在"曝光"选项卡中，减少曝光，压暗画面；增加"高光"，加强光感。增加"清晰度"，加强画面质感；增加"自然饱和度"，增加画面颜色。设置参数如图12-44所示，效果如图12-45所示。

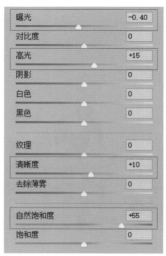

图12-44

图12-45

STEP **4** 在"曲线"面板中，向左拖动"暗调"滑块，压暗暗调。设置参数如图12-46所示，效果如图12-47所示。

图12-46

图12-47

STEP **5** 使用"颜色分级"对照片进行"加色"处理。在"颜色分级"面板中，选中"阴影"按钮（❶），单独显示"阴影"调整选项，单击◀按钮（❷），显示"色相""饱和度""明亮度"选项，向右拖动"饱和度"选项，增加阴影区域的饱和度，向右拖动"混合"选项，增加原色与添加色的混合度；向左拖动"平衡"选项，增加添加色的比重。设置如图12-48所示，效果如图12-49所示。在Camera Raw中调整完成后单击"确定"按钮，返回Photoshop界面。

图12-48

图12-49

STEP **6** 调整后，画面整体色调更统一，黄色调的加入，让日落景象更加精彩，但天空的色彩太重、画面缺乏层次，下面通过Photoshop中的"智能滤镜"与"蒙版"结合来处理。在"图层"面板中，可以看到调整效果以智能滤镜"Camera Raw 滤镜"的方式显示，如果对调整效果不满意，可以双击该滤镜，返回Camera Raw界面中调整，如图12-50所示。按"Ctrl+J"组合键复制该图层，生成一个副本图层，将它重命名为"调整天空"，双击该图层中的"Camera Raw 滤镜"，进入Camera Raw 界面进行调整，如图12-51所示。

图12-50

图12-51

STEP 7 进入Camera Raw界面后，处理这一图层时，只调整天空，不管其他部位的层次和色彩。在"基本"选项卡中，向右拖动"曝光"滑块至-0.37（初次调整时"曝光"值为-0.4），由此适当调亮了画面；向右拖动"对比度"滑块，增

强画面明暗对比；向右拖动"高光"滑块，提亮高光区域，向右拖动"白色"滑块，加强画面光感；向右拖动"清晰度"滑块，使画面更清晰，其他选项参数不变，如图12-52所示。调整完成后，单击"确定"按钮返回Photoshop界面，效果如图12-53所示。

图12-53

图12-52

STEP 8 单击"图层"面板中的■按钮，为"调整天空"图层添加白色蒙版。选中蒙版缩览图，单击工具箱中的渐变工具，在其工具选项栏中设置一个由黑到透明的渐变。设置完成后，选中图层蒙版，在画面中由下到上拖曳绘制渐变，使天空与水面过渡自然，然后在画面右上角拖曳绘制渐变，适当压暗画面，设置如图12-54所示，完成的最终效果如图12-55所示。

图12-55

图12-54

12.1.4 实战：无痕替换风光照片背景

受限于时间或者天气，有时我们无法将风光照片拍得好看，这时候 Photoshop 就可以帮助我们把平淡的照片变得生动，也可使杂乱无章的画面变得简洁有序。新版 Photoshop 更新了"天空替换"命令，但对于复杂的主体，替换效果并不理想。因此本例将用到"反相"和"通道混合器"进行抠图的技巧，来替换风光照片的背景，实例处理前后对比效果如图 12-56 所示。

扫码看视频

原图

效果图

图12-56

STEP 1 打开素材文件中的"树木"文件，如图12-57所示，可以看出树木部分已经接近黑色，直接用"反相"抠取会很容易。在"调整"面板中单击 按钮，创建"反相"调整图层，如图12-58所示。此时，树木的枝干呈现为白色，树枝与背景的色调已经初步分离，如图12-59所示。

图12-57

图12-58

图12-59

STEP 2 单击"调整"面板中的 ，创建"通道混合器"调整图层，在打开的"属性"面板中，选中"单色"选项，向左拖动"红色"滑块减少红色，压暗画面，向右分别拖动"绿色"和"蓝色"滑块，增强白色，从而进一步分离天空和树林的色调，如图12-60所示，效果如图12-61所示。

图12-60

图12-61

STEP 3 按"Alt+Ctrl+2"组合键，将高光区域载入选区，从而选取树林，如图12-62所示。在"图层"面板中选中"背景"图层，单击"图层"面板中的 按钮，为树木添加蒙版，此时该图层只显示树木，如图12-63和图12-64所示。

图12-62

图12-63

图12-64

STEP 4 将"反相"调整图层和"通道混合器"调整图层隐藏，如图12-65所示，即可得到清晰的树木，如图12-66所示。打开素材文件中的"天空"，然后使用移动工具，将抠好的树木移动到"天空"素材上，完成背景替换，如图12-67所示。

图12-65

图12-66

图12-67

12.1.5 实战：高清人像磨皮技法

例图是一张棱角分明、比较硬朗的人像作品，但皮肤过于粗糙，影响美观。此类人像皮肤处理得太过光滑，就会影响人物本身的特质。本例将通过使用画笔工具控制皮肤的明暗，从而平滑皮肤，使磨皮后的皮肤真实而又富有质感。实例处理前后效果如图 12-68 所示。

扫码看视频

原图

效果图

图12-68

STEP 1 首先去除人物面部黑痣、痘痘等较明显瑕疵。新建一个图层，命名为"去除明显瑕疵"。选中该图层，单击污点修复画笔工具 ，在工具选项栏中勾选"对所有图层取样"选项，然后去除人物皮肤的斑点、瑕疵，让皮肤更平滑（在透明图层上去除瑕疵的好处是不会破坏原始图像），如图12-69所示。

图12-69

STEP 2 对皮肤的细节进行修饰。处理前，可以先创建一个观察图层，目的是将瑕疵处理明显便于修饰。单击调整面板中的"创建新的黑白调整图层"按钮，创建"黑白"调整图层，将照片转成黑白色，这样可以去除颜色干扰，如图12-70所示。

图12-70

STEP 3 创建"曲线"调整图层，在曲线上的中间调区域添加控制点向下拖拉，将画面中的瑕疵和肤色中不均匀的部分明显地呈现出来即可，在后期修饰时可以随时拖动曲线查看画面细节。选中"黑白"与"曲线"调整图层拖曳至"图层"面板下方的"创建新组"按钮，将其编组，命名为"观察层"，观察层要置于修饰图层之上。设置如图12-71所示，效果如图12-72所示。

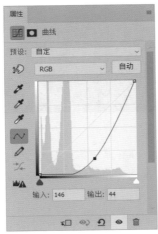

图12-71

图12-72

STEP 4 使用画笔工具平衡肤色亮度。在"观察层"的下方，新建一个图层，命名为"画笔平衡肤色"，将该图层的混合模式设置为"柔光"。使用画笔工具，设置前景色为黑色，工具在亮部过亮处涂抹，压暗画面；使用画笔工具，设置前景色为白色，在暗部过暗处涂抹，提亮画面，如图12-73和图12-74所示。

图12-73

显示画笔涂抹位置　　　　　　　　　　画笔平衡肤色效果

图12-74

STEP 5 修饰皮肤细节。新建一个图层，命名为"去除细小瑕疵"，使用污点去除画笔工具，将面部细小瑕疵去除，使皮肤光滑，如图12-75所示。继续创建一个新图层，命名为"画笔平衡面部肤色"，并且将该图层的混合模式设置为"柔光"，使用画笔工具，将人物左侧面部过亮的肤色适当压暗，使肤色更统一，如图12-76所示。

图12-75

图12-76

STEP 6 使用"曲线"提亮画面。创建"曲线"调整图层，在其"属性"面板中选择"RGB"，在曲线上的中间调位置添加控制点，"输入"值为132，设置"输出"值为144，提亮画面，如图12-77所示。调整后，画面中的暗调和中间调细节得到提升，但由于高光处也被提亮，部分肤色太白，如图12-78所示。

使用画笔工具平滑皮肤，在涂抹的过程需要有耐心，要细心，并且要控制好画笔的不透明度，一般来说将不透明度控制在2%到5%之间，即可使涂抹处的亮度合适，同时在画笔的绘制方向上，如果以人物的五官结构为依据，像绘画一样去涂抹，会使皮肤质感更真实自然。

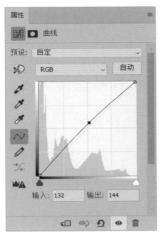

图12-77

图12-78

STEP 7 使用画笔工具平衡高光处亮度。新建一个图层，命名为"画笔调回高光细节"，将该图层的混合模式设置为"柔光"。使用画笔工具，设置前景色为黑色，在人物面部高光处涂抹，将其压暗，使高光处皮肤不过曝，图12-79所示为放大局部对比调整前后效果。本实例制作完成。

恢复高光细节前

恢复高光细节后

图12-79

使用画笔工具磨皮的原理是新建一个透明图层并将图层混合模式设置为"柔光"（用柔光模式，是因为黑色、白色柔光后是基于亮度的改变，与皮肤色混合后效果更自然），在该图层上使用白色画笔在亮部较暗的区域涂抹，使用黑色画笔在暗部较亮的区域涂抹，通过控制皮肤细节的明暗，来找平皮肤，使皮肤平滑。

12.2 广告招贴实战

广告招贴通常是指经过写真机、喷绘机打印输出画面后，张贴在公共场合或店铺内外的一种实体广告，它的常用广告表现形式有室内外张贴海报、橱窗广告、路牌广告、车体广告、室内外彩旗广告等。下面通过设计几个常用广告招贴的实例，介绍在实际设计中应注意的事项及要求。

12.2.1 实战：美白护肤品海报设计

对于从事平面设计或其他文案策划宣传类的工作人员来说，制作精美的海报是必备的技能。制作海报，首先需要明确海报的主题，根据主题去搭配相关的文字和图片素材。本例通过设计一个化妆品宣传海报为例，介绍室内张贴海报应注意的事项及要求，实例效果如图12-80所示。

扫码看视频（一）　　扫码看视频（二）　　扫码看视频（三）

图12-80

 在设计时要遵循三个基本原则：一、主题突出，海报传达的信息层次分明，哪些是希望用户第一眼就看到的，哪些是辅助信息，这些都可以通过设计来传递；二、具有视觉冲击力；三、海报风格与产品调性一致。

STEP 1 根据海报用途，新建文件。本例海报，设计完成后使用写真机打印输出并张贴于室内做宣传。根据张贴位置确定一个尺寸或者由客户提供尺寸。本例创建尺寸为136厘米×60厘米（横版）的文件，海报需要写真机输出，因此"分辨率"和"颜色模式"按照写真机输出要求设置，将"分辨率"设为72像素/英寸、"颜色模式"设为CMYK颜色，文件名称设为"美白护肤品海报设计"。

STEP 2 排版设计前，可以画出草图，对海报中文字和图片简单布局（这样做可以减少后续排版时间）。本例图片放置画面两侧，产品在左，模特在右，以此突出产品；中间部分留出足够的空间放置文字，以创造出稳定感，如图12-81所示（蓝色表示图片，灰色表示文字）。

图12-81

STEP 3 海报背景设计。背景跟主题图片相贴切是制作一张成功海报的关键。这里选择一张浅蓝色带有光斑的图片。按"Ctrl+O"组合键，打开素材文件中的"底图"，使用移动工具将其移动至当前文件中，如图12-82所示。

图12-82

STEP 4 打开素材文件中的"产品模特"文件（该图使用"通道"进行抠图，方法详见第11章。素材文件中包含原图可用于抠图练习），如图12-83所示，将它添加到当前文件中，放置画面最右侧并缩放到合适大小，如图12-84所示。

图12-83

图12-84

STEP 5 为"产品模特"图层添加"外发光"效果，使它与画面背景自然融合，设置参数如图12-85所示，效果如图12-86所示。

图12-85

图12-86

STEP 6 打开素材文件中的"美肤产品"和"水花"文件，如图12-87所示，并将它们添加到当前文件中，将"水花"图层放置在"美肤产品"图层上方，并将"水花"的图层"混合模式"设置为"正片叠底"，这样水花可以与它下方图层自然融合，效果如图12-88所示。

图12-87

图12-88

STEP 7 根据布局要求对文字进行编排，设计出对比效果明确的版面。使用横排文字工具，在选项栏中设置合适的字体、字号、颜色等，在画面中单击输入主题文字"水润修复 靓白紧致"。设置参数如图12-89所示，效果如图12-90所示。

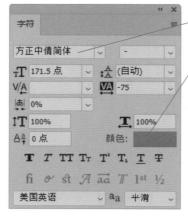

图12-89

"方正中倩简体"字体笔画粗细对比适中，字形优美，适合女性产品广告设计。

字体颜色选用比背景色深的蓝色，色值为"C82 M43 Y2 K0"，它可使版面显得更加协调。

图12-90

STEP 8 对主题文字进行创意设计，从而巧妙地强调文字。在文字下半部分创建选区，如图12-91所示，新建一个图层并重命名为"蓝渐变"，使用渐变工具，进行由蓝到透明的渐变填充（蓝色色值为"C99 M85 Y44 K8"，比原文字深可以让文字上下分出层次），效果如图12-92所示。按"Ctrl+Alt+G"组合键将该图层以剪贴蒙版的方式置入主题文字，如图12-93所示。

图12-91

图12-92

图12-93

STEP 9 打开素材文件中的"光斑"文件，如图12-94所示，将其添加到当前文件，设置图层"混合模式"为"叠加"，并以剪贴蒙版的方式置入主题文字，效果如图12-95所示。

图12-94

图12-95

STEP 10 在主题文字的上方和下方输入广告语"肤美白 白茶系列"和"全面解决肌肤干燥提升焕白光晕"。为了突出功效将"全面解决肌肤干燥提升焕白光晕"文字适当调大。在主题文字下方绘制一条横线，该横线起到间隔文字、装饰主题文字的作用。对广告语和横线应用"渐变叠加"效果使它们与主题文字相协调。具体设置参数及相关操作步骤见本例视频，效果如图12-96所示。

图12-96

STEP 11 输入价格，人民币符号使用较小的字号以突出数字。输入"新品抢先价"在该文字下方添加一个渐变底图可以让文字显眼一些。具体设置参数及相关操作步骤详见本例视频，效果如图12-97所示。

图12-97

STEP 12 制作光感层平衡画面的亮度。新建一个图层，命名为"光感"图层，使用渐变工具进行由白到灰的渐变填充，将该图层的"混合模式"设置为叠加，"不透明度"设置为35%，如图12-98所示，效果如图12-99所示。

图12-98

图12-99

12.2.2 实战：企业文化看板设计

企业文化看板是一个组织由其价值观、信念、处事方式等组成的其特有的文化形象的宣传表达形式，通过这种形式来传播企业文化，树立良好公众形象，或通过这种方式增强企业成员的向心力和凝聚力。

扫码看视频

企业文化展板的设计，通常要有一个宣传标语，然后围绕标语内容搜集素材图片，使观赏者通过图片就能很直观地理解企业所传达的理念。下面通过狼族文化展板设计实例介绍如何设计企业文化展板。实例效果如图12-100所示。

图12-100

STEP 1 按"Ctrl+N"组合键，打开"新建文件"对话框，创建一个宽度为100厘米，高度为56厘米，"分辨率"为72像素/英寸，"颜色模式"为CMYK颜色，文件名称为"企业文化看板设计"的文件。

STEP 2 将素材中的狼抠取出来，为后期的合成做准备。抠图具体操作，见第4章"使用选择并遮住命令抠图"，这里不再赘述，素材文件中的原图可作为练习使用。打开素材文件中已经抠好的素材，如图12-101所示。

图12-101

STEP 3 使用移动工具将狼素材图像移至当前文件中，使用"变换"命令进行缩放排列组合，如图12-102所示。

图12-102

STEP 4 单击菜单栏"编辑">"变换">"水平翻转"命令将最左边和最右边的狼进行水平翻转，并移动到合适位置，如图12-103所示。

图12-103

STEP 5 单击菜单栏"文件">"置入嵌入对象"命令，然后在弹出的"置入嵌入的对象"对话框中，选中"影子"，然后单击"置入"按钮，将它添加到当前文件中，按"Enter"键确认置入操作。在"图层"面板中，将它移动到狼图层的下方。效果如图12-104所示。

图12-104

STEP 6 看板背景设计，背景的选择跟主题图片贴切是制作一张成功看板的关键。这里选择一张风景照片，使用"置入嵌入对象"命令，将它添加到当前文件中，按"Enter"键确认置入操作，并将该图层移动至"图层"面板的最下方，如图12-105所示。

图12-105

STEP 7 添加文案，排版时主题文字要大，内容文字要小，设计出对比效果明显的版面。使用横排文字工具，在画面中单击，然后在文字工具选项栏中或"字符"面板中，设置字体为"书体坊米芾体"、字号为"233点"、颜色为"白色"，输入"狼族"，按"Ctrl+Enter"组合键确认输入，设置如图12-106所示，效果如图12-107所示。

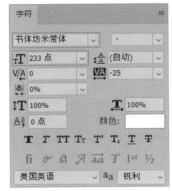

图12-106

图12-107

STEP 8 使用横排文字工具，输入"『""』"强调文字，设置如图12-108所示，效果如图12-109所示。

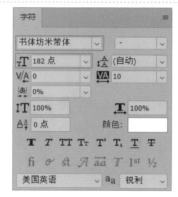

图12-108

图12-109

STEP 9 使用横排文字工具，在画面中单击，设置字体为"方正黑体简体"、字号为"97点"、颜色为"白色"，输入文本"文化"，设置如图12-110所示，效果如图12-111所示。

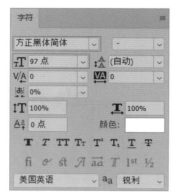

图12-110

图12-111

STEP 10 使用横排文字工具，在画面中单击，设置字体为"微软雅黑"、字号为"39.5点"、行距为"56点"，颜色为"白色"，在"狼族"的下方输入标语内容，设置如图12-112所示，效果如图12-113所示。

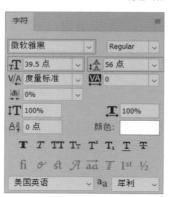

图12-112

图12-113

STEP 11 使用横排文字工具，在画面中单击，设置字体为"方正大黑简体"、字号为"184点"、字间距为"20"、颜色为"白色"，输入文本"Team is power"，设置该图层的不透明度为"30%"，然后压缩文字宽度，设置如图12-114所示，效果如图12-115所示。

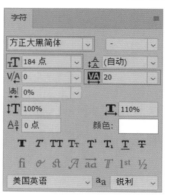

图12-114

图12-115

STEP 12 为了使文字版面更统一，常常使用引导线这种版面元素，同时它还可以通过添加样式变化的方式，成为版面的装饰元素。如图12-116所示，利用引导线和小图标，成功地为版面增添了另一种设计感。

图12-116

STEP 13 单击菜单栏"文件">"置入嵌入对象"命令，在弹出的"置入嵌入的对象"对话框中选中素材图片"队伍"，然后单击"置入"按钮，将它添加到当前文件中，按"Enter"键确认置入操作。在"图层"面板中，将它移动到风景图层的上方。完成后的效果如图12-117所示。

图12-117

12.2.3　实战：路牌广告设计

路牌广告是指户外广告画，主要利用的宣传平台有高速公路、大型超市、高空建筑等众多的广告牌，材料主要采用喷绘布，喷绘以其大幅、吸引力强而广受喜爱。下面通过饮料户外宣传广告实例的设计，来介绍在设计大型喷绘版面时应该注意的事项。实例效果如图12-118所示。

扫码看视频

STEP 1 本例为饮料户外广告设计，尺寸为250厘米x375厘米（竖版），以时尚健康，源于自然为主题进行设计。根据设计要求创建文件。新建一个宽250厘米、高375厘米、"分辨率"为25像素/英寸、"颜色模式"为CMYK颜色、文件名称为"室外大幅喷绘设计"的文件。

图12-118

STEP 2 打开素材文件"蓝背景"，并将它添加到当前文件中，如图12-119所示。

STEP 3 添加Logo和广告语。打开素材文件"Logo"和"柠檬每日鲜"，并将它添加到当前文件蓝背景上方，如图12-120所示。

图12-119　　　　　　　　图12-120

STEP 4 对广告语进行编辑，突出文字，首先扩展选区并填充颜色。按住"Ctrl"键并单击"柠檬每日鲜"图层的缩览图，创建选区，如图12-121所示。单击菜单栏"选择">"修改">"扩展"命令，打开"扩展选区"对话框，输入"扩展量"为30像素，如图12-122所示。扩大了选区范围，将轮廓内的选区合并，扩展效果如图12-123所示。在"柠檬每日鲜"图层的下方新建一个图层，命名为"柠檬每日鲜扩边"，并为该图层填充黄色，色值为"C4 M25 Y89 K0"，如图12-124所示。

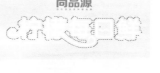

图12-121　　　　　　图12-122　　　　　　图12-123　　　　　　图12-124

STEP 5 选中"柠檬每日鲜"图层，为该图层添加"斜面和浮雕"图层样式，设置参数如图12-125所示，效果如图12-126所示。

色值为"C34 M58 Y100 K0"

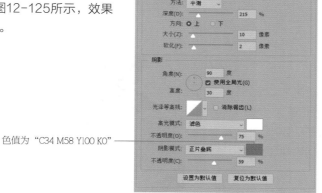

图12-125　　　　　　　　　图12-126

STEP 6　使用钢笔工具绘制水滴形状，将该形状转换为选区，然后新建一个图层，将它填充为黄色（色值为"C4 M35 Y86 K0"），如图12-127所示。使用横排文字工具，设置字体为"汉仪中圆简"、字号为"215点"、颜色为"白色"，在该形状的上方输入文字"无气低糖"，如图12-128所示。

图12-127　　　　　　　　　　　　　　　图12-128

STEP 7　打开素材文件"饮料瓶"，并添加到当前文件中，如图12-129所示。打开素材文件"柠檬"，并添加到当前文件中，然后将"柠檬"图层移动到"饮料瓶"图层的下方，如图12-130所示。为"饮料瓶"图层添加蒙版，编辑蒙版，制作出瓶子包在柠檬中的效果，设置如图12-131所示，效果如图12-132所示。

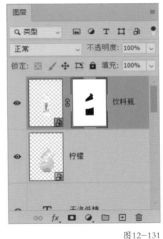

图12-129　　　　　　　图12-130　　　　　　　图12-131　　　　　　　图12-132

STEP 8　新建一个图层，命名为"阴影"，使用画笔工具绘制投影，让创意效果更逼真一些，如图12-133所示。打开素材文件"水花"，添加到当前文件中，并添加蒙版将柠檬底部显示出来，设置如图12-134所示，效果如图12-135所示。

图12-133　　　　　　　图12-134　　　　　　　图12-135

STEP 9 将素材文件"柠檬1""柠檬2"添加到当前文件中，如图12-136所示。将素材文件"叶子""叶子1""叶子2""叶子3"添加到当前文件中并进行编组，命名为"叶子"，将该组移至"蓝背景"图层的上方，如图12-137所示。

图12-136

图12-137

STEP 10 将素材文件"饮料瓶"，添加到当前文件中，再复制一个饮料瓶，将它们缩至合适大小，放置于画面的右下角。将素材文件"水珠"添加到当前文件中，并移动到"阴影"图层的上方，然后添加蒙版将饮料瓶、柠檬、产品Logo和广告语处的水珠隐藏，如图12-138所示。完成后的最终效果如图12-139所示。

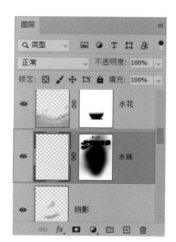

图12-138

图12-139

 设计经验 喷绘广告一般用于户外，输出的画面很大，实际上分辨率并没有明确的要求，但输出喷绘广告的机器一般对分辨率有一定的要求，以达到最高效率，否则如此大的尺寸，分辨率过高会让电脑很卡。喷绘广告文件的分辨率一般为25像素／英寸，但有时候画幅过大也可以调整到15像素／英寸，甚至更小。

12.3 印刷品设计实战

印刷品是指经过印刷机输出，通过单页、杂志、包装、手提袋等形式发布，以介绍所推销的商品或者服务的一种广告形式。下面通过设计几个常用印刷品实例，介绍在实际设计中应注意的事项及要求。

12.3.1 实战：时尚杂志封面设计

封面是杂志的重要部分，读者接触杂志的"第一信息"就是通过封面获取的，因此，杂志的封面必须有吸引力并能体现杂志的整体风格。下面通过一款女性时尚杂志封面的设计，来介绍杂志封面设计应该注意的事项及要求，本例效果如图12-140所示。

扫码看视频（一）

扫码看视频（二）

扫码看视频（三）

图12-140

设计经验

杂志封面应该具备哪些要素呢？杂志的封面主要由两部分组成：一是封面视觉主题表现，即刊名和封面图片；二是引导目录，即重要目录在封面上的设计表现。另外，一本标准杂志封面还应包含日期、价格等信息要素。

STEP 1 创建文档。杂志常用的装订方式有两种，一种是骑马订（用于页数不多的杂志），另一种是无线胶订（用于页面多的杂志）。基于不同的装订方式，文档的尺寸也有所不同，杂志的封面、封底一般是连在一起设计的，使用骑马订方式的杂志宽度为（封面+封底+出血），使用无线胶订方式的杂志宽度为（封面+书脊厚度+封底+出血）。以成品尺寸210毫米×285毫米（竖版）、装订方式为骑马订的杂志设计为例，文档尺寸应为426毫米×291毫米，由于本例只展示杂志封面的设计，因此出血只加3面（上、下、右），尺寸为213毫米×291毫米。杂志的分辨率和颜色模式应按照印刷要求设置，将分辨率设置为300像素/英寸、颜色模式设置为CMYK颜色，文件名称为"时尚杂志封面设计"。

设计经验

骑马订是在成品的中央书脊处，装订针钉使整个印件固定，骑马订书脊没有厚度；无线胶订就是通过胶把书页在书脊处粘贴在一起，胶装书脊书有一定的厚度。

骑马订　　无线胶订

STEP 2 设置出血线。单击菜单栏"视图">"新建参考线"命令或按"Alt+V+E"组合键，弹出"新建参考线"对话框，在其中选中"水平"选项，然后输入"位置"为"0.3厘米"，设置顶端出血线，如图12-141所示。按相同方法设置底端出血线和右端出血线，如图12-142和图12-143所示。添加出血线后的效果如图12-144所示。

图12-141

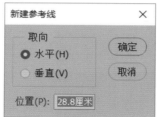

图12-142

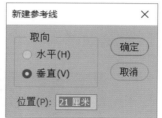

图12-143

图12-144

STEP 3 本例杂志使用较常规的版式进行设计，刊名位于页面上方中间位置，封面人物放在页面中间位置，标题放在页面两侧。添加封面人物图到页面的中间，添加刊名到页面顶端中间位置，如图12-145所示。为"刊名"图层添加"图层蒙版"，将刊名遮挡人像处使用蒙版隐藏（具体操作方法见第11章），效果如图12-146所示。

图12-145

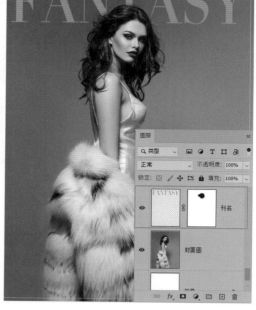

图12-146

STEP 4 输入引导目录。使用横排文字工具在页面单击，然后在工具选项栏中设置合适的字体、字号、字体颜色等，输入标题文字（注意：输入左侧文字时，在工具选项栏中单击"左对齐文本"按钮▤，可以使文字居左排列；输入右侧文字时，在工具选项栏中单击"右对齐文本"按钮▥，可以使文字居右排列），如图12-147所示。

字体颜色选用刊名颜色，色值为"Cl4 M68 Y8 K0"，它使版面显得更加协调，同时用这种用鲜亮的色彩做点缀，可以使版面更具活力。

"汉仪大宋简"字体横细竖粗，字形稳健，适用于报刊、书籍的各类标题。

字体颜色选用白色，色值为"C0 M0 Y0 K0"，背景为暗色，使用白色易于阅读，并且在封面排版设计时讲究宁简勿繁，文字不易使用过多的颜色。

图12-147

STEP 5 输入封面中的重点内容。封面中重点内容可以采用较大的字号使其醒目，本例重点内容还对文字应用了"投影"效果，并进行了倾斜处理，这样可以表现出文字的层次感。使用横排文字工具在页面单击，然后在工具选项栏或"字符"面板中设置合适的字体、字号、字体颜色等，输入"华丽狂欢进行时"，如图12-148所示。为该文字添加"投影"效果，设置如图12-149所示，效果如图12-150所示。

在"字符"面板中单击"仿斜体"按钮 *T*，文字呈倾斜状态。

图12-148

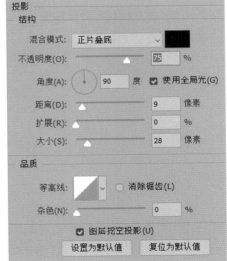

图12-149

图12-150

STEP 6 使用横排文字工具在页面单击，然后在工具选项栏或"字符"面板中设置合适的字体、字号、颜色等，输入"LET'S PARTY!"，复制"华丽狂欢进行时"的"投影"效果到该文字图层。在"华丽狂欢进行时"文字下方输入说明文字。具体参数及相关操作步骤详见本例视频，效果如图12-151所示。

图12-151

STEP 7 使用矩形选框工具在页面的左上角创建选区，新建一个图层，填充浅紫色（颜色选用人物衣服色，色值为"C37 M30 Y0 K0"，它使版面显得更加协调），在色块的上方输入文字。将该文字和浅紫色底同时选中按"Ctrl+T"组合键旋转45°，移动到页面右上角。具体参数及相关操作步骤见本例视频，效果如图12-152所示。

STEP 8 输入刊号和价格，文字颜色使用黑色。印刷中输入黑色字要用单色黑，色彩应设置为"C0 M0 Y0 K100"，并且如果文字图层下方图像非纯白色时需要将文字的图层模式设置为"正片叠底"，具体参数及相关操作步骤见本例视频，效果如图12-153所示。

图12-152

图12-153

印刷中黑色文字设置：印刷中的黑字要用单色黑，因为印刷是四色印刷，需要套印，如果用四色黑或其他颜色，在进行套印时，如果套偏一点，就会导致印出来的字是模糊的，看起来有重影，特别是比较小号的字。如果是在Photoshop中设计的，还必须要将文字的图层混合模式设置为"正片叠底"，这样印刷效果才会更好。

12.3.2　实战：巧克力包装袋设计

　　包装的视觉设计不仅是美化商品，而且能积极地传递信息、促进销售。它是运用艺术手段对包装进行的外观平面设计，其中包括图案、色彩、文字、商标等。在进行包装设计时需要先了解市场的需求，把握商品自身的定位和特征，才能进行有针对性的设计。下面通过一款巧克力正面包装的设计为例，介绍包装设计中的构图、配色技巧。实例效果如图12-154所示。

巧克力包装袋平面图

巧克力包装袋立体效果图

图12-154

STEP 1　本例包装袋产品的净尺寸为17.5厘米×7.5厘米（横版），设计包装袋正面加出血后尺寸为18.1厘米×8.1厘米。新建一个宽度为18.1厘米、高度为8.1厘米、"分辨率"为300像素/英寸、"颜色模式"为CMYK颜色，名为"巧克力包装袋设计"的文件。

STEP 2　设置印刷出血线和包装封口线。通过"新建参考线"命令，在四周创建3mm出血线。然后在左右离边界各13mm处设置封口线，封口为10mm，如图12-155所示。

图12-155

STEP 3　色彩具有一种视觉语言的表现力，对包装色彩的运用，必须依据现代社会消费的特点、产品的属性、消费者的喜好等使色彩与商品产生的诉求一致。根据产品的属性配色，本例以深红色和金色为主色。选择"背景"图层，设置"前景色"为深红色，色值为"C43 M100 Y100 K0"，按"Alt+Delete"组合键用前景色进行填充，如图12-156所示。

图12-156

STEP 4 单击菜单栏"文件">"置入嵌入对象"命令，在弹出的"置入嵌入的对象"对话框中选中"花纹"，然后单击"置入"按钮，将它添加到当前文件中，按"Enter"键确认置入操作，如图12-157所示。

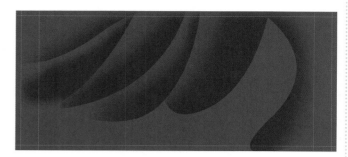

图12-157

STEP 5 新建一个图层，命名为"形状 1"，使用钢笔工具，绘制如图12-158所示的路径，按"Ctrl+Enter"组合键，将路径转为选区，设置"前景色"为金色，色值为"C16 M42 Y92 K0"，按"Alt+Delete"组合键用前景色进行填充，如图12-159所示。

图12-158

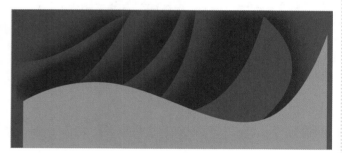

图12-159

STEP 6 新建一个图层，命名为"形状 2"，使用钢笔工具，绘制弧度优美的曲线，给人温馨、润滑的感觉，突出产品特性，如图12-160所示，按"Ctrl+Enter"组合键，将路径转为选区，设置"前景色"为白色，色值为"C0 M0 Y0 K0"，按"A lt+Delete"组合键用前景色进行填充，如图12-161所示。

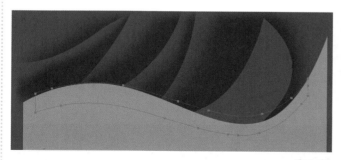

图12-160

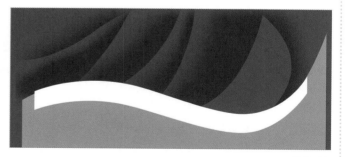

图12-161

STEP 7 为"形状 2"图层，添加"光泽""渐变叠加"和"投影"图层样式，参数设置如图12-162所示，效果如图12-163所示。

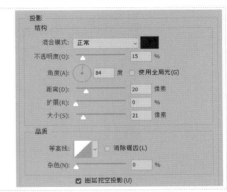

图12-162

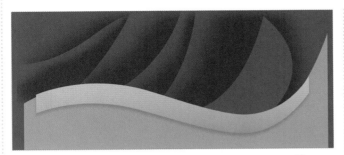

图12-163

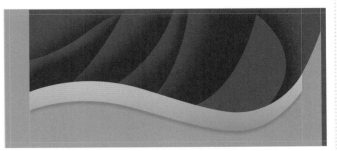

图12-164

STEP 8 新建一个图层，命名为"左封口"，使用矩形选框工具，在左侧第二条参考线处绘制一个矩形框，设置"前景色"为金色，色值为"C16 M42 Y92 K0"，按"Alt+Delete"组合键用前景色进行填充，如图12-164所示。按相同方法绘制右封口，效果如图12-165所示。

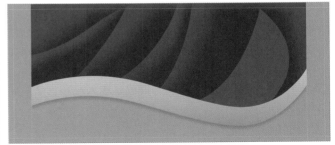

图12-165

STEP 9 单击菜单栏"文件">"置入嵌入对象"命令，在弹出的"置入嵌入的对象"对话框中选中"Logo"，然后单击"置入"按钮，将它添加到当前文件中，按"Enter"键确认置入操作。使用移动工具将其拖动至合适位置，按"Ctrl+T"组合键对Logo进行旋转操作，按"Enter"键确认置入操作。效果如图12-166所示。

图12-166

STEP 10 输入产品名称。使用横排文字工具，在画面中单击，设置字体为"Creampuff"、字号为"75点"、颜色为"白色"、字间距为"75"，输入产品名。然后按"Ctrl+T"组合键，旋转文字使其与Logo的倾斜度相统一。文字设置如图12-167所示，效果如图12-168所示。

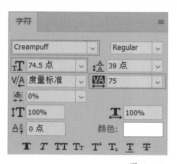

图12-167

图12-168

STEP 11 为产品名文字添加"描边"和"投影"图层样式，参数如图12-169所示，效果如图12-170所示。

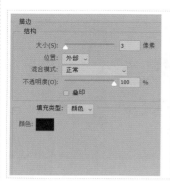

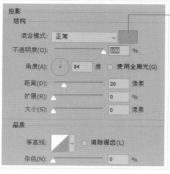

— 色值为"C34 M58 Y100 K0"

图12-169

图12-170

STEP 12 单击菜单栏"文件">"置入嵌入对象"命令，在弹出的"置入嵌入的对象"对话框中选中"巧克力夹心"，然后单击"置入"按钮，将它添加到当前文件中，移动到合适位置，按"Enter"键确认置入操作，效果如图12-171所示。

图12-171

STEP 13 输入说明文字。使用横排文字工具，在画面中单击，设置字体为"方正准圆简体"、字号为"11点"、颜色为"黑色"（色值为"C0 M0 Y0 K100"），如图12-172所示。输入"涂层巧克力+夹心果酱"，然后在"图层"面板中将混合模式设置为"正片叠底"，如图12-173所示。

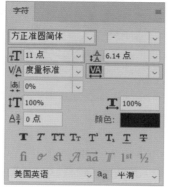

图12-172

图12-173

STEP 14　单击菜单栏"文件">"置入嵌入对象"命令，在弹出的"置入嵌入的对象"对话框中选中"图标"，然后单击"置入"按钮，将它添加到当前文件中，如图12-174所示，向内拖动变换框缩小图标，然后在工具选项栏中输入旋转角度的数值为-30度，使其与Logo的倾斜度相统一，移动到Logo的左侧，按"Enter"键确认操作，完成巧克力包装袋正面设置，效果如图12-175所示。

图12-174

图12-175

12.3.3　实战：小米礼盒包装设计

下面通过一款小米礼盒设计，介绍包装设计中应该注意的事项，本例效果如图12-176和图12-177所示。

扫码看视频（一）

扫码看视频（二）

扫码看视频（三）

扫码看视频

小米礼盒包装立体效果图

小米礼盒包装平面图

图12-176

图12-177

本例分两部分讲解包装设计：一是制作小米礼盒包装平面图；二是制作小米礼盒包装立体效果图。

1. 制作小米礼盒包装平面图

 设计一款包装应该注意哪些事项呢？包装设计主题通常为包装名称和主图，另外，礼盒包装还应该包含说明文字、广告语、净重量、生产许可、条形码等信息要素。那么，设计一款成功的包装设计需要具备哪些基本点？①好的包装设计对消费者起着强有力的吸引作用，会使他们眼前一亮；②包装上的文字要清晰易读，内容要简单直接；③外观图案要美观大方、醒目、寓意性强并且富有艺术性；④商品的功能、特点、注意事项等也要用简单明了的图文表示出来；⑤在包装设计的过程中必须注重产品名称、图案、色彩等各个要素的整体关系。

STEP 1 礼盒包装设计要确定礼盒的宽度、高度和厚度。本例礼盒尺寸要求：宽32厘米、高23厘米、厚8.5厘米。在设计礼盒包装平面展开图时通常要将礼盒的正面和侧面连在一起进行排版设计，因此设置一个宽度为41.1厘米、高度为23.6厘米（礼盒也需要印刷，该尺寸包含四周加的3毫米出血）的正、侧面展开图，并按照印刷要求设置"分辨率"为300像素/英寸、"颜色模式"为CMYK颜色，输入文件名称为"小米礼盒包装设计"。使用参考线标记出包装的正面和侧面的分界线以及出血线，如图12-178所示。

图12-178

STEP 2 确定包装的颜色和基本版式。本例礼盒名称为"黄金贡米"，根据该礼盒名称，可以将包装设计成复古风格。以黄色和咖啡色为主色，黄色让人联想到小米的色泽，咖啡色往往能在版面里呈现出雅致的品位感，不过这样的底色也容易给人沉重的感觉，在编排版面时用明亮的黄色来搭配，使画面产生较大的明度差，可以强调亮部。设置前景色为亮黄色（色值为"C5 M20 Y86 K0"），使用前景色填充背景图层；使用矩形选框工具将礼盒侧面创建选区填充咖啡色（色值为"C75 M84 Y85 K19"），此时黄色占画面比重太大；使用矩形选框工具，在礼盒的正面绘制选区并填充咖啡色（该色块与包装正面占比三分之一强）。大体划分出礼盒的版式，如图12-179所示。

图12-179

STEP 3 打开素材文件中的"Logo"文件，并将它添加到当前文件包装正面左上角咖啡色背景的中间位置，如图12-180所示。设计复古风格礼盒，可以使用书法体。打开素材文件中的"礼盒名称"文件，将文字添加到当前文件中，通过设置不同大小、错开排列的方式，在排列完成后合并礼盒名称（该图层文字使用单色黑，合并图层后，将图层混合模式设置为"正片叠底"），打开素材文件"印章"，将它添加到书法字的右上方，用来装饰画面，增加版面的艺术气息，如图12-181所示。

图12-180　　　　　　　　　　　　　　　　　　　　　　　　　图12-181

STEP 4 使用直排文字工具，在礼盒名称的下方输入黄金贡米的说明文字（大字使用点文本创建，小字使用段落文本创建），中间绘制竖线（用于间隔文字，同时也可以美化画面）。由于直排文字工具常用于古典文学或诗词的编排，本例使用该方式排列文字会有较为美观的效果，同时该排列方式也适合表现复古风格，如图12-182所示。

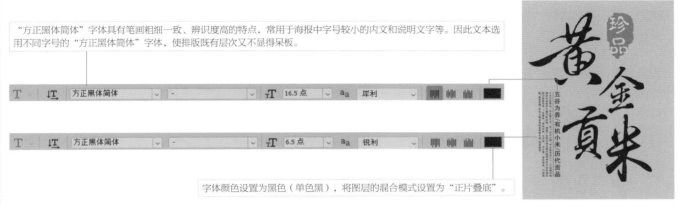

"方正黑体简体"字体具有笔画粗细一致、辨识度高的特点，常用于海报中字号较小的内文和说明文字等。因此文本选用不同字号的"方正黑体简体"字体，使排版既有层次又不显得呆板。

字体颜色设置为黑色（单色黑），将图层的混合模式设置为"正片叠底"。

图12-182

STEP 5 打开素材文件"谷穗图案"并将其添加到当前文件中，放置于礼盒名称的第一个字处，单击"锁定透明像素"按钮，将图层填充为单色黑并设置图层的混合模式为"正片叠底"，如图12-183所示，效果如图12-184所示。

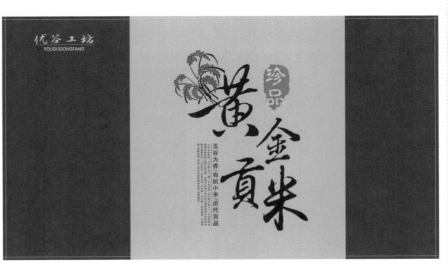

图12-183　　　　　　　　　　　　　　　　　　　　　　　　　图12-184

STEP 6 添加主图谷穗和小米。打开素材文件中的"谷穗"文件并将它添加到当前文件中，移动到礼盒正面咖啡底和黄色底之间的位置，为该图层添加"投影"样式使谷穗呈现立体效果，设置参数如图12-185所示，效果如图12-186所示。

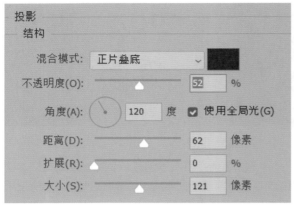

图12-185

图12-186

STEP 7 打开素材文件"小米"，将其添加到当前文件"谷穗"图层的上方，再打开素材文件"小米投影"，将它移到"小米"图层的下方，最后将它的图层混合模式设置为"正片叠底"。效果如图12-187所示。

图12-187

STEP 8 在礼盒中添加"净含量"。使用圆角矩形工具，在工具选项栏中设置路径模式为"形状"，单击填充后方的色块，设置颜色为背景中的黄色，在画面正面绘制圆角矩形，如图12-188所示。使用横排文字工具在圆角矩形的上方输入"净含量：10kg"。完成礼盒正面排版，如图12-189所示。

图12-188

图12-189

STEP 9 在礼盒侧面添加产品功效。打开素材文件中的"Health"文件，添加到当前文件礼盒侧面中间位置，对该文字进行创意设计，以增加画面的趣味性，如图12-190所示。使用"横排文字工具"以"点文本"的方式输入"营养健康每一天"，以"段落文本"的方式输入小米功效，如图12-191所示。

图12-190

图12-191

STEP 10 打开素材文件中的条形码、生产许可、提示性标识，添加到礼盒侧面。完成礼盒侧面排版，如图12-192所示。

图12-192

STEP 11 实色背景给人以平淡的感觉，可以在背景上方添加图案改善一下画面效果。打开素材文件中的"米字"文件（该素材通过使用不同字体的"米"字和竖线搭配，进行有规律的排列），添加到当前文件背景图层的上方，移动到黄色背景处，使用矩形选框工具将黄色背景创建选区，单击图层面板中的"添加图层蒙版"按钮创建"图层蒙版"，将选区之外的图像隐藏，如图12-193所示。将该图层混合模式设置为"滤色"，效果如图12-194所示。

图12-193

图12-194

STEP 12 打开素材文件中的"打谷穗"文件，添加到当前文件中，并移动到左侧咖啡色底图上方，将图层混合模式设置为"柔光"，复制该图层，并移动到礼盒侧面底图上方，如图12-195所示。此时，完成小米礼盒包装展开图设计，保存文件。

图12-195

2. 制作小米礼盒包装立体效果图

包装效果图，要根据包装的材质设计制作，通过对包装外形和光影进行绘制，塑造包装的立体感。制作小米礼盒立体效果，具体操作步骤如下。

STEP 1 将图层导出为单个文件，为制作包装立体效果做准备。按"Ctrl+Alt+Shift+E"组合键将所有可见图层中的图像盖印到一个新图层中，使用矩形选框工具选中礼盒正面，如图12-196所示。按"Ctrl+J"组合键将选中的图像创建到一个新图层中，命名为"礼盒正面"，右键单击该图层，在弹出的快捷菜单中单击"导出为"命令，如图12-197所示。

图12-196

图12-197

STEP 2 打开"导出为"对话框，在该对话框中设置需要导出的文件格式，本例选择"JPG"，选中"转换为sRGB"选项（由于礼盒包装立体效果仅为模拟样盒效果，不用于印刷使用），其他选项为默认设置；单击"导出"按钮，如图12-198所示，将"礼盒正面"图层导出为一个JPG格式文件。按相同方法将礼盒侧面导出成一个名为"礼盒侧面"的JPG格式文件。

图12-198

STEP 3 在"新建文档"的"打印"预设选项中，创建一个A4纸大小、名为"小米礼盒包装立体效果"的文件。将文件背景填充为浅灰色（色值为"R241 G241 B241"），用于凸显包装效果。

STEP 4 打开"礼盒正面"，将其添加到"小米礼盒包装立体效果"中，单击"编辑">"变换">"缩放"命令将礼盒正面等比例缩放至适当大小，如图12-199所示。

图12-199

　　在第3章的学习中我们已经知道了制作礼盒包装的透视关系原理以及如何使用"变换"中的"斜切"命令制作礼盒包装效果，本例来学习如何通过快捷键快速制作礼盒包装效果。

STEP 5 调整盒面透视关系。先压缩礼盒正面的宽度，在图像应用变换的状态下，按住"Shift"键（可以进行横向或纵向的放大或缩小）向左拖动定界框右边中间的控制点，压缩宽度，如图12-200所示；按住"Ctrl+Shift"组合键（可以从垂直或水平方向进行变形）向上拖动定界框右边顶端的控制点，向下拖动定界框右边底端的控制点，使礼盒正面呈现近大远小的透视效果，如图12-201所示。

图12-200

图12-201

STEP 6 打开"礼盒侧面"文件，将其添加到"小米礼盒包装立体效果"中，使其紧贴礼盒正面右侧边缘。单击"编辑">"变换">"缩放"命令，将礼盒侧面等比例缩放至适合礼盒正面右侧边缘高度，如图12-202所示。

STEP 7 按住"Shift"键向左拖动定界框右边中间的控制点，压缩宽度，如图12-203所示；按住"Ctrl+Shift"组合键从垂直方向进行变形，向下拖动定界框右边顶端的控制点，向上拖动定界框右边底端的控制点，使礼盒侧面呈现近大远小的透视效果，如图12-204所示。

图12-202

图12-203

图12-204

STEP 8 制作光影效果。将"礼盒正面"载入选区，新建一个图层，命名为"光影"，使用渐变工具填充一个从白色到透明的渐变，设置图层混合模式为"柔光"，效果如图12-205所示。如果礼盒侧面是亮色时可以使用渐变工具填充一个从黑色到透明的渐变，设置图层混合模式为"正片叠底"，使礼盒产生光照的投影效果。光影效果的制作可以使礼盒看起来更逼真。

STEP 9 制作礼盒提手与礼盒投影。具体参数及相关操作步骤详见本例视频，效果如图12-206所示。

图12-205

图12-206

12.4　网店美工设计实战

随着电商行业竞争的日益加剧，网店装修设计已成为提高客流量与转化率的重点。要通过图文设计让店铺商品在众多竞争对手中脱颖而出，下面以网店美工设计中常见的产品主图设计和网店首屏海报设计为例，介绍网店装修设计中应注意的事项及要求。

12.4.1　实战：网店主图设计

在天猫、京东、当当等电商平台上，产品主图是首先映入买家眼帘的图片，一般出现在商品搜索结果页、店铺首页，主图出现的位置决定了它的重要性，它能起到视觉营销推广的作用，买家只有对其产生了兴趣，才会点击它，进而为店铺增加流量和销量。

扫码看视频

关于网店主图设计的一些小知识：①主图尺寸一般为800像素×800像素；②商品主图最多可以有5张，最少要有1张，第1张主图会在商品搜索结果页显示，需要重点设计；③平台图片上传有大小限制，主图的大小控制在500KB以内；④产品主图主要展示两大项内容，第一项就是产品的主要图片、形象，第二项就是产品卖点文案。好的主图一定要把卖点凸显出来，一定要贴合产品，一张精美且具有卖点的主图，能够提高商品的点击率，从而达到引流的目的。

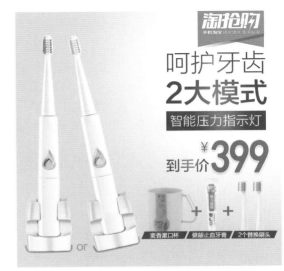

图12-207

下面以一款牙刷的主图设计为例进行讲解，本例产品主图，由产品图片、产品卖点文案、产品价格和赠品展示组成，由于牙刷较小宽度较窄，因此我们采用左图右文的方式，平衡画面，如图12-207所示，具体操作步骤如下。

STEP 1 新建大小为800像素×800像素，分辨率为72像素/英寸，名为"牙刷主图"的文件。

STEP 2 添加产品图片。单击菜单栏"文件">"置入嵌入对象"命令，在弹出的"置入嵌入的对象"对话框中选中"牙刷1"，然后单击"置入"按钮，将它添加到当前文件中，移动到画面左侧，按"Enter"键确认置入操作，如图12-208所示。按相同方法将"牙刷2"置入当前文件中，如图12-209所示，由于牙刷是细长形状，可以将"牙刷2"倾斜一些，这样两支牙刷之间就有依靠性和紧密联系，如图12-210所示。

图12-208

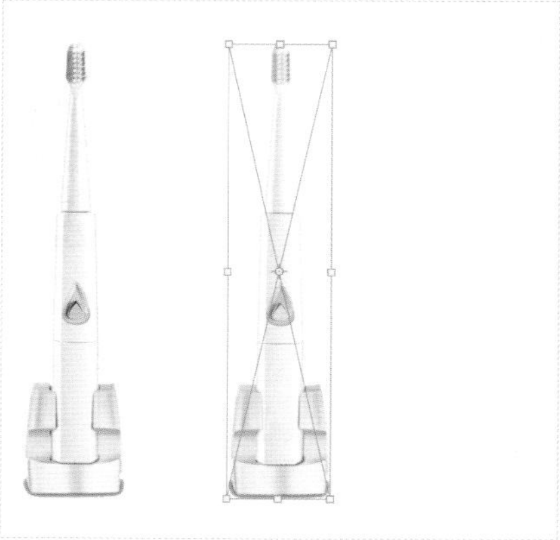

图12-209

图12-210

STEP 3 使用横排文字工具，在两支牙刷之间输入文字"or"，该文字表示有两种颜色款式可供选择。文字设置如图12-211所示，此时，产品图片排列好了，效果如图12-212所示。

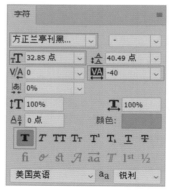

图12-211

图12-212

STEP 4 这个产品主图要用于淘宝平台的"淘抢购"活动，将该活动的主题Logo添加进来，单击菜单栏"文件">"置入嵌入对象"命令，在弹出的"置入嵌入的对象"对话中选中"淘抢购"，然后单击"置入"按钮，将它添加到当前文件中，并移动到画面右侧顶端，按"Enter"键确认置入操作，如图12-213所示。

图12-213

STEP 5 设计产品背景，"牙刷"主图尽量做得干净、整洁，牙刷是白色的，填充一个比它深一点的灰色作为背景色，这样画面看起来更和谐。选中"背景"图层，设置前景色为灰色（色值为"R215 G215 B215"），按"Alt+Delete"组合键使用前景色进行填充，如图12-214所示。

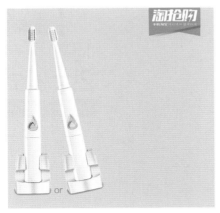

图12-214

STEP 6 新建一个图层，命名为"画笔提亮"，设置前景色为白色，单击工具箱中的画笔工具，将笔尖形状设置为柔边圆，将画笔大小设置为900像素，在画面右侧单击，可以连续单击，直到亮度合适为止，这样背景就分出了明暗层次，如图12-215所示。

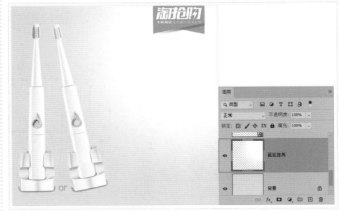

图12-215

STEP 7 在"淘抢购"的下方输入产品卖点文案，通过字体、字号的不同，设计出一组对比效果鲜明的文字组合。单击工具箱中的横排文字工具，在画面中单击，设置字体颜色为蓝色（色值为"R2 G52 B151"），分别输入"呵护牙齿""2大模式"和"智能压力指示灯"。在"字符"面板中，对文字的字体、字号、颜色、间距等进行设置，注意在设置前先要选中相应的文字图层，然后才能对文字属性进行更改。文字设置由上到下依次如图12-216所示，效果如图12-217所示。

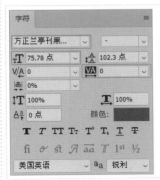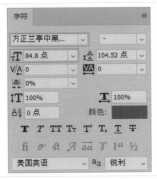

图12-216

图12-217

STEP 8 单击工具箱中的矩形工具，在选项栏中设置"绘图模式"为形状，"填充"为蓝色（色值为"R2 G52 B151"），"描边"为无颜色。设置完成后，在"智能压力指示灯"图层的下方，绘制一个矩形，然后将"智能压力指示灯"文字更改为白色。矩形工具选项栏设置如图12-218所示，效果如图12-219所示。

图12-218

图12-219

STEP 9 选中"呵护牙齿""2大模式"和"矩形1"图层,按"Ctrl+E"组合键,将文字编组,命名为"产品卖点文案",如图12-220所示。在该组上方新建一个图层,命名为"光效",然后按"Ctrl+Alt+G"组合键将该图层以剪贴蒙版的方式置入图层组中,如图12-221所示。单击工具箱中的画笔工具,将笔尖形状设置为柔边圆,然后将前景色设置浅蓝色,该颜色比文字颜色浅,用于为文字添加光效,使用画笔工具在文字上单击添加光效,如图12-222所示。

图12-220

图12-221

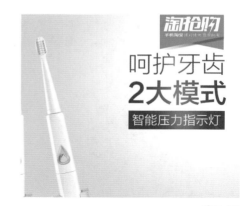

图12-222

STEP 10 输入产品价格。使用横排文字工具在卖点文案的下方输入"到手价",在该图层的上方新建一个图层,命名为"光效",然后按"Ctrl+Alt+G"组合键将该图层以剪贴蒙版的方式置入"到手价"中,单击工具箱中的画笔工具,将笔尖形状设置为柔边圆,然后将前景色设置浅蓝色,使用该工具在文字上单击添加光效。字体设置如图12-223所示,效果如图12-224所示。

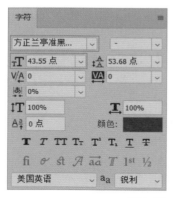

图12-223

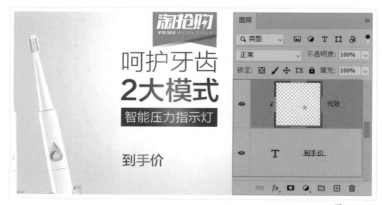

图12-224

STEP 11 单击工具箱中的横排文字工具,在画面中单击,设置字体颜色为红色(色值为"R217 G52 B46"),分别输入"￥"和"399"。在"字符"面板中,对文字的字体、字号、颜色、间距等进行设置,选中"￥"图层,设置一个较细的字体并将字号调小,如图12-225所示,选中"399"图层,设置一个较粗的字体并将字号调大,如图12-226所示。通过大小对比,凸显价格,增强设计感,如图12-227所示。

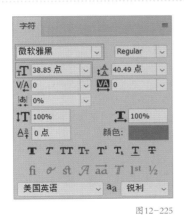
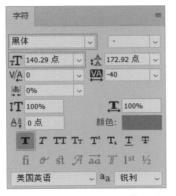
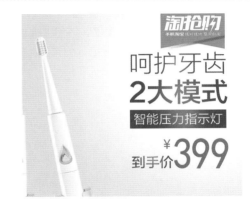

图12-225　　　　　　　　　　　图12-226　　　　　　　　　　　图12-227

STEP 12　双击"￥"图层名称后面的空白处，打开"图层样式"对话框，为该图层添加"描边"和"投影"效果。样式设置如图12-228所示，效果如图12-229所示。

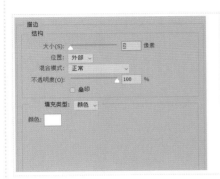
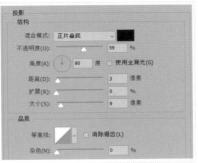

图12-228　　　　　　　　　　　　　　　　　　　　　图12-229

STEP 13　将"￥"图层的"描边"和"投影"效果，复制到"399"图层上。在"图层"面板中双击"描边"样式，将描边大小设置为4像素，然后在左侧选项栏中单击"描边"选项后面的 ⊞ 按钮，复制一个一样的"描边"样式，将颜色设置成和文字一样的红色，描边大小设置为2像素，从而加粗文字显示效果。白色描边参数如图12-230所示，红色描边参数如图12-231所示，效果如图12-232所示。

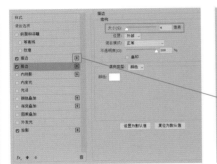
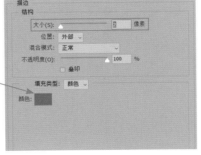

图12-230　　　　　　　　　　　图12-231　　　　　　　　　　　图12-232

STEP 14 对赠品进行排版。将素材文件中的"麦香漱口杯""健龈止血牙膏""2个替换刷头"图片，以"置入嵌入的对象"的方式添加到当前文件中，使用移动工具排列至合适位置，如图12-233所示。

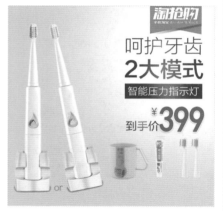

图12-233

STEP 15 使用横排文字工具，设置与价格一样的颜色，在赠品之间输入"+"，按"Ctrl+J"组合键复制加号，移动至合适位置，添加"+"表示购买该产品时有这3样赠品可同时赠送。文字设置如图12-234所示，效果如图12-235所示。

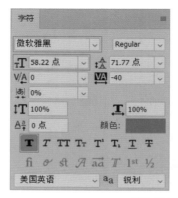

图12-234

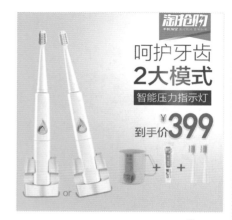

图12-235

STEP 16 输入赠品名称。为了凸显文字，在输入前先制作一个平行四边形，使用矩形工具，在选项栏中设置"绘图模式"为形状，"填充"为蓝色（色值为"R37 G47 B144"），"描边"为无颜色，在第一款赠品的下方绘制矩形，如图12-236所示。使用直接选择工具 ▶. 选中上面两个锚点，按"→"键向右平移，完成平行四边形的绘制，如图12-237所示。

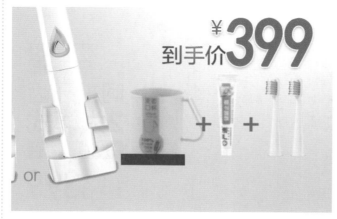

图12-236

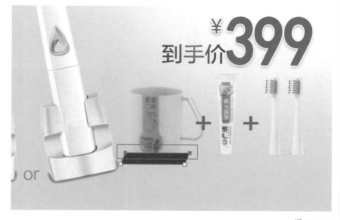

图12-237

STEP 17　使用横排文字工具，设置颜色为白色，在平行四边形上方输入文字"麦香漱口杯"，文字设置如图12-238所示，效果如图12-239所示。

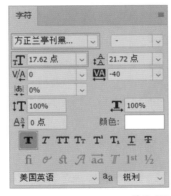

图12-238

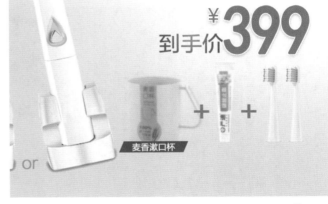

图12-239

STEP 18　赠品是同一级的，赠品的名称的排列可以使用重复方式，这样会让人觉得特别整齐，有规律。选中平行四边形和"麦香漱口杯"图层，按"Ctrl+J"组合键复制图层移动至第二款赠品上方，再按"Ctrl+J"组合键复制图层移动至第三款赠品上方，如图12-240所示。然后将第二款赠品和第三款赠品的名称更换为正确的名称，如图12-241所示，完成牙刷主图制作。

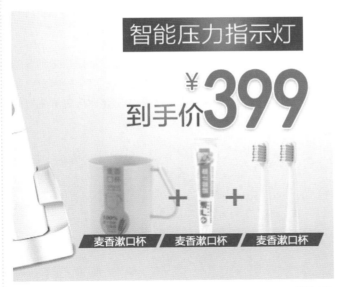

图12-240

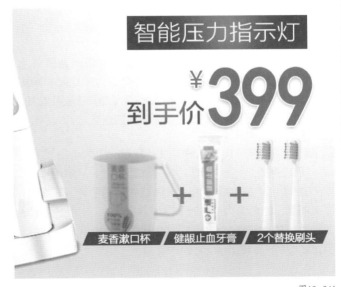

图12-241

12.4.2　实战：网店首屏海报设计

　　网店首屏海报一般处于顾客进入网店首页看到的最醒目区域，是对店铺最新商品、促销活动等信息进行展示的区域。因此网店首屏海报的设计必须描述简洁鲜明、有号召力与艺术感染力，达到引人注目的效果。下面通过女装首屏海报的设计，来介绍网店首屏海报设计的要求及应该注意的事项，本例效果如图12-242所示。

扫码看视频（一）

扫码看视频（二）

图12-242

　　网店首屏海报，将主推商品展现给顾客，可用"新品推出"或"打折"等字样吸引顾客，从而增加浏览量和交易量。网店首屏海报整体色调、所用字体等要与店铺整体格调一致。

　　网店首屏海报在设计上可遵循海报设计的一些特点，但在文件设置上有一些不同。在电商平台网页首屏展示常需要考虑海报的显示效果，保证海报不会出现失真，因此对海报的尺寸有一定的要求。通常要求海报为横版，宽度一般为800像素、1024像素、1280像素、1440像素、1680像素或1920像素，高度可根据实际情况调整。本例为服装网店首屏主推的春季新品海报设计案例，要求画面风格清新文艺，大小要求为1920像素×1000像素（横版）。

STEP 1 根据设计要求创建文件。新建一个大小为1920像素×1000像素、"分辨率"为72像素/英寸、"颜色模式"为RGB颜色、文件名称为"网店首屏海报设计"的文件，设置前景色的色值为"R253 G238 B237"（浅色豆沙粉适合表现春季活跃的气息），再为背景添加一个淡雅的颜色，如图12-243所示。

图12-243

STEP 2 本例首屏海报主推春装，将海报宣传语以及促销时间安排在画面左侧；海报主图（服装模特）安排在版面中间偏右位置，使其更醒目；通过使用之前讲述的方法，将服装模特的人像处理成与右侧背景图底色一致的色调并放在主图右侧，这样既丰富背景又能突出主图；最后在版面的右侧加一段描述性文字用于烘托主题。先将主图添加到版面中。打开素材文件中的"人物1"文件（该图使用"通道"进行抠图，方法详见第11章，素材文件中包含原图可用于抠图练习），使用移动工具将"人物1"拖曳至"网店首屏海报"文件中，缩放至合适大小，放置画面黄金比例位置（黄金比例是一种特殊的比例关系，也就是0.618∶1。符合黄金比例的画面会让人觉得和谐、醒目并且具有美感）。为该图层添加"投影"效果，让人物有一定的立体感，设置参数如图12-244所示，效果如图12-245所示。

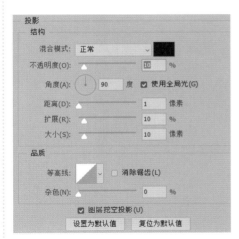

图12-244

图12-245

STEP 3 在"人物1"图层的下方，创建一个图层，使用矩形选框工具在主图的左侧绘制选区，填充为深豆沙粉色，色值为"R236 G109 B86"（该颜色比粉色更有色彩感，比红色更内敛，这种带着青春浪漫气息的豆沙粉色系适合用于女性用品主题海报）。打开素材文件中的"花纹"文件，将其添加当前文件中，并移动到"深色豆沙粉色底"图层的上方，将图层的"混合模式"设置为"滤色"，用于装饰该色块使其不单调，如图12-246所示。

图12-246

STEP 4 打开素材文件中的"人物2"文件，将其添加到当前文件"人物1"图层的下方，并移动到主图的右侧，如图12-247所示。

图12-247

STEP 5 将"人物2"处理成单色效果，使其与背景颜色相统一。单击"调整"面板中的"创建新的渐变映射调整图层"按钮 ▣，创建"渐变映射"调整图层。在其属性面板中单击渐变色条，如图12-248所示，在弹出的"渐变编辑器"对话框中设置渐变颜色，双击渐变色条左侧色标，打开"拾色器"对话框，将其设置为深豆沙粉色（色值为"R236 G109 B86"），将右侧色标设置为白色（色值为"R255 G255 B255"），设置完成后单击"确定"按钮，如图12-249所示。

图12-248 图12-249

STEP 6 由于调整图层的调整效果会影响到它下方所有可见图像，因此使用"渐变映射"调整图层后，除"人物2"外它下方的其他图像也都发生了变化，如图12-250所示，想要单独对"人物2"应用"渐变映射"效果，就需要将该调整图层以剪贴蒙版的方式置入"人物2"图层中。选中渐变映射"调整图层，然后单击菜单栏"图层">"创建剪贴蒙版"，效果如图12-251所示。"人物2"处理成单色效果，既能充实画面、突出主图，又能让版面看起来更有层次。

图12-250

图12-251

STEP 7 打开素材文件中的"光影"，并将其添加到当前文件背景图层的上方，将图层的"不透明度"设置为50%，效果如图12-252所示。为该图层添加"图层蒙版"将画面右侧隐藏一部分，使画面亮度均匀一些，如图12-253所示。

图12-252

图12-253

STEP 8 新建一个图层，命名为"基底图层"。使用矩形选框工具在画面中单击绘制选区并填充白色。为该图层添加"投影"，设置参数如图12-254所示，效果如图12-255所示。

图12-254

图12-255

STEP 9 将"基底图层"移动到背景图层的上方，同时选中"花纹""深色豆沙粉色底""光影背景"这3个图层，单击菜单栏"图层">"创建剪贴蒙版"命令，将这3个图层以剪贴蒙版的方式置入"基底图层"中，如图12-256所示。将"人物 1""人物 2"图层与"基底图层"进行底对齐，效果如图12-257所示。这样画面上下留出对等的窄边，主图人物在画面中不会有压迫感，同时留出的窄边也会增加画面的层次感。

图12-256

图12-257

STEP 10 输入左侧文字，采用横向排列，将文字字体、大小采用差异较大的设置，这样可以创造活泼、对比强烈的设计版面。使用横排文字工具，在工具选项栏中设置合适的字体、字号、颜色，在画面中以"点文本"的方式输入广告文字（具体创建方法见第7章），效果如图12-258所示。

图12-258

STEP **11** 输入右侧文字，采用竖向排列。右侧文字使用直排文字工具，在工具选项栏中设置合适的字体、字号、颜色，在画面中以"段落文本"的方式进行创建（具体创建方法见第7章）。完成的最终效果如图12-259所示。

图12-259

12.5 UI 设计实战

UI设计是手机软件的人机交互、操作逻辑、界面美观的整体设计。UI设计师不仅仅做视觉设计，更多的是要考虑产品和用户的需求，好的UI设计不仅是让软件变得有个性、有品位，还要让软件的操作变得舒适、简单，充分体现软件的定位和特点。

12.5.1 实战：音乐 App 首页界面设计

首页在App中起承上启下的作用，它是用户与App产生交互的主要界面。首页的设计取决于产品的类型，它包含各种各样常见的重要组件。首先，首页通常包含搜索栏或者搜索icon，可以帮助用户很方便地搜索他们需要的内容。同时，UI界面中因为首页是用户通往App各个功能的起点，它通常包含导航栏，让用户可以访问到不同的单元模块。不同的App有着不一样的首页模块，设计一款适合产品本身的首页展示方式非常重要，一定要多看多用才能找到适合产品本身的展示方式。

扫码看视频（一）

扫码看视频（二）

图12-260

设计经验

关于App首页设计的一些小知识：①移动端设备屏幕尺寸非常多，在Photoshop "新建文档" 对话框中的 "移动设备" 标签下显示当下移动设备常用的尺寸；②制作App首页界面前，先要熟悉智能手机App界面构成，手机App首页界面通常被分为几个标准的信息区域——标题栏、导航栏、功能操作区、状态栏等；③竖向排列布局，手机屏幕的大小有限，因此大部分的手机屏幕都是采用竖屏列表显示，这样可以在有限的屏幕上显示更多内容。

下面以一款音乐App首页界面设计为例进行讲解，界面如图12-260所示。该界面模块比较多，有图标也有卡片，如何才能让内容在页面中显示得清晰易读，是对设计师设计能力的考验，本例主要通过分割线和背景色来区分模块，因为要保证页面模块的整体性，采用比较淡的颜色，具体操作步骤如下。

STEP 1 新建一个宽度为750像素、高度为1334像素，"分辨率"为72像素/英寸，"颜色模式"为RGB颜色，名为音乐App首页界面的文件。

STEP 2 创建参考线对界面进行划分。设置左边边距和右边边距为30像素。在上边距为40像素处添加一条参考线作为"状态栏"，下边距为119像素处添加一条参考线作为"导航栏"。上边距76像素添加一条参考线，上边距128像素添加一条参考线，这两条参考线之间为"标题栏"。"标题栏"与"导航栏"之间为"功能操作区"，如图12-261所示。

图12-261

STEP 3 设定状态栏，状态栏是用于显示手机目前运行状态及时间的区域，主要包括网络信号强度、时间、电池电量等要素。将素材文件中的"信号源""信号圈""WiFi""电池"图标，一个一个添加进来，然后输入信号信息、时间、电量（文字设置参见视频），效果如图12-262所示。选中状态栏中的所有图层，单击"图层"面板下方的"创建新组"按钮进行编组，命名为"状态栏"，完成状态栏设定。

图12-262

STEP 4 设定导航栏，导航栏是对App的主要操作进行宏观操控的区域，方便用户切换不同页面。将素材文件中的"首页""收藏""更多""下载""我的"图标，一个一个添加进来。然后在图标下方输入对应的文字（文字设置参见视频），效果如图12-263所示。选中导航栏中的所有图层，单击"图层"面板下方的"创建新组"按钮进行编组，命名为"导航栏"，完成导航栏设定。

图12-263

STEP 5 设定标题栏，标题栏包含信息、搜索和历史功能。将素材文件中的"信息""搜索""历史"图标，一个一个添加进来。使用椭圆工具在"信息"图标的上方绘制一个红圆，表示有新消息未查看。使用圆角矩形工具在"搜索"图标的下方绘制一个559像素×55像素，圆角为27.5像素的白色圆角矩形，设置如图12-264所示，并为该图层添加"内发光"和"投影"效果，如图12-265和图12-266所示，然后在圆角矩形上方输入要搜索的内容，如图12-267所示。选中标题栏中的所有图层，单击"图层"面板下方的"创建新组"按钮进行编组，命名为"标题栏"，完成标题栏设定。

图12-264

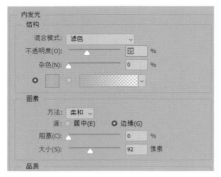

图12-265

图12-266

图12-267

STEP 6 设定功能操作区。先制作卡片，该模块设置为可以左右滑动浏览卡片内容。使用圆角矩形工具，绘制圆角为10像素的灰色圆角矩形，然后按2次"Ctrl+J"组合键，复制两个圆角矩形。同时选中复制的两个圆角矩形，按"Ctrl+T"组合键将这两个圆角矩形等比例缩小，分别移动到画面的左侧和右侧，如图12-268所示。

图12-268

STEP 7 将素材文件中的"图1""图2""图3"，添加到当前文件中。将"图1"以剪贴蒙版的方式置入中间的圆角矩形中，将"图2"以剪贴蒙版的方式置入左侧的圆角矩形中，将"图3"剪贴蒙版的方式置入右侧的圆角矩形中，如图12-269所示。选中状态栏中的所有图层，单击"图层"面板下方的"创建新组"按钮进行编组，命名为"卡片"，完成卡片设定。

图12-269

STEP 8 将素材文件中的"乐库""歌单""电台""视频""音乐圈"图标，添加到当前文件中，然后在图标下方输入对应的文字（文字设置参见视频）。当前"乐库"选项为选中状态，与未选中的按钮从颜色上进行区分，并在该按钮下方绘制横线。将图标及其对应文字创建组，命名为"任务按钮"。效果如图12-270所示。

图12-270

STEP 9 在"卡片"图层组和"任务按钮"图层组的下方，创建一个白色矩形，并为该图层添加"投影"效果，增加此模块的立体感，设置如图12-271所示，效果如图12-272所示。该图层起到分割版面的作用，在"图层"面板中单击 🔒 按钮，将图层锁定，可以避免在操作过程中图层被移动或更改，如图12-273所示。

图12-271

图12-272

图12-273

STEP 10 在"乐库"选项下添加功能。在画面左侧输入"猜你喜欢"，右侧输入"更多"，然后在"更多"的右侧绘制一个开放箭头，如图12-274所示。选中"猜你喜欢""更多"和"开放箭头"图层，按"Ctrl+J"组合键复制，然后使用移动工具将复制的图层向下移动，如图12-275所示，使用横排文字工具，将复制的"猜你喜欢"文字替换为"优质电台"，如图12-276所示。

图12-274

图12-275

图12-276

STEP 11　在"猜你喜欢"的下方绘制3个圆角矩形，如图12-277所示。将素材文件中的"图4""图5""图6"，添加到当前文件中。将"图4"以剪贴蒙版的方式置入左侧的圆角矩形中，将"图5"以剪贴蒙版的方式置入中间的圆角矩形中，将"图6"以剪贴蒙版的方式置入右侧的圆角矩形中，如图12-278所示。

STEP 12　在图片的下方输入歌名和出处（文字设置参见视频），如图12-279所示。将"猜你喜欢"功能区的文字和图片编组，命名为"猜你喜欢"。

图12-277

图12-278

图12-279

STEP 13　使用圆角矩形工具，在"优质电台"的下方绘制圆角矩形，并为该图层添加投影。圆角矩形设置参数如图12-280所示，投影设置参数如图12-281所示，效果如图12-282所示。

图12-280

图12-281

图12-282

STEP 14　使用椭圆工具，在圆角矩形的下方绘制圆形，并为该图层添加斜面和浮雕、描边、内阴影、渐变叠加效果。参数如图12-283至图12-286所示，效果如图12-287所示。

图12-283

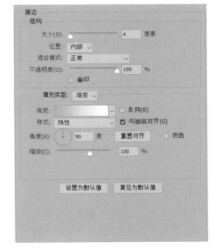

图12-284

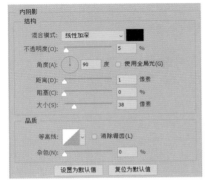

图12-285

图12-286

图12-287

STEP 15　再绘制一个圆形，将素材文件中的"图7"添加到文件中，并将它以剪贴蒙版的方式置入圆形中，效果如图12-288所示。在圆角矩形的左侧绘制一个红色圆形和一个灰色圆角矩形，如图12-289所示。

图12-288

图12-289

STEP 16　在画面的右侧绘制2个圆形，将素材文件中的"图8""图9"添加到文件中，并将它以剪贴蒙版的方式置入圆形中，如图12-290所示。在该功能区输入文字"咖啡厅""场景""心情"（文字设置参见视频），如图12-291所示。然后将"优质电台"下方图形和文字编组，命名为"优质电台"，并将它移动到导航栏下方，如图12-292所示。

图12-290

图12-291

图12-292

STEP 17 为界面区分模块。在导航栏下方绘制一个白色矩形"矩形2"并添加投影效果，投影参数如图12-293所示，效果如图12-294所示。选中背景图层，填充灰色（色值为"R250 G250 B250"），然后在"猜你喜欢"图层组和"优质电台"图层组的下方分别绘制一个白色矩形——"矩形3"和"矩形4"，并在"图层"面板中单击 🔒 按钮，将图层锁定。此时，完成音乐App首页界面制作，效果如图12-295所示。

图12-293

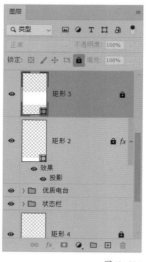

图12-294

图12-295

12.5.2 实战：微信公众号封面首图设计

日常办公中，常需要推送公司的微信公众号文章，写文章、上传图片对很多人来说并不难，但是要想做好一个公众号，封面首图的选择同样重要，它决定读者对文章的最初印象，一个吸引人的封面图片带来的点击量是不可小觑的，接下来讲解如何设计好微信公众号文章封面首图。实例效果如图12-296所示。图片中的杧果（俗称"芒果"，本书中均使用"芒果"）果肉金黄，非常诱人；文字"绵软香甜""皮薄核小"，直击卖点。

扫码看视频

图12-296

关于微信公众号文章封面首图的一些小知识如下。①改版之后的微信公众号，官方推荐的文章封面图片尺寸为900像素×383像素（宽和高的比例为2.35∶1），如果选择的图片尺寸不合适，那么在上传封面图片的过程中系统会自动按照2.35∶1的比例对图片进行裁切，有可能就会裁掉图片里的重要内容，最终影响封面效果。②当推送一篇图文内容时，文章标题会自动加在封面图片的下方，此时标题内容不会对图片内容产生影响；但是当推送的图文内容不止一篇时，封面图片上的文章标题就会自动加在封面图片上，这样就会影响封面图片的效果。

STEP 1　新建一个宽度为900像素，高度为383像素，"分辨率"为72像素/英寸，"颜色模式"为RGB颜色，名为"公众号文章封面首图"的文件。单击菜单栏"文件">"置入嵌入对象"命令，将素材文件中的"风景"图片置入文件中，按"Enter"键完成置入操作，如图12–297所示。

图12–297

STEP 2　单击菜单栏"文件">"置入嵌入对象"命令，将素材文件中的"芒果"图片置入文件中，直接拖曳四角处的控制点将"芒果"图片缩小，将鼠标指针放到变换框内拖动该图片到合适位置，如图12–298所示，按"Enter"键完成置入操作，如图12–299所示。

图12–298

图12–299

STEP 3　给芒果图层添加阴影，增加芒果在图片中的立体感和真实性。单击工具箱中的套索工具（❶），在工具选项栏中输入"羽化"数值"8像素"（❷），这样设置可以使绘制的选区边缘柔化，按住鼠标左键在芒果图片的最下方圈选绘制选区（❸），如图12–300所示。

图12–300

STEP 4 按组合键"Ctrl+Shift+N"新建一个图层，命名为"阴影"。设置"前景色"为灰色（色值为"R88 G76 B58"），按"Alt+Delete"组合键使用前景色填充，然后按组合键"Ctrl+D"取消选区，如图12-301所示。

图12-301

STEP 5 将"阴影"图层移动到"芒果"图层的下方，这样阴影就做好了，如图12-302所示。

图12-302

STEP 6 添加文案。使用横排文字工具，在工具选项栏中设置合适的字体、字号、文字颜色（为了使画面颜色统一，设置一个和芒果相近的颜色，色值为"R255 G149 B0"）等，在"芒果"的左侧单击，单击处为文字的起点，出现闪烁的光标，此时输入文字"不一样的芒果"，按"Ctrl+Enter"组合键确认文字输入，如图12-303所示。

图12-303

图12-304

STEP 7 在工具选项栏中将字体更改为"黑体"，将字号调小，字体颜色设置为白色（色值为"R255 G255 B255"），如图12-304所示，在"不一样的芒果"文字下方输入文字"绵软香甜·皮薄核小"，按"Ctrl+Enter"组合键确认文字输入，如图12-305所示。

图12-305

STEP 8 在"绵软香甜·皮薄核小"文字的下方绘制一个矩形，用于凸显文字。按"Ctrl+Shift+N"组合键，在"绵软香甜·皮薄核小"图层的下方，创建一个新图层，命名为"矩形色块"，如图12-306所示。选中工具箱中的矩形选框工具，在画面中绘制一个矩形选区，将前景色设置为橙色（色值为"R255 G149 B0"），按"Alt+Delete"组合键进行填充，如图12-307和图12-308所示。

图12-306

图12-307

图12-308

STEP 9 在文案四角添加装饰边框，既可以使文字内容呈现整体的效果，也可以丰富画面效果。按"Shift+Ctrl+N"组合键，新建一个图层，单击工具箱中的矩形工具，在选项栏中设置"绘图模式"为形状，"填充"为橙色（色值为"R255 G149 B0"），"描边"为无颜色，如图12-309所示。设置完成后，将鼠标指针移动至画面，按住鼠标左键拖曳绘制一条横线，如图12-310所示。按"Ctrl+J"组合键复制该图层，得到一个副本图层，单击菜单栏"编辑">"变换路径">"顺时针90度"命令，此时横线变为竖线，如图12-311所示。

图12-309

图12-310

图12-311

STEP 10 将"横线"和"竖线"顶对齐和左端对齐，然后在"图层"面板中，选中这两个图层，按"Ctrl+E"组合键合并这两个图层，此时"左上边框"绘制完成，使用移动工具移动至画面合适位置，如图12-312所示。按"Ctrl+J"组合键复制该图层，得到一个副本图层，单击菜单栏"编辑">"变换">水平翻转命令，此时"右上边框"绘制完成，使用移动工具将其移动至画面合适位置，如图12-313所示。

图12-312

图12-313

STEP 11 选中"左上边框"和"右上边框"所在的图层并进行合并，按"Ctrl+J"组合键复制该图层，得到一个副本图层，单击菜单栏"编辑">"变换">"垂直翻转"命令，此时"下方边框"绘制完成，使用移动工具将其移至画面合适位置，选中边框所在的图层并执行合并操作，将合并的图层命名为"装饰边框"，本实例制作完成，如图12-314所示。

图12-314

在制作微信公众号文章封面首图时，除了设置图片的大小尺寸外，还要注意标题文字对图片的影响。为了避免标题文字对封面首图产生影响，一般在制作微信公众号文章封面首图时，会将图片的主要信息放置在画面的上方，避免标题遮挡图片内容。

12.6 创意合成实战

创意合成指的是对多张图片进行艺术加工后，合成一张图片。创意合成前期的构思与收集的素材非常重要，要是没有这些合适的素材，很难做出视觉表现力强的作品。

做创意合成前首先要了解应注意的事项：① 创意合成素材的组合要有关联，画面元素不能有拼合感；② 素材与主体光照方向、高度应一致。在合成画面的各个素材中，如果侧光的主体与顺光的背景合成、高位光主体与低位光背景合成等，会导致画面产生光线不一致的现象；③ 角度、透视、大小、比例、色彩应协调，不同的拍摄角度以及镜头焦距变化都会为画面带来不同的透视变化；④ 合成边缘要过渡自然，尽量做到"真实"无拼合感。

12.6.1 实战：蒙版合成星空女孩

扫码看视频

本例将使用蒙版功能来合成图片，通过使用蒙版来融合上下图层，使图片与图片之间产生非常奇妙的效果。本例效果如图12-315所示，步骤如下。

STEP 1 新建文件，参数如图12-316所示。打开素材文件，将三张女孩图片拖曳至文件中，分别设置图层混合模式为"变亮"，这样可以让图片的黑色背景与底图融合。为充实画面内容，复制"女孩2"图层，命名为"女孩4"。分别对图层应用变换操作，调整合适的大小和位置，如图12-317所示，具体操作见本例视频。

图12-316

图12-315

图12-317

STEP 2 添加图层蒙版，并用画笔工具对蒙版进行修改。因为整个画面由4个图层组成，在使用蒙版的时候，要注意相互的叠加影响，如果某一层头发缺失，可选择下一层，用黑色画笔涂抹在蒙版上隐藏该区域，画笔大小可根据实际情况调整。效果如图12-318和图12-319所示，具体操作见本例视频。

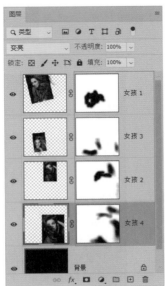

图12-318

图12-319

STEP 3 为女孩图片添加梦幻的星云效果。将素材文件中的"星云"图片拖曳至文件中，设置图层的混合模式为"线性减淡（添加）"，并为其添加图层蒙版，使用画笔工具在图片边缘界限明显的地方和女孩的脸部涂抹，具体操作见本例视频，效果如图12-320所示。创建"色相/饱和度"调整图层，并以剪贴蒙版的方式置入"星云"图层中，设置如图12-321所示，效果如图12-322所示。

图12-320

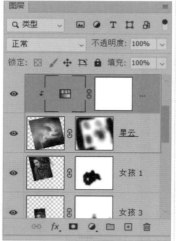

图12-321

图12-322

STEP 4 将素材文件中其他的星空图片拖曳至文件中，同样添加图层蒙版，用画笔对蒙版进行修改，详细操作见本例视频，效果如图12-323所示。

STEP 5 在图层最上方添加"渐变填充"和"色阶"调整图层，并将"渐变填充 1"的图层混合模式改为"柔光"，如图12-324所示，效果如图12-325所示。

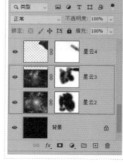

图12-323

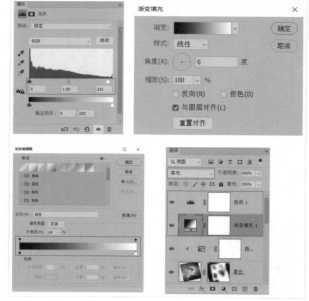

图12-324

图12-325

12.6.2 实战：翼龙再现

扫码看视频（一）　　扫码看视频（二）　　扫码看视频（三）

　　在本例中，我们将创建一幅虚拟的悬浮在云层之上的小岛图像，并通过 Photoshop 合成建筑物，再使用色彩调整功能，将云层、小岛、翼龙等调成一致的色调，完成创意合成海报。效果如图 12-326 所示。操作步骤如下。

STEP 1 制作海报整体背景。打开素材文件中的"背景"，并为其添加调整图层，改变其亮度/对比度和色彩平衡，参数如图12-327所示，效果对比如图12-328所示。

图12-326

图12-327

图12-328

STEP 2 为使背景更富层次感，将背景云层素材中的两张图片拖曳进操作窗口中，并分别为其添加图层蒙版，使用画笔工具调整蒙版，效果如图12-329所示；使用色彩平衡改变其色调，使之与整体色调相匹配，效果如图12-330所示。具体操作详见本例视频。

图12-329

图12-330

STEP 3 添加光线效果。在背景图层上方新建图层，用画笔工具绘制如图12-331所示的线条。再使用自由变换令其形成点光源的射线形态效果，单击菜单栏"滤镜">"模糊">"高斯模糊"命令，调整其半径为7像素，效果如图12-332所示。设置图层不透明度为80%，添加图层蒙版，使用黑色到透明的渐变在蒙版中绘制渐变，此时光线效果已基本完成。新建图层，用画笔绘制点光源，强化太阳光照效果，具体操作见本例视频，完成后效果如图12-333所示。

图12-331

图12-332

图12-333

STEP 4 制作悬浮空中的岛屿。打开素材文件中的"山体"图片，使用钢笔工具建立选区，再使用快速选择工具得到山体素材，如图12-334所示，将其拖曳至所有背景图层之上，调整位置和角度让其作为悬浮的岛屿，如图12-335所示。因为新添加的素材质量不高且色调偏冷，在整张海报中不协调，略显突兀，故要进行一些调整使其符合要求。

图12-334　　　　　　　　　　　　　　　　　　　图12-335

STEP 5 首先添加调整图层"亮度/对比度"和"渐变映射"，以增强图片质感，如图12-336所示。其次，添加调整图层"照片滤镜"，使用加温滤镜为岛屿增加暖色调，如图12-337所示，效果如图12-338所示。之后，对细节进行调整，对某一选区添加"亮度/对比度"的调整图层，增添阴影以加强岛屿的立体感，如图12-339所示。最后，为保持当前图层与背景图层色调一致，需要添加调整图层"色彩平衡"，如图12-340所示。另外，为岛屿添加调整图层都需要创建剪贴蒙版，使调整效果作用于当前岛屿图层，如图12-341所示，岛屿效果如图12-342所示。

图12-336　　　　　　　　　　图12-337　　　　　　　　　　图12-338

图12-339

图12-340

图12-341

图12-342

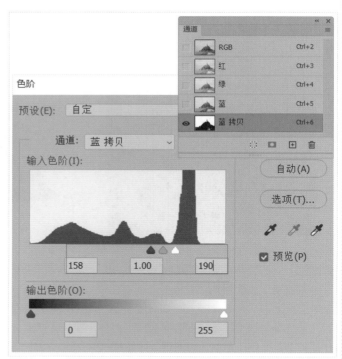

图12-343

STEP 6 制作空中城堡。打开素材文件中的"城堡"图片。在"通道"面板中复制蓝色通道，并使用"色阶"命令调整通道，如图12-343所示。使用画笔工具填充山体部分白色区域，对比效果如图12-344所示。按住"Ctrl"键并单击"蓝 拷贝"通道，按住"Ctrl+Shift+I"组合键反选获得城堡选区，如图12-345所示。

图12-344

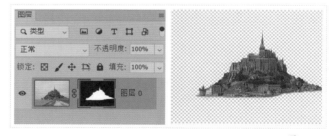

图12-345

STEP 7 将得到的图层复制到海报文件中，水平反转图像后，在岛屿上方自由变换至合适大小位置，再用画笔工具涂抹多余区域，如图12-346所示。为"城堡"图层添加调整图层"照片滤镜""渐变映射""色彩平衡"，并修改图层混合模式和不透明度，参数如图12-347所示，效果如图12-348所示。设置前景色为"R128 G128 B128"的中性灰，创建新图层，修改图层的混合模式为"叠加"，使用画笔工具加深阴影区，缩小画笔在窗户上涂抹，使所有窗户变成黑色，如图12-349所示。单击城堡的图层蒙版，用画笔工具对细节进行调整，遮盖城堡边缘白色部分，如图12-350所示，效果如图12-351所示。

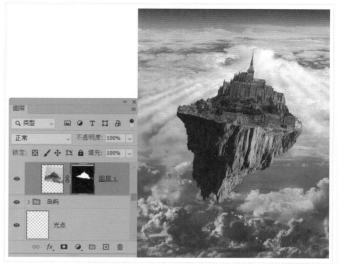

图12-346

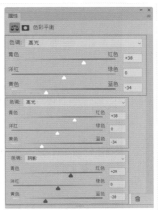

图12-347

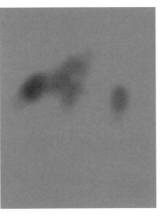

图12-348　　　　　　　　　图12-349　　　　　　　　　图12-350　　　　　　　　　图12-351

STEP 8 绘制熔岩裂缝。新建图层"熔岩裂缝"，并为其添加图层蒙版，在蒙版中填充黑色，为图层编组设置混合模式为"颜色减淡"，如图12-352所示，设置"熔岩裂缝"图层样式"内发光"和"外发光"，参数如图12-353所示。单击蒙版缩览图，使用画笔工具在画面中绘制熔岩裂缝，画笔的选取设置详见本例视频，效果如图12-354所示。

图12-352

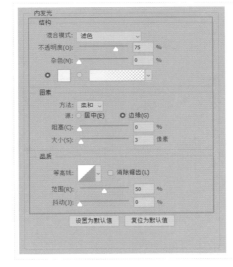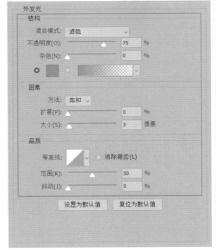

图12-353

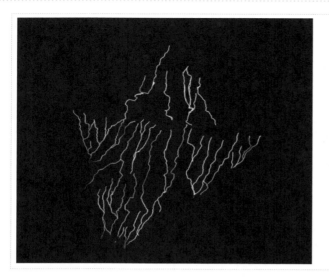

图12-354

STEP 9 为使海报整体效果更加立体，在浮空岛上层也加上一组云层效果。将素材文件中的"云"图片拖曳进操作窗口中，更改图层混合模式为"滤色"，效果如图12-355所示。按住"Ctrl+G"组合键进行图层编组，并设置混合模式为"穿透"。为"云"图层添加图层蒙版，使用黑色画笔，设置硬度为0%，在蒙版中涂抹保留白云，效果如图12-356所示。选择白云画笔，在图中添加白云。如果云朵过大，可以自由变换至合适大小，或者使用橡皮擦擦除多余部分；对于过于清晰的白云，可调整图层不透明度，如图12-357所示。完成后效果如图12-358所示。

图12-355

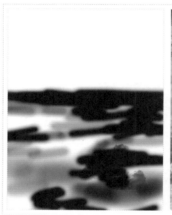

图12-356

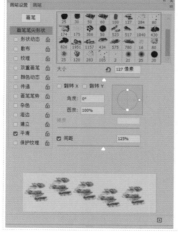

图12-357

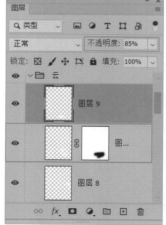

图12-358

394

STEP 10 打开素材图片"7"，使用快速选择工具将飞龙创建为选区，使用"羽化"命令，设置羽化半径为1像素。添加图层蒙版，使用黑色画笔，遮盖飞龙图层边缘部分，不断调整画笔的不透明度和流量使其与背景融合，具体操作见本例视频，效果如图12-359所示。打开素材图片"8"，选择飞龙后对选区进行羽化，操作同上。添加调整图层"色彩平衡"，如图12-360所示，创建剪贴蒙版，效果如图12-361所示。

图12-359　　　　　　　　　　　图12-360　　　　　　　　　　　图12-361

STEP 11 打开素材图片"10"，选择飞龙选区并进行羽化，水平翻转后，然后使用套索工具选择部分翅膀并删除，减少翅膀长度，对比效果如图12-362所示。打开素材文件"11"，选择部分火焰选区，右键单击选择"羽化"命令，设置羽化半径为5像素。对火焰自由变换，使其成为喷射状，如图12-363所示。复制火焰图层，更改图层混合模式为"变亮"，火焰效果如图12-364所示。使用画笔工具，设置画笔颜色为黄色（色值为"R235 G162 B31"），画笔不透明度为10%，流量为50%，在恐龙的嘴部添加红色，效果如图12-365所示。

图12-362

图12-365

图12-363

图12-364

STEP 12 打开素材图片"12"，添加调整图层"色彩平衡"和"曲线"，并创建剪贴蒙版，如图12-366所示。同上述步骤，创建火焰效果，创建新图层，添加阴影效果，效果如图12-367所示。

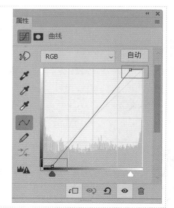

图12-366

图12-367

STEP 13 输入标题。选择横排文字工具，输入"浮空岛之翼龙再现"。调整字体图层的样式，为其增加"斜面和浮雕""描边""渐变叠加""投影"的效果，如图12-368所示。字体、字号等设置如图12-369所示，效果如图12-370所示。

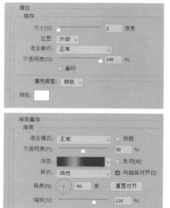

图12-368

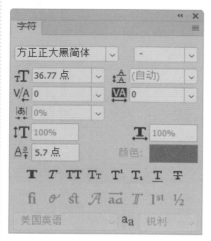

图12-369

图12-370

12.6.3 实战：创意汽车海报设计

本例以"5G汽车玩转世界"为主题，通过大胆想象和创意设计，让汽车在海底世界驰骋，以此来凸显5G汽车功能的强大，本例效果如图12-371所示。本例合成主要通过"蒙版"的应用使素材与素材之间完美衔接，再通过色彩的调整使各个素材保持色调一致，具体操作步骤如下。

图12-371

扫码看视频（一）

扫码看视频（二）

扫码看视频（三）

STEP 1 创建一个29.7厘米×42厘米（竖版）、"分辨率"为72像素/英寸、"颜色模式"为RGB颜色模式（如果需要用于印刷则选用CMYK颜色模式），文件名为"创意汽车海报设计"的文件。将前景色设置为深蓝色（色值为"R0 G35 B63"），填充背景图层，创造出海底的深色，如图12-372所示。

图12-372

STEP 2 新建一个图层，命名为"浅蓝"，使用"画笔工具"将笔尖设置为柔边笔触，设置前景色为浅蓝色（色值为"R38 G127 B157"），设置不同的笔尖大小和不透明度并在画面中涂抹提亮，从而打造海水的层次感，如图12-373所示。

图12-373

STEP 3 打开素材文件中的"海底"文件并将它添加到当前文件中，如图12-374所示。对该图层应用"图层蒙版"，将上方画面遮住，如图12-375所示。

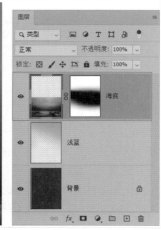

图12-374

图12-375

STEP 4 打开素材文件中的"海面"文件并将它添加到当前文件中，如图12-376所示。应用"图层蒙版"并对该蒙版进行编辑，将该海面下方的画面遮住，如图12-377所示。

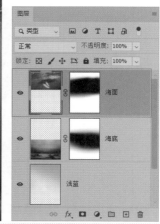

图12-376

图12-377

STEP 5 从画面中看添加的"海面"明暗对比不够并且饱和度过高，从而与海底整体色调不搭。在"调整"面板中创建"色阶"和"色相/饱和度"调整图层，并以剪贴蒙版的方式置入"海面"图层，只对海面进行调整。在"色阶"调整图层的属性面板中向右拖动"中间调"滑块，压暗中间调；向左拖动"高光"滑块，提亮高光；向右拖动"阴影"滑块，压暗阴影，增加画面的明暗对比效果。设置参数如图12-378所示。在"色相/饱和度"调整图层的属性面板中，向左拖动"饱和度"滑块，降低画面的饱和度，设置参数如图12-379所示，效果如图12-380所示。将"海面"图层与"色阶""色相/饱和度"调整图层创建到一个组中，命名为"海面"，如图12-381所示。

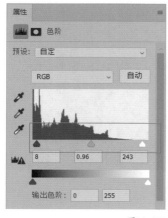

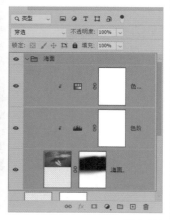

图12-378

图12-379

图12-380

图12-381

STEP 6 打开素材文件中的"大鲸鱼"文件并将它添加到当前文件中，如图12-382所示。画面中的"大鲸鱼"色彩偏蓝，与中间的海水色调不统一，在"调整"面板中创建"色阶""色彩平衡"和"色相/饱和度"调整图层，并以剪贴蒙版的方式置入"大鲸鱼"图层，只对"大鲸鱼"进行调整：对"大鲸鱼"的"色阶"和"色相/饱和度"进行与"海面"一样的调整。在"色彩平衡"调整图层的属性面板中，由于"大鲸鱼"整体偏色，选择"中间调"进行调整，向左拖动黄色与蓝色滑块减少蓝色，向左拖动青色与红色滑块增加青色，设置参数如图12-383所示。效果如图12-384所示，此时"大鲸鱼"与海水色调基本协调。将"大鲸鱼"图层与"色阶""色相/饱和度""色彩平衡"调整图层创建到一个组中，命名为"大鲸鱼"，如图12-385所示。

图12-382

图12-383

图12-384

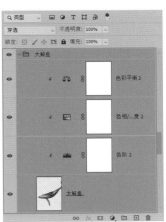
图12-385

STEP 7 打开本例的主角"汽车"文件并将它添加到当前文件中，如图12-386所示。可以看到"汽车"暗部不够暗，并且"汽车"整体偏黄色，与整体色调不协调，使用"色阶""色彩平衡"和"可选颜色"调整图层进行调整，将它们以剪贴蒙版的方式置入"汽车"图层，只对"汽车"进行调整。针对"汽车"暗部不够暗的情况，在"色阶"调整图层中，向右拖动"阴影"滑块压暗暗部，向左拖动"高光"滑块，然后适当提亮高光，设置参数如图12-387所示，效果如图12-388所示。针对"汽车"整体偏黄的情况，在"色彩平衡"调整图层的"中间调"进行调整，向右拖动黄色与蓝色滑块增加蓝色，向左拖动青色与红色滑块减少红色，向左拖动洋红与绿色滑块增加洋红色，设置参数如图12-389所示，效果如图12-390所示。

图12-386

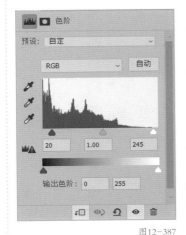
图12-387

图12-388

图12-389

图12-390

STEP 8 经过"色彩平衡"调整后校正了"汽车"偏黄现象，但车身的红色有点多。在"可选颜色"调整图层中选择"红色"进行单独调整，向右拖动"青色"滑块增加青色减少红色，向左拖动"洋红"滑块减少洋红色，向左拖动"黄色"滑块减少黄色，向右拖动"黑色"滑块增加黑色，设置参数如图12-391所示，效果如图12-392所示。

STEP 9 新建一个图层，并命名为"汽车投影"，使用柔边画笔在画面汽车下方绘制投影，将该图层移动到"大鲸鱼"图层组的上方，并以剪贴蒙版的方式置入"大鲸鱼"图层，该操作目的是将"投影"投在"大鲸鱼"身上。通过设置图层的"不透明度"来控制投影的深浅，本例设置图层"不透明度"值为75%，效果如图12-393所示。

图12-391

图12-392

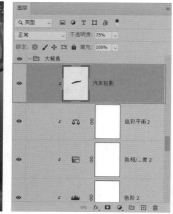
图12-393

STEP 10 打开素材文件中的"沉船"文件并添加到当前文件中，放到海底位置，如图12-394所示，应用图层蒙版，只保留船身。添加该素材可以丰富画面效果，同时也可表示该场景处于海底，如图12-395所示。

图12-394

图12-395

STEP 11 打开素材文件中的"小鱼"文件，并将它移动到"大鲸鱼"所在图层的下方，如图12-396所示。

STEP 12 打开素材文件中的"风筝"文件，并将它移动到"大鲸鱼"所在图层的下方，如图12-397所示。

图12-396

图12-397

STEP 13 新建一个图层，命名为"海面压暗"，使用渐变工具填充一个从黑色到透明的渐变，设置图层混合模式为"柔光"，将画面上方的海面压暗，效果如图12-398所示。

图12-398

STEP 14 新建一个图层，命名为"海底压暗"，使用"渐变工具"填充一个从黑色到透明的渐变，如果设置的颜色过重可以通过降低"不透明度"值让颜色变浅，本例"不透明度"值为82%，将海底压暗，效果如图12-399所示。压暗海面和海底用于营造海底世界神秘的氛围。

图12-399

STEP 15 打开素材文件中的"上面气泡"和"下面气泡"文件，并将它们添加到当前文件中，将"下面气泡"图层的不透明度数值设置为86%（该操作用于区分上下气泡的层次），并分别应用"图层蒙版"，隐藏海底和风筝处的气泡，如图12-400所示。

添加上面和下面气泡

气泡添加"蒙版"后

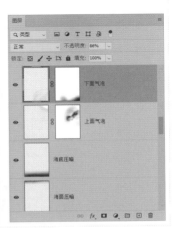

图12-400

STEP 16 打开素材文件中的"下面大气泡"并将它添加到当前文件中，如图12-401所示。从画面中可以看到气泡太白，下面使用"色彩平衡"和"色相/饱和度"调整图层，提取气泡中的颜色。创建"色彩平衡"和"色相/饱和度"调整图层进行调整，将它们以剪贴蒙版的方式置入"下面大气泡"图层，只对"下面大气泡"进行调整。在"色彩平衡"调整图层中选择"中间调"，向左拖动青色与红色滑块增加青色，向右拖动黄色与蓝色滑块增加蓝色，设置参数如图12-402所示。

图12-401　　　　　　　　　　　　　　　　图12-402

STEP 17 在"色相/饱和度"调整图层中，向左拖动"色相"滑块，使气泡呈现青绿色，向右拖动"饱和度"滑块，增加画面的饱和度，设置参数如图12-403所示。将该图层的"不透明度"设置为91%，效果如图12-404所示。将"下面大气泡"图层与"色彩平衡""色相/饱和度"调整图层，创建到一个组中，并将其命名为"下面大气泡"。

图12-403　　　　　　　　　　　　　　　　图12-404

STEP 18 打开素材文件中的"上面大气泡"文件，并将它添加到当前文件中，如图12-405所示。

图12-405

STEP 19 打开素材文件中的"水母"文件，将它添加到当前文件，如图12-406所示。

图12-406

STEP 20 打开素材文件中的"信号图标"文件，并将它添加到当前文件"水母"的上方，并为该图层添加"投影"图层样式。

使用横排文字工具，在工具选项栏中设置"字体"为"方正艺黑繁体"（该字体字形圆润饱满与信号图标较协调）、"字号"为"72点"、"颜色"为白色（白色使版面更干净、显眼），在"信号图标"下方输入"5G"，并将"信号图标""投影"图层样式复制到"5G"文字图层中。同时选中"信号图标"图层和"5G"图层，并将它们移动到水母所在图层的上方，使用"变换">"旋转"命令，将它们旋转到与水母一样的倾斜方向。"投影"图层样式设置参数，如图12-407所示，效果如图12-408所示。

图12-407

图12-408

STEP 21 输入主题文字。使用横排文字工具，在工具栏中设置"字体"为"方正正大黑简体"（该字体粗重平稳，结构规整，让标题更能吸引眼球）、"字号"为"90点"、"颜色"为白色，在"大鲸鱼"的下方输入"玩心不泯，陪你玩转世界！！"，为该图层添加"斜面和浮雕"和"投影"图层样式，设置参数如图12-409和图12-410所示。

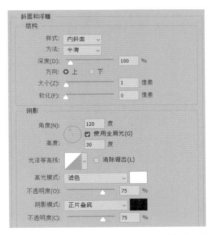

图12-409

图12-410

STEP 22 使用"变换">"旋转"命令旋转文字，使它与汽车的倾斜方向一致（具体操作见第3章），效果如图12-411所示。

图12-411

STEP 23 使用"横排文字工具",在工具栏中设置"字号"为"25点"、"字体"和"颜色"不变,在画面左下角输入"5G智享汽车 智享玩美",效果如图12-412所示。

图12-412

STEP 24 创建"色彩平衡"调整图层,调整画面整体颜色。选择"中间调",向左拖动青色与红色滑块减少红色,向右拖动洋红与绿色滑块增加绿色,向右拖动黄色与蓝色滑块增加蓝色,设置参数如图12-413所示,调整后画面颜色更为通透,效果如图12-414所示。

图12-413

图12-414